普通高等院校工程训练系列规划教材

现代制造技术实训教程

主　编 刘　燕
副主编 信丽华
主　审 李名尧

清华大学出版社
北京

内容简介

本书分4篇共11章，包括数控机床的基础知识、数控车床、数控铣床、加工中心、MasterCAM应用基础、数控雕刻机、电火花成形加工、电火花线切割、三坐标测量机、圆度仪和快速成形等内容。

本书作为高等工科院校金工实训教材可供机械类专业及部分非机械类专业使用，也可供从事数控加工的工程技术人员参考。

图书在版编目(CIP)数据

现代制造技术实训教程/刘燕主编.--北京：清华大学出版社，2011.11（2023.8重印）
（普通高等院校工程训练系列规划教材）
ISBN 978-7-302-27171-0

Ⅰ.①现… Ⅱ.①刘… Ⅲ.①机械制造工艺－高等学校－教材 Ⅳ.①TH16

中国版本图书馆CIP数据核字(2011)第217421号

责任编辑：庄红权
责任校对：王淑云
责任印制：杨 艳

出版发行：清华大学出版社
网 址：http://www.tup.com.cn，http://www.wqbook.com
地 址：北京清华大学学研大厦A座 邮 编：100084
社 总 机：010-83470000 邮 购：010-62786544
投稿与读者服务：010-62776969，c-service@tup.tsinghua.edu.cn
质量反馈：010-62772015，zhiliang@tup.tsinghua.edu.cn
印 装 者：三河市龙大印装有限公司
经 销：全国新华书店
开 本：185mm×260mm 印 张：13.25 字 数：320千字
版 次：2011年11月第1版 印 次：2023年8月第12次印刷
定 价：39.80元

产品编号：044457-04

序言

改革开放以来，我国贯彻科教兴国、可持续发展的伟大战略，坚持科学发展观，国家的科技实力、经济实力和国际影响力大为增强。如今，中国已经发展成为世界制造大国，国际市场上已经离不开物美价廉的中国产品。然而，我国要从制造大国向制造强国和创新强国过渡，要使我国的产品在国际市场上赢得更高的声誉，必须尽快提高产品质量的竞争力和知识产权的竞争力。清华大学出版社和本编审委员会联合推出的"普通高等院校工程训练系列规划教材"，就是希望通过工程训练这一培养本科生的重要环节，依靠作者们根据当前的科技水平和社会发展需求所精心策划和编写的系列教材，培养出更多视野宽、基础厚、素质高、能力强和富于创造性的人才。

我们知道，大学、大专和高职高专都设有各种各样的实验室。其目的是通过这些教学实验，使学生不仅能比较深入地掌握书本上的理论知识，而且能更好地掌握实验仪器的操作方法，领悟实验中所蕴涵的科学方法。但由于教学实验与工程训练存在较大的差别，因此，如果我们的大学生不经过工程训练这样一个重要的实践教学环节，当毕业后步入社会时，就可能感到难以适应。

对于工程训练，我们认为这是一种与社会、企业及工程技术的接口式训练。在工程训练的整个过程中，学生所使用的各种仪器设备都来自社会企业的产品，有的还是现代企业正在使用的主流产品。这样，学生一旦步入社会，步入工作岗位，就会发现他们在学校所进行的工程训练与社会企业的需求具有很好的一致性。另外，凡是接受过工程训练的学生，不仅为学习其他相关的技术基础课程和专业课程打下了基础，而且同时具有一定的工程技术素养，开始面向工程实际了。这样就为他们进入社会与企业，更好地融入新的工作群体，展示与发挥自己的才能创造了有利的条件。

近10年来，国家和高校对工程实践教育给予了高度重视，我国的理工科院校普遍建立了工程训练中心，拥有前所未有的、极为丰厚的教学资源，同时面向大量的本科学生群体。这些宝贵的实践教学资源，像数控加工、特种加工、先进的材料成形、表面贴装、数字化制造等硬件和软件基础设施，与国家的企业发展及工程技术发展密切相关。而这些涉及多学科领域的教学基础设施，又可以通过教师和其他知识分子的创造性劳动，转化和衍生出为适应我国社会与企业所迫切需求的课程与教材，使国家投入的宝贵资源发挥其应有的教育教学功能。

为此，本系列教材的编审，将贯彻下列基本原则：

(1) 努力贯彻教育部和财政部有关“质量工程”的文件精神，注重课程改革与教材改革配套进行。

(2) 要求符合教育部工程材料及机械制造基础课程教学指导组所制定的课程教学基本要求。

(3) 在整体将注意力投向先进制造技术的同时，要力求把握好常规制造技术与先进制造技术的关联，把握好制造基础知识的取舍。

(4) 先进的工艺技术，是发展我国制造业的关键技术之一。因此，在教材的内涵方面，要着力体现工艺设备、工艺方法、工艺创新、工艺管理和工艺教育的有机结合。

(5) 有助于培养学生独立获取知识的能力，有利于增强学生的工程实践能力和创新思维能力。

(6) 融汇实践教学改革的最新成果，体现出知识的基础性和实用性，以及工程训练和创新实践的可操作性。

(7) 慎重选择主编和主审，慎重选择教材内涵，严格遵循和体现国家技术标准。

(8) 注重各章节间的内部逻辑联系，力求做到文字简练，图文并茂，便于自学。

本系列教材的编写和出版，是我国高等教育课程和教材改革中的一种尝试，一定会存在许多不足之处。希望全国同行和广大读者不断提出宝贵意见，使我们编写出的教材更好地为教育教学改革服务，更好地为培养高质量的人才服务。

普通高等院校工程训练系列规划教材编审委员会

主任委员：傅水根

2008 年 2 月于清华园

全书共分为4篇，主要内容有：数控机床的基础知识、数控车床、数控铣床、加工中心、MasterCAM应用基础、数控雕刻机、电火花成形加工、电火花线切割、三坐标测量机、圆度仪和快速成形。

本书的编写体现了以下几个特点：

(1) 在传统数控加工的基础上，引入了数控雕刻机、三坐标测量机、圆度仪、快速成形和五轴加工中心等新工艺、新技术。

(2) 重"操作"、讲"实用"。书中精选了大量例题，并将一些重要的知识点分解到具体的实例中，通过学习和操作，使学生动手动脑，提高了综合素质和实践能力。

(3) 文字简练，图文并茂。力求简明扼要、通俗易懂，用平实的语言和图形表述抽象的加工原理和工艺方法。

本书作为高等工科院校金工实训教材可供机械类专业及部分非机械类专业使用，也可供从事数控加工的工程技术人员参考。

本书由刘燕担任主编，信丽华担任副主编，李名尧担任主审。参加编写的人员还有柳文婷、刘圣敏、胡义刚。在本书的编写过程中，参阅了国内外同行的教材、资料和文献，得到了许多专家和同行的支持与帮助，在此表示衷心的感谢。

由于编者水平有限，编写时间较紧，书中难免有错误和不妥之处，敬请读者多提宝贵意见。

编　者

2011.10

第1篇　数控加工

第4篇　先进制造技术

数控加工

数控机床的基础知识

数控机床是适用于多品种小批量生产的高效的自动化机床。由于采用了数控技术，数控机床可以加工普通机床无法加工的复杂零件，尤其是复杂空间曲面，其生产效率比普通机床提高数倍甚至数十倍。数控机床是按所编程序自动进行零件加工的，减少了操作者的人为误差，并且可以自动地进行检测及补偿，达到非常高的加工精度。随着现代制造业的发展，数控机床已得到越来越广泛的应用。

1.1 数控机床概述

1. 数控机床的组成

数控机床由 4 个基本部分组成，即控制介质、数控装置、伺服系统和机床本体，如图 1.1 所示。

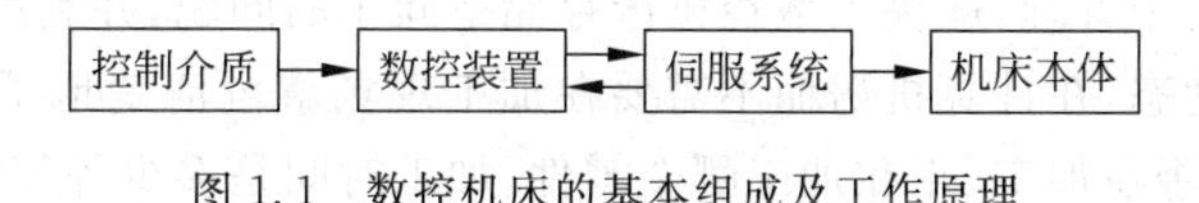

图 1.1 数控机床的基本组成及工作原理

1) 控制介质

控制介质即信息载体。操作数控机床时，人与机床之间必须建立某种联系，把零件加工信息传送到数控装置中去，这种联系物质就是控制介质。常用的控制介质有穿孔纸带、穿孔卡、磁带、磁盘等。随着 CAD/CAM/CAPP 技术的发展，可以利用计算机进行设计与编程，并将程序和数据直接传送给数控装置。

2) 数控装置

数控装置是数控机床的核心，主要由输入装置、控制运算器、输出装置等组成。控制介质上的信息经过输入装置识别与译码后，由控制运算器进行处理与运算，并产生相应的控制命令，控制命令由输出装置传送到伺服系统。

3) 伺服系统

伺服系统是数控机床的命令执行部分，它由驱动装置和执行机构等部分组成。伺服系统接受数控装置输出的指令信息后，进行功率放大，并按指令信息的要求驱动机床移动部件或相关部件完成指定的动作，使机床加工出符合要求的零件。常用的执行机构有步进电机、直流伺服电机、交流伺服电机等，驱动装置由主轴驱动单元、进给驱动单元等组成。

4) 机床本体

机床本体是数控机床的主体，是最终完成各种切削加工的机械执行部分，如床身、底座、立柱等。

2. 数控机床的特点

数控机床与普通机床比较,具有以下特点:

(1) 加工精度高,质量稳定。数控机床按照预先编好的程序进行加工,减少了人为干预,人为操作误差减少;机床本身的传动精度、刚性、抗振性好;并增加了检测和反馈装置,可以进行误差补偿,因此加工精度高,同一批零件的尺寸一致性好。

(2) 生产率高。在数控机床上加工零件通常可以实现一次安装进行多表面的加工,如在数控车床上车端面、车外圆、切槽、倒角等,在数控铣床上进行铣、钻、镗等功能,减少了工件安装次数及在不同机床之间的搬运时间,有的机床甚至可以多刀具同时进行加工。另外机床的运动速度可以调节,空行程时可以采用很高的运行速度,大大提高了机床的生产率。

(3) 加工柔性好。当加工对象发生改变时,只需要重新编写数控程序,便可实现零件的自动化加工,适用于多品种、不同批量零件的加工,如在产品试制中优势明显。

(4) 可加工复杂件。很多机床可以三轴联动、四轴联动甚至五轴联动等,可加工出复杂及特殊型面的工件。

(5) 劳动强度低。数控机床的操作者只需要编写程序、安装工件、对刀、观察、测量、拆卸工件等,机床自动加工零件,无须进行繁琐的重复性手工操作,劳动强度可大大减轻。

(6) 便于生产管理的现代化。很多企业的数控车间已经联网,在计算机房进行数控编程、仿真模拟,通过有线或无线网络将数控程序传输到数控机床,减少数控机床的占用时间。数控程序在服务器集中管理,解决了数控机床存储空间小的问题,并利用生产数据采集系统及时关注机床加工动态,在计算机房而不需要在加工现场就可清楚地了解每台机床的加工状态如设备报警、是否在加工、正在加工哪个零件、加工时间是多少等等,数控机床的应用有利于生产管理的现代化。

(7) 一次性投资大、维修成本高。数控机床价格贵,一台机床通常要几十万甚至几百万,一次性投资大,并且技术复杂,需要专业人员维护,维修成本高。

3. 数控编程的方法

数控编程的方法主要分为两大类:手工编程和自动编程。

1) 手工编程

手工编程是指零件图的分析、工艺方案的确定、数值计算、按照数控系统的指令格式编写数控程序、程序输入等全部手工操作,对于只有直线或圆弧的工件,只需要计算起点、终点、圆心、交接点的坐标,手工编程具有简单、经济、快捷的特点,应用广泛;但对于形状复杂件,如非圆曲线、曲面,程序长、数值计算困难只能用少数几个离散点用直线或圆弧作逼近处理,精度难以保证,效率低,必须采用自动编程的方法。

2) 自动编程

自动编程是用计算机完成全部或大部分的编程工作,如数值计算、加工程序的生成等。自动编程减轻了编程人员的劳动强度,对于复杂曲面可以采用较多的离散点进行拟合和逼近处理,提高了编程质量。

自动编程的方法很多,目前普遍采用的是基于CAD/CAM软件的图形交互式自动编程系统。如利用MasterCAM、CAXA等CAD/CAM软件,先绘制零件图形或直接调用其他CAD软件绘制的图形,再利用数控编程模块进行刀具轨迹处理、数值计算、生成数控加工程序并进行仿真模拟等,效率高,可解决复杂零件的编程难题,但必须配备专门的自动编程系统。

1.2 数控机床的分类

数控机床常按以下几种分类方法进行分类。

1. 按工艺用途分类

(1) 切削类数控机床:如数控车床、数控铣床、数控磨床、加工中心等。其中普通数控机床在自动化程度上还不够完善,刀具的更换与零件的装夹需由人工进行。加工中心则带有刀库,可自动换刀,工件在一次装夹中可完成铣、镗、钻、扩、铰、攻螺纹等多道工序。

(2) 成形类数控机床:如数控弯管机、数控卷簧机、数控组合冲床等。这类机床起步较晚,但目前发展很快。

(3) 数控特种加工机床:如数控电火花成形机床、数控线切割机床、数控激光加工机床等。

(4) 其他类型的数控机床:如数控快速成形机、数控三坐标测量机等。

2. 按运动方式分类

1) 点位控制数控机床

点位控制数控机床的特点是只控制移动部件的终点位置,即只控制刀架或工作台从一点准确地移动到另一点,而点与点之间的运动轨迹没有严格要求,在移动过程中不进行加工。为了快速而精确地定位,通常采用"快速趋近,慢速定位",即快速移动到定位点附近,再慢速趋近定位点,以保证定位精确,如图1.2所示。这类机床有数控钻床、数控坐标镗床、数控冲床、数控点焊机等。

2) 直线控制数控机床

直线控制数控机床的特点是不仅控制刀架或工作台从一点准确地移动到另一点,而且还控制两点之间移动的直线轨迹和速度,在移动过程中进行加工,沿平行于坐标轴的方向或与坐标轴成45°角的方向进行直线加工,如图1.3所示。这类机床有早期的数控车床、数控铣床等,目前具有这种运动控制的数控机床很少。

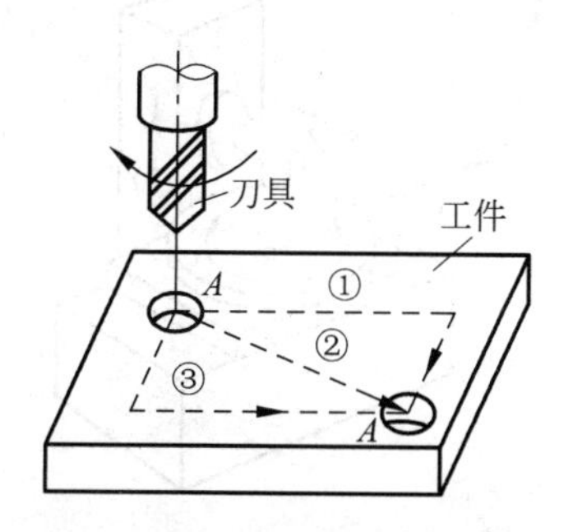

图1.2 点位控制加工示意图

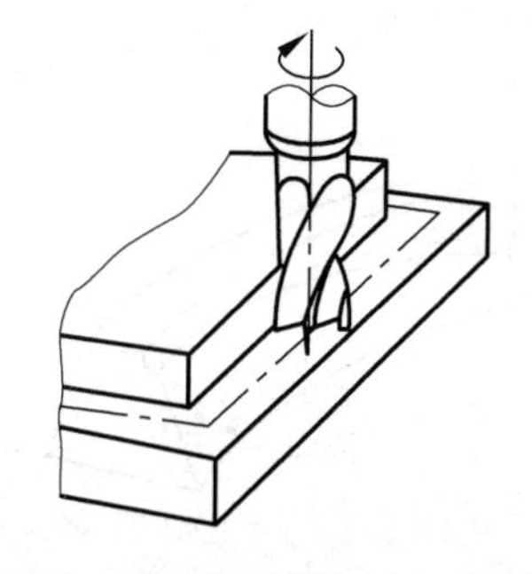

图1.3 直线控制加工示意图

3）轮廓控制数控机床

轮廓控制也称连续控制，其特点是能同时控制两个或两个以上的坐标轴，具有插补功能。它不仅能控制刀架或工作台从一点准确地移动到另一点，而且还能控制加工过程中每一点的位置和速度，可加工出所需的直线、斜线、曲线或曲面组成的轮廓形状。这类机床有数控车床、数控铣床、数控磨床、加工中心等。

根据同时控制坐标轴的数目不同，轮廓控制数控机床可分为两轴联动、两轴半联动、三轴联动、四轴联动、五轴联动等。

(1) 两轴联动：同时控制两个坐标轴，可加工由两维直线、斜线、曲线构成的零件，如图 1.4 所示。

(2) 两轴半联动：两个坐标轴联动，第 3 个坐标轴作周期性进给，如图 1.5 所示，铣刀沿 XZ 面所截曲线进行加工，每一段加工完后，在 Y 方向进给 ΔY，再加工另一相邻曲线，如此反复直至加工出整个曲面，此法可以实现简单曲面的加工控制。

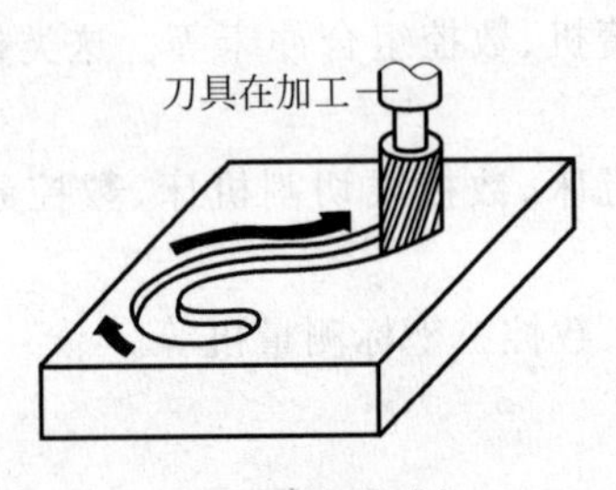

图 1.4 两轴联动加工

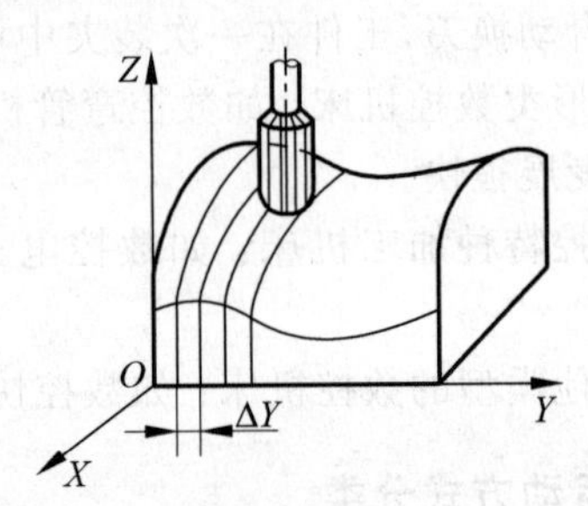

图 1.5 两轴半联动加工

(3) 三轴联动可以分为两类：一类为 X、Y、Z 三个直线坐标轴联动，如数控铣床等；另一类为 X、Y、Z 三个直线坐标轴中的两个联动，同时控制工作台或刀具的转动，如车削加工中心，除了控制 X、Z 轴联动外，还需同时控制绕 Z 轴旋转的主轴（C 轴）的联动。三轴联动加工如图 1.6 所示。

(4) 多轴联动：常见的多轴联动有四轴联动和五轴联动等。四轴或五轴联动机床是指机床有 X、Y、Z 三个直线坐标轴与某一个或某两个旋转坐标轴，其中旋转坐标轴可以是工作台的旋转也可以是刀具的摆动。四轴联动加工如图 1.7 所示，五轴联动加工如图 1.8 所示，带回转轴或倾斜轴的机床可使工件在加工过程中随时调整位置，实现复杂曲面的轨迹控制，如加工叶轮（见图 1.9）、螺旋桨等复杂零件。

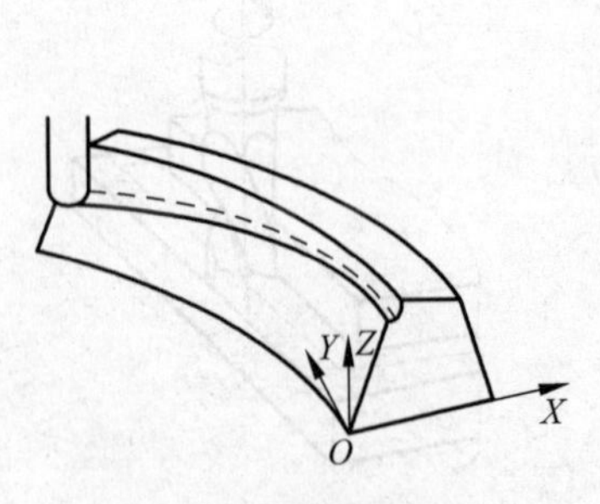

图 1.6 三轴联动加工

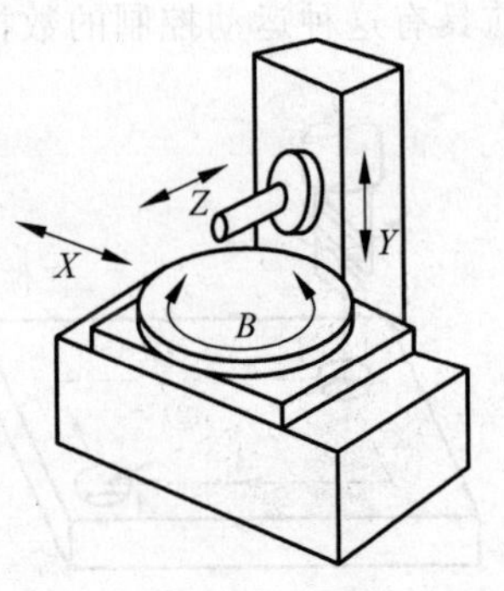

图 1.7 四轴联动加工

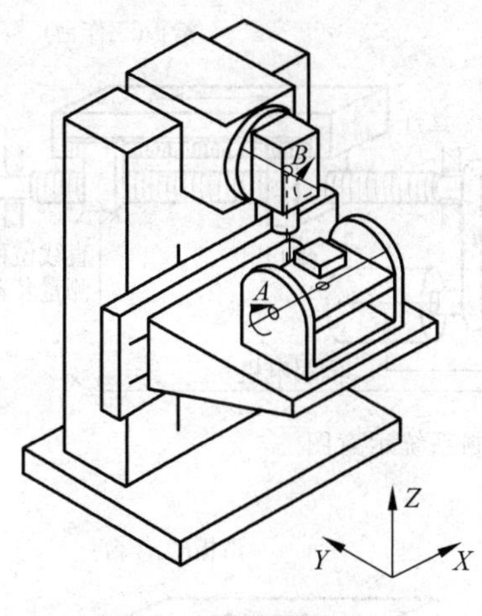

图 1.8 五轴联动加工

图 1.9 叶轮

3. 按执行机构的控制方式分类

1）开环控制系统

开环控制系统是指没有测量反馈装置的控制系统。执行机构（如步进电机）按数控装置发生的脉冲指令转过相应角度，带动移动部件运动，如图 1.10 所示。由于没有位移测量与补偿功能，故精度较低，但其结构简单、工作稳定、调试容易、维修方便、成本低，一般适于经济型数控机床，如经济型数控车床等。

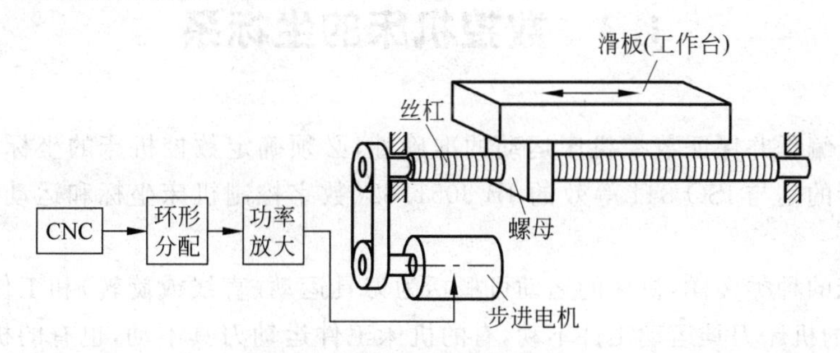

图 1.10 开环控制系统示意图

2）闭环控制系统

闭环控制系统是指在机床移动部件上装有位移测量装置，它能将实测位移值反馈到数控装置中与输入指令位移值进行比较并实行位移补偿，直到差值为零，如图 1.11 所示。由于增加了检测、比较和反馈装置，故精度很高，但其结构复杂、调试较难、成本高，主要用于高精度数控镗铣床、数控磨床、超精数控车床和加工中心等。

3）半闭环控制系统

半闭环控制系统与闭环控制系统的控制方式相似，如图 1.12 所示，但反馈的是丝杠或电机的转动角度，不能补偿丝杠螺母副的传动误差，故精度比闭环控制系统低，而比开环控制系统高，其结构比闭环控制系统简单，调试方便、稳定性好，适用于中档数控机床。

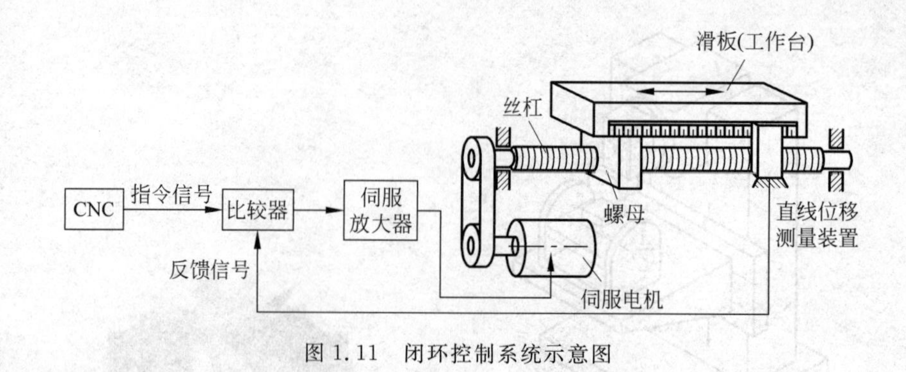

图 1.11 闭环控制系统示意图

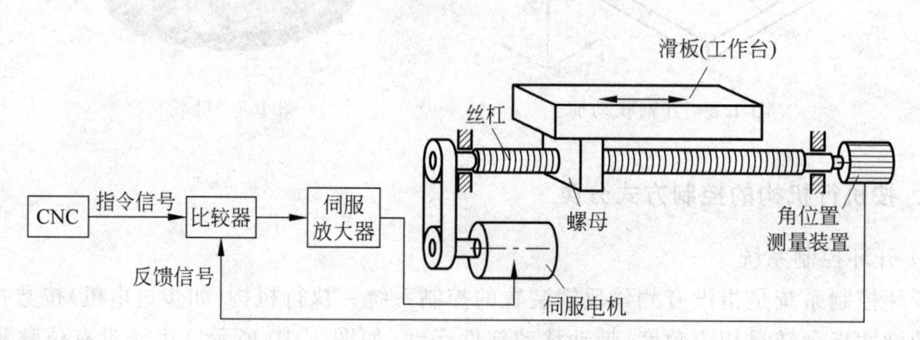

图 1.12 半闭环控制系统示意图

1.3 数控机床的坐标系

为了便于编程并保证数控机床运动的准确性，必须确定数控机床的坐标轴及其方向。目前我国执行的是与 ISO 841 等效的 JB 3051.82《数字控制机床坐标和运动方向的命名》标准。

数控机床的种类多样，机床的运动可概括为刀具运动（直线或旋转）和工件（工作台）运动两部分，有的机床刀具运动工件不动，有的机床工件运动刀具不动，也有的机床刀具运动工件也运动，在确定机床坐标系时规定：永远假定刀具相对于静止的工件而运动。

1. 坐标系的确定

数控机床采用右手直角笛卡儿坐标系，如图 1.13 所示。直角坐标 X、Y、Z 之间的关系及其正方向用右手法则确定。

2. 坐标轴的确定

坐标轴是先确定 Z 轴，然后确定 X 轴，最后确定 Y 轴。

1）Z 轴的确定

通常取主要传递切削力的主轴作为 Z 轴。对于车床，主轴带动工件旋转，Z 轴与主轴轴线重合，如图 1.14 所示；对于钻、铣、镗床等带动刀具旋转的主轴是 Z 轴，如图 1.15 所示。

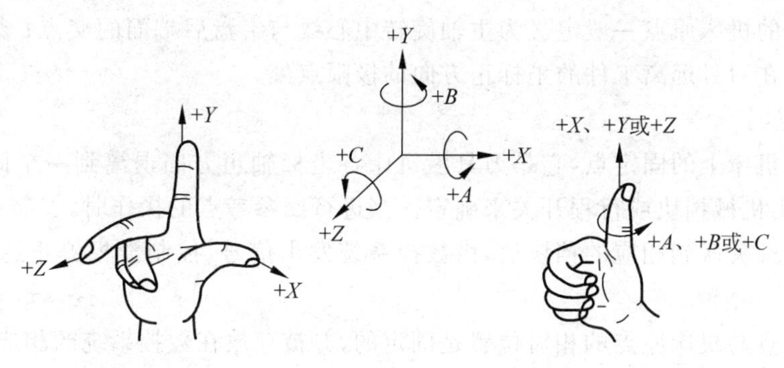

图 1.13 右手直角笛卡儿坐标系

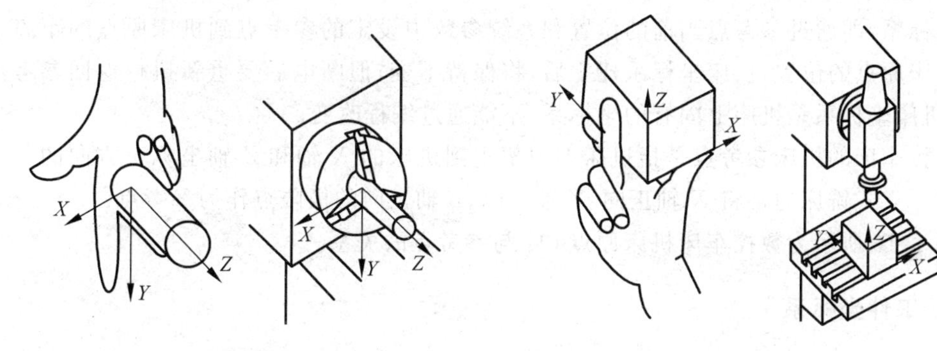

图 1.14 卧式车床坐标系　　　　图 1.15 立式铣床坐标系

Z 坐标的正方向为假定工件不动，刀具远离工件的方向。

2) X 轴的确定

X 轴平行于工件的装夹面并垂直于 Z 轴。对于工件做旋转运动的机床，如车床、磨床等，X 轴的方向在工件的径向上，规定刀具远离工件的方向为 X 轴正方向。对于刀具做旋转运动的机床，如铣床、钻床，若 Z 轴是垂直的（主轴是立式的），则面对机床进行操作时，规定刀具相对于工件向右运动为 X 坐标的正方向；若 Z 轴是水平的（主轴是卧式的），则从刀具主轴后端向工件看，X 轴的正方向指向右方。

3) Y 轴的确定

Y 坐标垂直于 X 轴和 Z 轴，当 X、Z 轴正方向确定后，根据右手笛卡儿直角坐标系来确定 Y 轴。

3. 旋转运动

有些机床除了 X、Y、Z 轴直线坐标轴外，还有刀具的旋转或工件的摆动，如绕平行于 X、Y、Z 轴运动的轴，分别称为 A、B、C 轴，其方向根据右手螺旋法则来判定，如图 1.13 所示。

4. 机床坐标系

1) 机床原点

机床原点是机床上的一个固定点，由制造厂家确定，原则上不可改变。机床坐标系就是以该点为原点建立的。

数控车床的机床原点一般定义为主轴旋转中心线与卡盘后端面的交点；数控铣床的机床原点一般设在刀具远离工件的坐标正方向的极限点处。

2）参考点

参考点是机床上的固定点，它是刀具沿机床各坐标轴正方向退离到一个固定不变的极限点，其位置由机械挡块或行程开关来确定。当进行回参考点的操作时，安装在纵向和横向滑板上的行程开关碰到相应的挡块后，由数控系统发出信号，控制滑板停止运动，完成回参考点的操作。

机床参考点与机床原点的相对位置是固定的，并被存放在数控系统的相应机床数据中，一般不允许改变，仅在特殊情况下，可通过变动机床参考点的限位开关位置来变动其位置。对于大多数机床，开机后先执行返回参考点(即机床回零)命令，回参考点的目的是为了建立机床坐标系，即通过参考点当前的位置和系统参数中设定的参考点到机床原点的距离来反推出机床原点的位置，机床坐标系建立后，将保持不变，但断电后要重新执行返回参考点的操作，机床坐标系是机床上固有的坐标系，不能通过编程改变。

数控车床的机床参考点是指机床上刀架走到机床的 X 轴和 Z 轴坐标正方向的一个极限位置。立式铣床通常将 X 轴正向、Y 轴正向、Z 轴正向的极限点作为参考点。

图 1.16 所示为数控车床机床原点 O_M 与参考点的关系。

5. 工件坐标系

1）工件原点

工件原点也称编程原点，由编程人员确定。工件原点的设定应该以计算简单、编程方便为原则，常选在尺寸标注基准线上。在数控车床中，工件原点一般取在工件右端面的回转中心处；数控铣床的工件原点通常取在工件的对称点或线与线的交点处，如图 1.17 所示，O' 为工件原点，这样有利于程序的编制和机床的操作。

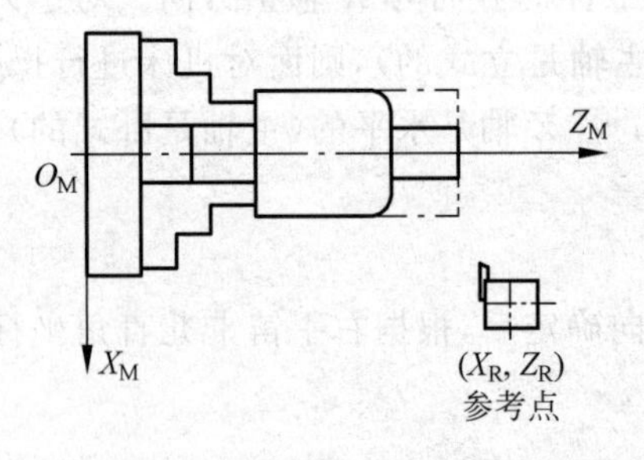

图 1.16　机床原点 O_M 与参考点的关系

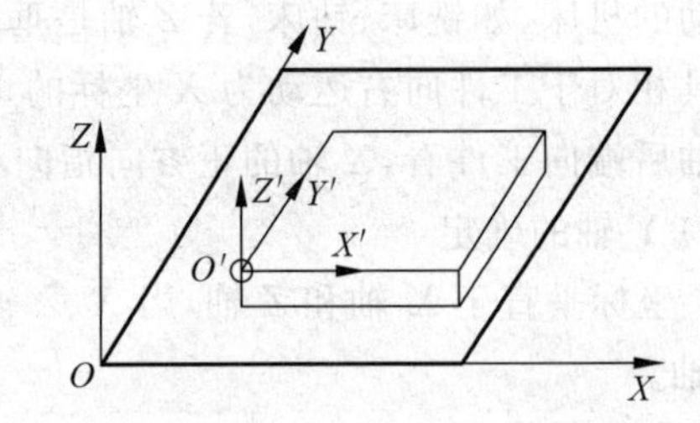

图 1.17　工件原点的选取

2）工件坐标系

工件坐标系的设定则由编程人员自行根据所加工的工件来设定。工件坐标系建立后一直有效，直至被新的工件坐标系取代。编程人员编程时均以工件坐标系为依据，将工件原点作为编程的起点。工件坐标系与机床坐标系具有一定的联系，如图 1.17 所示，O 为机床原点，O' 为工件原点，工件坐标系与机床坐标系的坐标轴方向保持一致，相互平行。在工件装夹完毕后，通过对刀确定工件原点与机床原点之间的距离，该值可通过 G92 或 G54 等输入到数控系统中，建立工件坐标系与机床坐标系的关系。

1.4 数控机床精度检测

随着精加工技术的迅速发展和零件加工精度的不断提高，对数控机床的精度提出了更高的要求。定期检测机床误差并及时校正螺距、反向间隙等，可切实改善生产使用中的机床精度，改善零件加工质量，大大提高机床利用率。因此，对数控机床进行精度检测和误差补偿是保证加工质量的有效途径。

1.4.1 数控机床常见精度要求及检测方法

1. 几何精度

几何精度即机床基础件的精度，它是决定加工性能的基本条件，包括直线度、垂直度、平面度、俯仰与扭摆、平行度等。例如床身导轨的直线度、主轴回转精度、溜板、尾座等移动部件的移动方向与导轨、主轴回转轴线的平行度或垂直度等。

测量方法：大理石或金属平尺、角规、百分表、水平仪、准直仪、激光干涉仪等。

2. 位置精度

数控机床位置精度包括定位精度、重复定位精度、微量位移精度等。

定位精度是指机床某运动部件从某一位置到达预定的另一理论位置和运动所达实际位置的差值。数控机床对定位精度要求很高。

测量方法：测微仪、成组块规、标准刻线尺、金属线纹尺、步距规、光学读数显微镜、准直仪、电子测微计、激光干涉仪等。

3. 工作精度

工作精度即机床加工精度，例如精车外圆的圆度、精车端面的平面度和精车螺纹的螺距累积误差等。

测量方法：美国 NAS(国家航宇标准)979 在 20 年前就制订了标准化的“圆形-菱形-方形”试验(现在是 CMTBA 的标志)。实施时，要准备铸铁或铝合金试件、铣刀及编制数控切削程序，用高精度圆度仪及高精度三坐标测量机检验试件精度。

激光干涉仪和球杆仪是近年来才出现的数控机床精度检测仪器，其精度高、简便、快捷，本书即对这两种方法进行介绍。

1.4.2 数控机床的反向间隙

在数控机床上，由于各坐标轴进给传动链上驱动部件(如伺服电动机、伺服液压马达和步进电动机等)的反向死区、各机械运动传动副的反向间隙等误差的存在，造成各坐标轴在由正向运动转为反向运动时形成反向偏差，通常也称反向间隙。对于采用半闭环伺服系统的数控机床,反向间隙的存在就会影响到机床的定位精度和重复定位精度,从而影响产品的加工精度。下面从数控机床进给传动装置的结构来说明反向间隙产生的原因。

在数控机床进给传动装置中,一般由电动机通过联轴器带动滚珠丝杠旋转,由滚珠丝杠螺母机构将回转运动转换为直线运动。

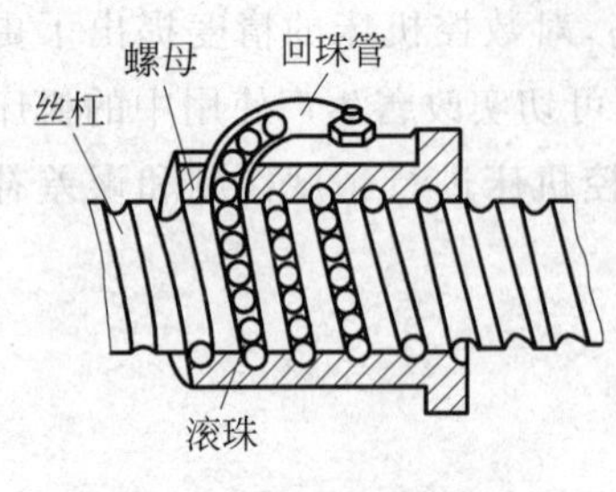

图 1.18 滚珠丝杠螺母机构

滚珠丝杠螺母机构的工作原理如图 1.18 所示,在丝杠和螺母上各加工有圆弧形螺旋槽,将它们套装起来形成螺旋形滚道,在滚道内装满滚珠。当丝杠相对螺母旋转时,丝杠的旋转面通过滚珠推动螺母轴向移动,同时滚珠沿螺旋形滚道滚动,使丝杠和螺母之间的滑动摩擦转变为滚珠与丝杠、螺母之间的滚动摩擦。螺母螺旋槽的两端用回珠管连接起来,使滚珠能够从一端重新回到另一端,构成一个闭合的循环回路。

由于滚珠丝杠副在加工和安装过程中存在误差,因此滚珠丝杠副将回转运动转换为直线运动时存在以下两种误差:

(1) 螺距误差,即丝杠导程的实际值与理论值的偏差。

(2) 反向间隙,即丝杠和螺母无相对转动时,丝杠和螺母之间的最大窜动。由于丝杠和螺母之间有磨损,滚珠丝杠螺母机构存在轴向间隙。该轴向间隙在丝杠反向转动时表现为丝杠转动 α 角,而螺母未移动,形成了反向间隙。

同时,随着设备投入运行时间的增长,反向间隙还会因运动副间隙的逐渐增大而增加。因此,需要定期对机床各坐标轴的反向间隙进行检测和补偿。

1.4.3 激光干涉仪检测法

1. 激光测量原理

激光是 19 世纪 60 年代末兴起的一种新型光源,广泛应用于各个领域。它与普通光源相比具有高度相干性、方向性好、高度单色性、亮度高等特殊性能,所以被广泛用于长距离、高精度的位置检测工作中。

激光干涉测量技术是以光波干涉原理为基础进行测量的一门技术,属于非接触测量,具有很高的测量灵敏度和精度。干涉测量技术的应用范围很广,可用于位移、长度、角度及振动等方面的测量。

激光干涉仪测量原理如图 1.19 所示。在干涉测量中,干涉仪以干涉条纹来反映被测件的信息,其原理是将光分成两路,干涉条纹是两路光光程差相同点联成的轨迹。光程差是干涉仪两条光路光程之差,用下式表示:

$$\Delta = \sum_{i=1}^{N} n_i l_i - \sum_{j=1}^{M} n_j l_j$$

式中,Δ——光程差;

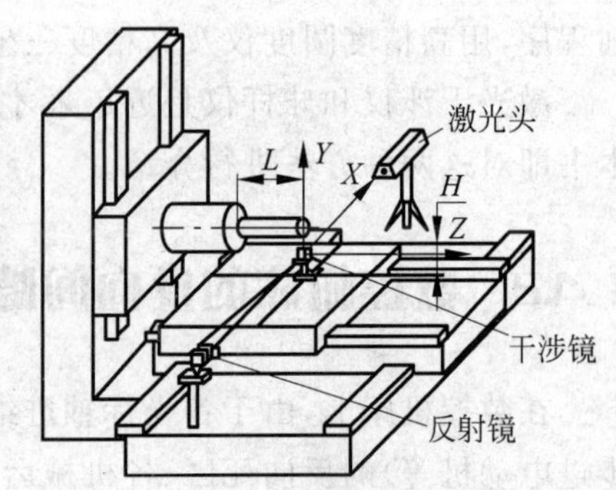

图 1.19 激光干涉仪测量原理

n_i、n_j——干涉仪两条光路的介质折射率；

l_i、l_j——干涉仪两条光路的几何路程差。

若把被测件放入干涉仪的一条光路中，干涉仪的光程差将随着被测件的位置与形状而变，干涉条纹也随之变化。测量出干涉条纹的变化量，便可直接获得 l 或 n，还可间接获得与 l 或 n 有关的各种被测信息。

利用干涉仪进行实际测量时，利用了光学理论中的这样一个结论：若两束相干光的光程差为零或 $\lambda_0/2$（λ_0 为波长）的奇数倍时，其交点为取消干涉（即暗条纹）。测量时一般把目标反射镜与被测对象相连，参考反射镜固定不动。当目标反射镜随被测对象移动时，两路光束的光程差发生变化，干涉条纹也随之发生明暗交替变化。若以光电探测器接收，当被测对象移动一定距离时，明暗条纹交替变化一次，光电探测器输出信号也将变化一个周期。记录下信号变化的周期数，便确定了被测位移。

使用激光干涉仪可检测直线度、垂直度、平面度、俯仰与偏摆、平行度等几何精度和定位精度。测量线性位移误差、俯仰角度误差时的光学镜组设置方法分别如图 1.20 和图 1.21 所示。

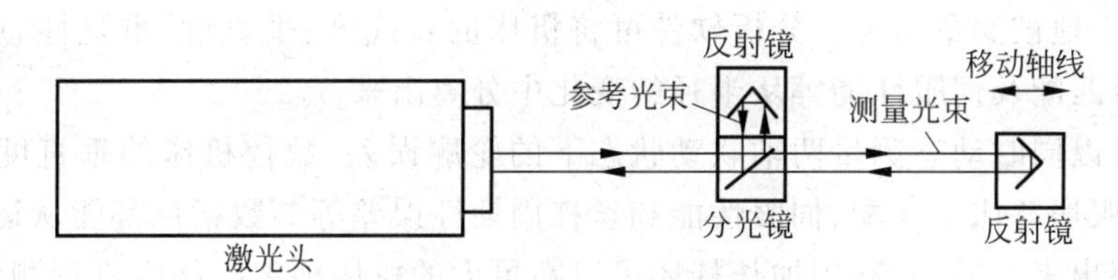

图 1.20 线性误差测量方法

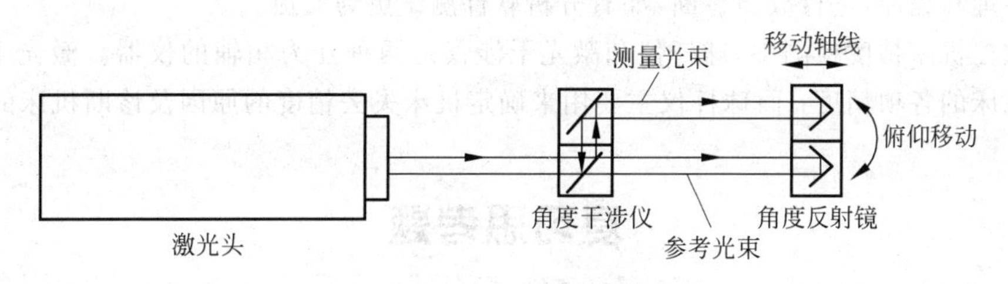

图 1.21 俯仰角度误差测量方法

2. 测量步骤

执行测量所需的步骤如下：

（1）安装激光干涉仪，在需要测量的机床坐标轴方向上安装光学镜组，固定在机床上。

（2）接通激光器电源，预热。

（3）调整激光头、镜组，使激光束与机床的运动轴准直。

（4）输入测量参数，按事先确定的测量程序运动机床，每移动一个步距，测量和记录机床的误差。

（5）进行数据处理，分析采集到的数据。

3. 安全操作规程

（1）激光器安全——切勿直视光束。一般不需要配戴护目镜，切勿凝视光束或照射他人的眼睛，注视漫射光束不会造成伤害。

(2) 激光干涉仪是精密光学仪器，严禁用手去触摸各光学元件。

(3) 安装、调节各组件时，旋转螺钉要缓慢。

(4) 维护保养——不得用水或任何其他液体清洗电源供电产品。

1.4.4 球杆仪检测法

球杆仪是用于数控机床两轴联动精度快速检测的一种工具，可用于取代工作精度的NAS试件切削。它由两个精密的金属圆球和一个可伸缩的连杆组成，在连杆内安装有高精度位移传感器。测量时，一个圆球通过与之只有三点接触的磁性钢座固定在工作台上，另一个圆球通过同样的装置安装在主轴上，两球之间用连杆相连接。当机床在 XY 平面上作圆插补运动时，固定在工作台上的圆球就绕着主轴上的圆球旋转。如果机床没有任何误差，则工作台上圆球的轨迹是一个没有任何畸变的真圆，检测电路也就没有位移输出。而当工作台和滑台存在几何误差和运动误差时，工作台上的圆球所扫过的轨迹并不是真圆。该圆的畸变部分 1∶1 地被测量出来。分析软件可将机床的直线度、垂直度、重复性、反向间隙、各轴的比例是否匹配及伺服性能等从半径的变化中分离出来。

球杆仪可以同时动态测量两轴联动状态下的轮廓误差，数控机床的垂直度、重复性、间隙、各轴的伺服增益比例匹配、伺服性能和丝杠周期性误差等参数指标都能从运动轮廓的半径变化中反映出来。另外，利用加长杆还可以在更大的机床加工空间内进行测量。

球杆仪测试过程简便，通过设定球杆仪、操作机床、采集数据等步骤后，即可对采集的数据进行整理和编译，进行故障诊断，如有分析软件测试更为便捷。

在数控机床精度检测中，球杆仪和激光干涉仪是两种互为相辅的仪器。激光干涉仪着重检测机床的各项精度；而球杆仪主要用来确定机床失去精度的原因及诊断机床的故障。

复习思考题

1. 数控机床与普通机床相比，有何特点？
2. 简述数控机床的基本组成部分及其工作原理。
3. 简述开环、闭环、半闭环控制系统的基本特点。
4. 四轴联动机床通常指哪四轴？
5. 卧式车床和立式铣床的机床坐标系是如何确定的？

数控车床

2.1 数控车床的概述

数控车床是目前使用较广泛的一种数控机床，它将编制好的加工程序输入到数控系统中，由数控系统通过车床 X、Z 坐标轴的伺服电动机去控制车床进给运动部件的动作顺序、移动量和进给速度，再配以主轴的转速和转向，便能加工出各种形状不同的轴类或盘类回转体零件。

与普通车床相比较，数控车床仍由主轴箱、进给传动机构、刀架、床身等部件组成，但其结构功能具有本质上的区别。数控车床分别由两台伺服电机驱动滚珠丝杠旋转，带动刀架作纵向及横向进给，不再使用挂轮、光杠等传动部件，传动链短；数控车床的床头箱结构比普通车床要简单得多，机床总体结构刚性好；传动部件大量采用轻拖动构件，如滚珠丝杠副等；并采用间隙消除机构，进给传动精度及灵敏度高、稳定性好。

数控车床主要用于加工各种轴类、套筒类和盘类零件上的回转表面，如内外圆柱面、圆锥面、成形回转表面及螺纹面等，还可加工高精度的曲面与端面螺纹等。其尺寸公差等级可达 IT6～IT5，表面粗糙度可达 $Ra1.6\mu m$ 以下。

2.1.1 数控车床的组成

数控车床主要由机床本体、数控系统、伺服系统和辅助装置等组成，如图 2.1 所示。

图 2.1 数控车床的组成部分

(1) 机床本体：即数控车床的机械部件，主要包括主轴箱、刀架、床身、尾座、底座、进给传动机构等。

① 主轴箱(床头箱)：固定在床身的最左边，主轴箱的功能是支撑并使主轴带动工件按照规定的转速旋转，以实现机床的主运动。

② 刀架：安装在机床的刀架滑板上，加工时可实现自动换刀。刀架的作用是装夹车刀、孔加工刀具及螺纹刀具等。

③ 床身：固定在机床底座上，其作用是支撑各主要部件，并使它们在工作时保持准确的相对位置。

④ 尾座：安装在床身导轨上，并沿导轨可进行纵向移动调整位置。尾座的作用是安装顶尖支撑工件，在加工中起辅助支撑作用。

⑤ 底座：车床的基础，用于支撑机床的各部件，连接电气柜，支撑防护罩和安装排屑装置等。

⑥ 进给传动机构：由纵向(Z向)滑板和横向(X向)滑板组成。纵向滑板安装在床身导轨上，沿床身实现纵向(Z向)运动；横向滑板安装在纵向滑板上，沿纵向滑板上的导轨实现横向(X向)运动。刀架滑板的作用是使安装在其上的刀具在加工中实现纵向进给和横向进给运动。

(2) 数控系统：即控制系统，是数控车床的控制核心，包括CPU、存储器、CRT等部分。

(3) 伺服系统：即驱动装置，是数控车床切削工作的动力部分，主要实现主运动和进给运动。

(4) 辅助装置：为加工服务的配套部分，如液压传动系统、气动装置、冷却系统、照明灯、润滑系统、防护门以及排屑系统等。

2.1.2 数控车床的分类

随着数控车床制造技术的不断发展，数控车床形成了品种繁多、规格不一的局面，一般可按如下几种方法进行分类。

1. 按数控系统的功能和机械结构的档次分类

(1) 经济型数控车床。经济型数控车床是在普通车床基础上改造而来的，一般采用步进电机驱动的开环控制系统，其控制部分通常采用单板机或单片机来实现，如图2.2所示。此类机床结构简单、价格低廉，但缺少一些诸如刀尖圆弧半径自动补偿和恒表面线速度切削等功能。

(2) 全功能型数控车床。全功能型数控车床就是通常所说的数控车床，如图2.3所示，它的控制系统是全功能型的，带有高分辨率的CRT、图形仿真、刀具和位置补偿等功能，具有通信接口，采用闭环或半闭环控制的伺服系统，可进行多个坐标轴的控制，具有高刚度、高精度和高效率等特点。

(3) 车削中心。车削中心是在全功能型数控车床的基础上发展起来的一种复合加工机床，配有刀库、自动换刀器、分度装置、铣削动力头和机械手部件，能实现多工序复合加工，工件在一次装夹后，能完成回转零件上各个表面的加工。主轴除了能承受切削力的作用和实现自动变速控制外，还能绕轴旋转作插补运动或分度运动，车削中心主轴的这种功能称为C轴功能。车削中心的功能全面，加工质量和速度都很高，但价格也较高。

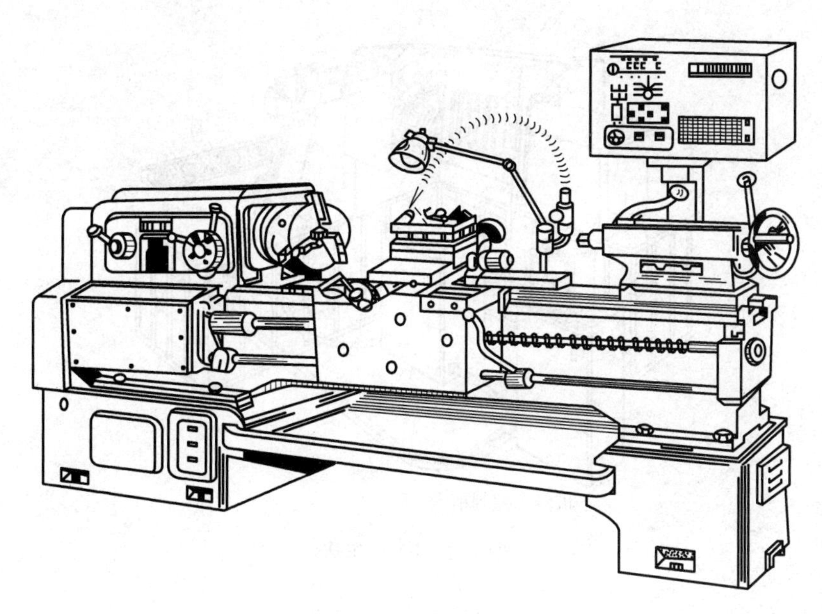

图 2.2 经济型数控车床

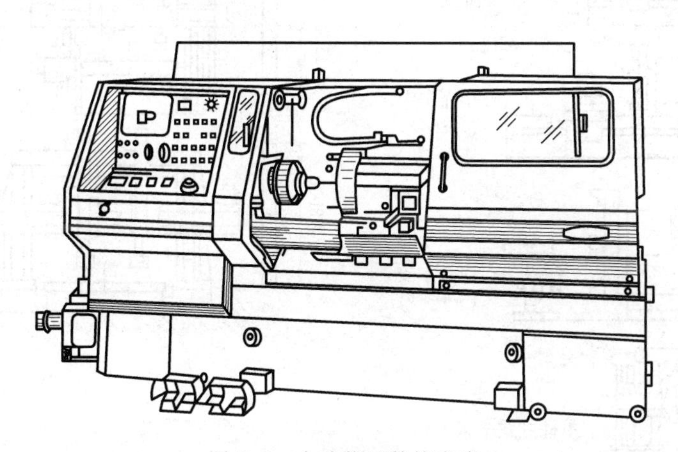

图 2.3 全功能型数控车床

(4) FMC 车床。FMC 是英文 flexible manufacturing cell(柔性加工单元)的缩写。FMC 车床实际上就是一个由数控车床、机器人等构成的系统,如图 2.4 所示。它能实现工件搬运、装卸的自动化和加工调整准备的自动化操作。

2. 按数控车床的布局形式分类

数控车床的布局形式受到工件的尺寸、质量和形状,机床生产率,机床精度,可操作性,运行要求和安全与环境保护要求的影响。按数控车床的布局形式分,有卧式车床、端面车床(分有床身和无床身式)、单柱立式车床、双柱立式车床和龙门移动式立式车床等形式,如图 2.5 所示。

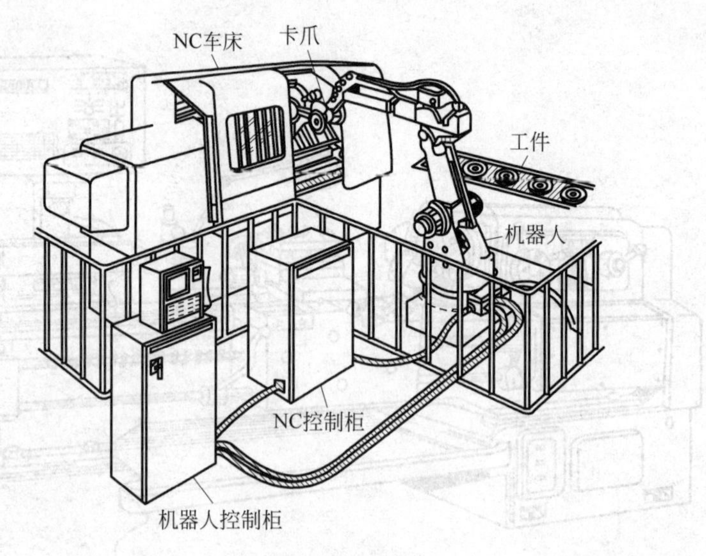

图 2.4 FMC 车床

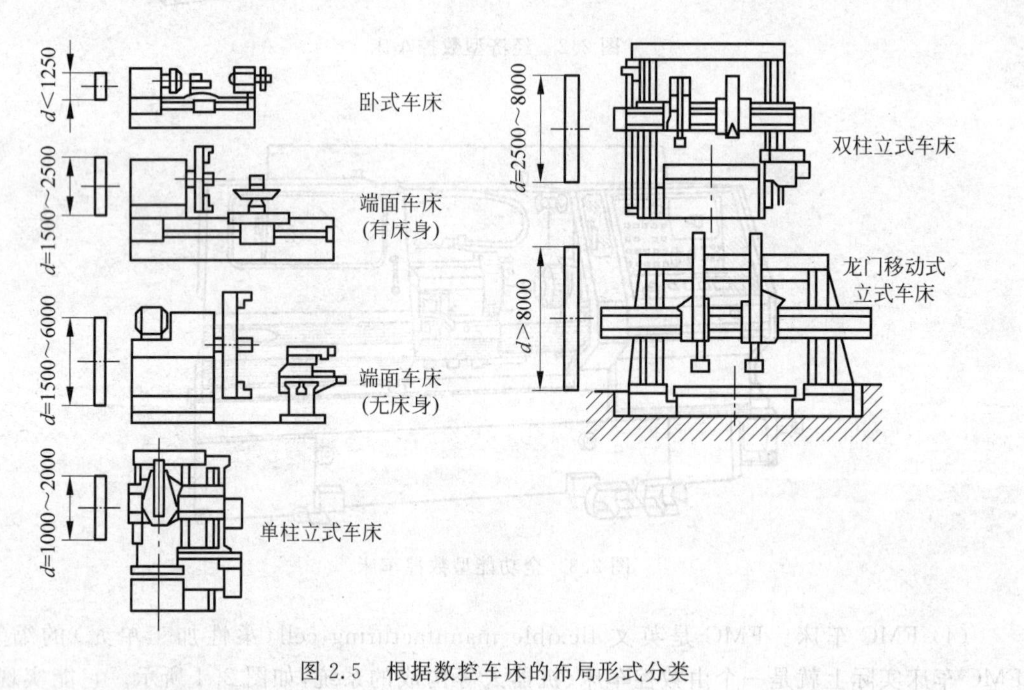

图 2.5 根据数控车床的布局形式分类

3. 按加工零件的基本类型分类

(1) 卡盘式数控车床。这类车床未设置尾座，适合车削盘类(含短轴类)零件。其夹紧方式多为电动、气动或液压控制，卡盘结构多具有可调卡爪或不淬火卡爪(即软卡爪)。

(2) 顶尖式数控车床。这类车床配置有普通尾座或数控尾座，适合车削较长的轴类零件及直径不太大的盘套类零件。

4. 其他分类方法

按数控系统的不同控制方法等指标，数控车床可分很多种类，如直线控制数控车床、两主轴控制数控车床等；按特殊或专门工艺性能可分为螺纹数控车床、活塞数控车床、曲轴数控车床等。

2.2 数控车床的加工对象与加工工艺

数控车削是使用最多的数控加工方法之一。数控车床具有加工精度高、可作直线和圆弧插补以及加工过程中能自动变速等特点，加工工艺范围较普通车床宽得多。工艺方案的好坏不仅会影响数控车床性能与效率的发挥，并直接影响到零件的加工质量，合理确定数控加工工艺对实现优质、高效和经济的数控加工具有极为重要的作用。

2.2.1 数控车床的主要加工对象

1. 精度要求高的回转体零件

由于数控车床刚性好、制造和对刀精度高，以及能方便和精确地进行人工补偿和自动补偿，所以能加工尺寸精度要求较高的零件，在有些场合可以以车代磨。此外，数控车削的刀具运动是通过高精度插补运算和伺服驱动来实现的，再加上机床的刚性好和制造精度高，所以能加工对母线直线度、圆度、圆柱度等形状精度要求高的零件。对于圆弧以及其他曲线轮廓，加工出的形状与图纸上所要求的几何形状的接近程度比用仿形车床要高得多。数控车削工件一次装夹可完成多道工序的加工，因而对提高加工工件的位置精度特别有效。不少位置精度要求高的零件用普通车床车削时，由于机床制造精度低，工件装夹次数多，而达不到要求，只能在车削后用磨削或其他方法弥补。

2. 表面粗糙度要求高的回转体零件

数控车床具有恒线速切削功能，能加工出表面粗糙度值小而均匀的零件。在普通车床上车削锥面和端面时，由于转速恒定不变，致使车削后的表面粗糙度不一致，只有某一直径处的粗糙度值最小；使用数控车床的恒线速切削功能，就可选用最佳线速度来切削锥面和端面，使切削后的表面粗糙度值既小又一致。在材质、精车余量和刀具已定的情况下，表面粗糙度取决于进给量和切削速度，粗糙度值要求大的部位选用大的进给量，要求小的部位选用小的进给量。

如图 2.6 所示的扭转试棒，原先采用普通车床进行加工，由于机床制造精度低，位置精度和尺寸精度以及表面粗糙度等都很难达到要求，最后在磨床上进行磨削，其表面粗糙度能够达到要求，但其他的要求就不大好保证。现采用数控车床来加工此零件，不用磨削即可达到所需的要求，降低了多次装夹对零件的尺寸精度及位置精度的影响，减少了加工的工时，加工质量稳定，特别适合批量生产，减少加工制造成本。

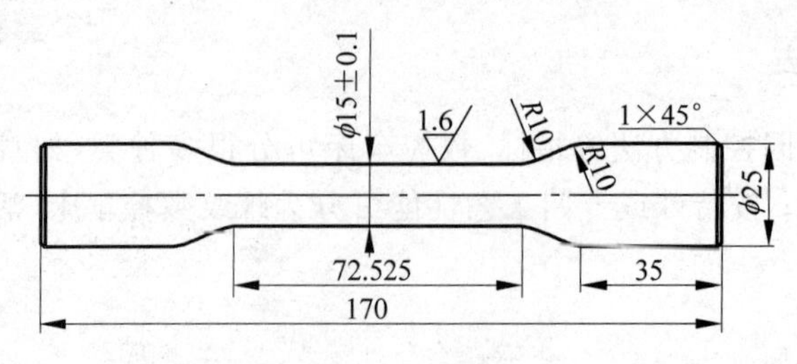

图 2.6　扭转试棒

3. 表面形状复杂的回转体零件

由于数控车床具有直线和圆弧插补功能,可以车削由任意直线和曲线组成的形状复杂的回转体零件。对于由直线或圆弧组成的轮廓,直接利用机床的直线或圆弧插补功能;对于由非圆曲线组成的轮廓,可以用非圆曲线插补功能,若所选机床没有非圆曲线插补功能,则应先用直线或圆弧去逼近,然后再用直线或圆弧插补功能进行插补切削。

4. 带特殊螺纹的回转体零件

普通车床所能车削的螺纹相当有限,它只能车等导程的公、英制螺纹,而且一台车床只能限定加工若干种导程。数控车床具有加工各类螺纹的功能,不但能车削任何等导程的直、锥和端面螺纹,而且能车增导程、减导程以及要求等导程与变导程之间平滑过渡的螺纹,还可以车高精度的模数螺旋零件(如圆柱、圆弧蜗杆)和端面(盘形)螺旋零件等。由于数控车床可以配备精密螺纹切削功能,再加上一般采用硬质合金成形刀具以及可以使用较高的转速,所以车削出来的螺纹精度高,表面粗糙度值小。

2.2.2 数控车削加工工艺的内容

数控车削加工工艺是采用数控车床加工零件时所运用方法和技术手段的总和,其主要内容包括以下几个方面:

(1) 选择并确定零件的数控车削加工内容。
(2) 对零件图纸进行数控车削加工工艺分析。
(3) 选择加工所用数控车床的类型。
(4) 工具、夹具的选择和调整设计。
(5) 工序、工步的设计。
(6) 加工轨迹的计算和优化。
(7) 数控车削加工程序的编写、校验与修改。
(8) 首件试加工与现场问题的处理。
(9) 数控车削加工工艺技术文件的定型与归档。

2.2.3 数控车削加工工艺分析

工艺分析是数控车削加工的前期工艺准备工作。工艺制定得合理与否,对程序的编制、机床的加工效率和零件的加工精度都有重要影响。为编制出一个合理的、实用的加工程序，要求编程者不仅要了解数控车床的工作原理、性能特点及结构，掌握编程语言及编程格式，还应熟练掌握工件加工工艺，确定合理的切削用量，正确地选用刀具和工件装夹方法。因此，应遵循一般的工艺原则并结合数控车床的特点，认真而详细地进行数控车削加工工艺分析，其主要内容有：零件图分析，夹具、刀具及切削用量的选择，划分工序及拟定加工顺序等。

1. 零件图分析

零件图分析是制定数控车削工艺的首要任务，主要进行尺寸标注方法分析、轮廓几何要素分析以及精度和技术要求分析。此外，还应分析零件结构和加工要求的合理性，选择工艺基准。

1）尺寸标注方法分析

零件图上的尺寸标注方法应适应数控车床的加工特点，应以同一基准标注尺寸或直接给出坐标尺寸。这种标注方法既便于编程，又有利于设计基准、工艺基准、测量基准和编程原点的统一。如果零件图上各方向的尺寸没有统一的设计基准，可考虑在不影响零件精度的前提下，选择统一的工艺基准，计算转化各尺寸，以简化编程计算。

2）轮廓几何要素分析

在手工编程时，要计算每个节点坐标；在自动编程时要对零件轮廓的所有几何元素进行定义。因此在零件图分析时，要分析几何元素的给定条件是否充分。

3）精度和技术要求分析

对被加工零件的精度和技术进行分析，是零件工艺性分析的重要内容，只有在分析零件尺寸精度和表面粗糙度的基础上，才能正确合理地选择加工方法、装夹方式、刀具及切削用量等。其主要内容包括：分析精度及各项技术要求是否齐全、是否合理；分析本工序的数控车削加工精度能否达到图纸要求，若达不到，允许采取其他加工方式弥补时，应给后续工序留有余量；对图纸上有位置精度要求的表面，应保证在一次装夹下完成；对表面粗糙度要求较高的表面，应采用恒线速度切削（注意：在车端面时，应限制最高转速）。

2. 夹具和刀具的选择

1）工件的装夹与定位

数控车削加工中尽可能做到一次装夹后能加工出全部或大部分待加工表面，尽量减少装夹次数，以提高加工效率、保证加工精度。对于轴类零件，通常以零件自身的外圆柱面作定位基准；对于套类零件，则以内孔为定位基准。

数控车床夹具除了使用通用的三爪自动定心卡盘、四爪单动卡盘和液压、电动及气动夹具外，还有多种通用性较好的专用夹具，如专门用于装夹轴类零件的夹具等，实际操作时应合理选择。

2）刀具选择

刀具的使用寿命除与刀具材料相关外，还与刀具的直径有很大的关系，刀具直径越大，能承受的切削用量也越大，所以在零件形状允许的情况下，采用尽可能大的刀具直径是延长刀具寿命、提高生产率的有效措施。数控车削常用的刀具一般分为 3 类，即尖形车刀、圆弧形车刀和成形车刀。

(1) 尖形车刀：以直线形切削刃为特征的车刀。其刀尖由直线形的主、副切削刃构成，如外圆偏刀、端面车刀、切刀等。这类车刀加工零件时，零件的轮廓形状主要由一个独立的刀尖或一条直线形主切削刃位移后得到。

(2) 圆弧形车刀：除可车削内外圆表面外，特别适宜于车削各种光滑连接的成形面。其特征为：构成主切削刃的刀刃形状为一圆度误差或线轮廓误差很小的圆弧，该圆弧刃的每一点都是圆弧形车刀的刀尖，因此刀位点不在圆弧上，而在该圆弧的圆心上。

(3) 成形车刀：所加工零件的轮廓形状完全由车刀刀刃的形状和尺寸决定。数控车削加工中，常用的成形车刀有小半径圆弧车刀、车槽刀和螺纹车刀等。

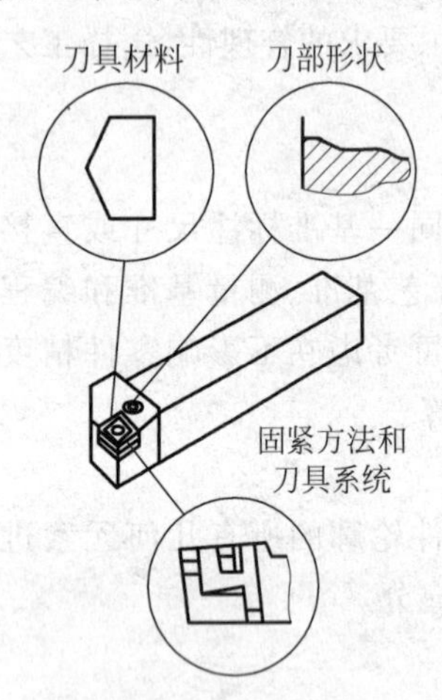

图 2.7 机夹式车刀组成

数控车床使用的车刀、镗刀、切断刀、螺纹加工刀具均有焊接式和机夹式之分，除经济型数控车床外，为了减少换刀时间和方便对刀，便于实现机械加工的标准化，数控车削加工中，目前已广泛采用机夹可转位式车刀，它主要由刀体、刀片和刀片压紧系统三部分组成，如图 2.7 所示，其中刀片普遍使用硬质合金涂层刀片。

3. 切削用量选择

数控车削加工中的切削用量包括背吃刀量 a_p、主轴转速 S（或切削速度 v）及进给速度（或进给量 f）。

车削用量的大小对切削力、切削功率、刀具磨损、加工质量和加工成本均有显著影响。选择车削用量时，在保证加工质量和刀具耐用度的前提下，充分发挥机床性能和刀具切削性能，使切削效率高，而加工成本低。

1) 切削用量的选择原则

合理选用切削用量对提高数控车床的加工质量至关重要。确定数控车床的切削用量时一定要根据机床说明书中规定的要求，以及刀具的耐用度去选择，也可结合实际经验采用类比法确定。一般的选择原则是：粗车时，首先考虑在机床刚度允许的情况下选择尽可能大的背吃刀量 a_p，其次选择较大的进给量 f，最后再根据刀具允许的寿命确定一个合适的切削速度 v，增大背吃刀量可减少走刀次数，提高加工效率；增大进给量，有利于断屑。精车时，应着重考虑如何保证加工质量，并在此基础上尽量提高加工效率，因此宜选用较小的背吃刀量和进给量，尽可能地提高加工速度。

2) 切削用量选择的方法

(1) 背吃刀量的选择：在机床刚性和功率允许的条件下，尽可能选取较大的背吃刀量，以减少进给次数。当零件的精度要求较高时，则应考虑适当留出精车余量，其所留精车余量一般比普通车削时所留余量少，常取 0.1～0.5mm。

(2) 主轴转速的确定：常规车削时主轴转速应根据零件上被加工部位的直径，并按零件和刀具的材料及加工性质等条件所允许的切削速度来确定。一般主轴转速 S(r/min)可根据切削速度 v(m/min)由公式 $S=v1000/\pi D$（D 为工件或刀具直径，mm）计算得出，也可查表或根据实践经验确定。而在切削螺纹时，车床的主轴转速将受到螺纹的螺距（或导程）

大小、驱动电动机的升降频率及螺纹插补运算速度等多种因素影响，故对于不同的数控系统，推荐不同的主轴转速选择范围。如大多数经济型数控车床系统推荐车螺纹时的主轴转速如下：$n \leqslant 1200/P-k$（P 为工件螺纹的螺距或导程，mm；k 为保险系数，一般取 80）。

（3）进给速度的确定：进给速度是指在单位时间内，刀具沿进给方向移动的距离，单位为 mm/min；有些数控车床规定可以选用进给量（单位为 mm/r）表示进给速度。确定进给速度应遵循以下的原则：

① 当工件的质量要求能够得到保证时，为提高生产率，可选择较高的进给速度（2000mm/min 以下）。

② 切断、车削深孔或精车时，宜选择较低的进给速度。

③ 刀具空行程，特别是远距离“回零”时，可以设定尽可能高的进给速度。

④ 进给速度应与主轴转速和背吃刀量相适应。

3）选择切削用量应注意的问题

（1）车削螺纹时的注意问题：车削螺纹时，主轴转速不宜过高，不同的数控系统都有推荐使用的不同的主轴转速范围。其原因如下：

① 程序中加工螺纹指令中的螺距值即相当于进给量，如果主轴速度选择过高，则进给速度将大大超过正常值。

② 刀具在移动到加工螺纹位置的起始处或终止处时，由于受到伺服驱动系统升/降频率及数控系统插补运算的约束，若主轴速度过高，则可能导致部分螺牙的螺距不符合要求。

③ 当主轴转速过高时，通过螺纹编码器发出的定位脉冲将可能不稳定，从而导致螺纹产生乱扣。

（2）车削细长轴时的注意事项：细长轴的毛坯一般不太直，加工余量不均，加之其刚性差，走刀次数不易太少。一般情况，粗车及半精车各应切削一到两次，精车一次，精车余量应尽量小。

（3）在选择切削速度时，还应考虑以下几点：

① 应尽量避开积屑瘤产生的区域。

② 断续切削时，为减小冲击和热应力，要适当降低切削速度。

③ 在易发生振动的情况下，切削速度应避开自激振动的临界速度。

④ 加工大件、细长件和薄壁工件时，应选用较低的切削速度。

⑤ 加工带外皮的工件时，应适当降低切削速度。

4. 划分工序及拟定加工顺序

1）工序划分的原则

在数控车床上加工零件，常用的工序划分原则有以下两种。

（1）保持精度原则。工序一般要求尽可能的集中，粗、精加工通常会在一次装夹中全部完成。为减少热变形和切削力变形对工件的形状、位置精度、尺寸精度和表面粗糙度的影响，则应将粗、精加工分开进行。

（2）提高生产效率原则。为减少换刀次数，节省换刀时间，提高生产效率，应将需要用同一把刀加工的加工部位都完成后，再换另一把刀来加工其他部位，同时应尽量减少空行程。

2）确定加工顺序

制定加工顺序一般遵循下列原则。

(1) 先粗后精：按照粗车→半精车→精车的顺序进行，逐步提高加工精度。

(2) 先近后远：离对刀点近的部位先加工，离对刀点远的部位后加工，以便缩短刀具移动距离，减少空行程时间。此外先近后远车削还有利于保持坯件或半成品的刚性，改善其切削条件。

(3) 内外交叉：对既有内表面又有外表面需加工的零件，应先进行内外表面的粗加工，后进行内外表面的精加工。

(4) 基面先行：用作精基准的表面应优先加工出来，因定位基准的表面越精确，装夹误差越小。例如，轴类零件加工时，总是先加工中心孔，再以中心孔为精基准加工外圆表面和端面。

2.3 数控车床的坐标系

1. 机床坐标系

数控车床的机床坐标系如图 2.8 所示，Z 轴与主轴轴线平行，正方向是离开卡盘指向尾架的方向；X 轴在水平面上，与 Z 轴垂直，正方向为刀架离开主轴轴线的方向。数控车床的机床坐标系的原点一般取为主轴轴线和主轴前端面的交点。

参考点是机床上的一个固定点。在设计和调试数控机床时，在各坐标轴方向上设定一些固定位置以完成某些功能，这些固定位置就称为参考点。在使用数控车床中，一般都要在机床启动时进行归零(zeroing)操作，使刀架回到机床的参考点。归零操作后，机床控制系统进行了初始化，使机床操作面板屏幕上 X、Z 坐标显示为零，当刀架移动到机床的参考点时，在操作面板屏幕上显示的 X、Z 坐标值均为 0。

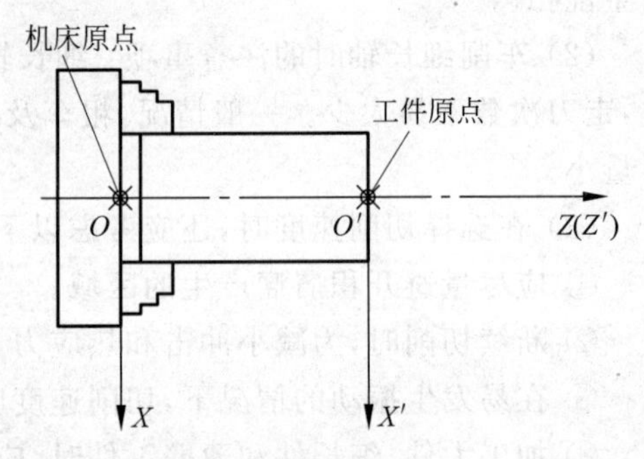

图 2.8 数控车床的坐标系统（注：XOZ 为机床坐标系，$X'O'Z'$ 为工件坐标系）

2. 工件坐标系

机床坐标系的设定由机床的生产商设定，而数控车床的工件坐标系则由编程人员自行根据所加工的工件来设定。工件原点一般取在工件右端面的回转中心处，工件坐标系的 Z 轴一般与主轴轴线重合，X 轴位于水平面上，与 Z 轴垂直。各轴正方向与机床坐标系相同。图 2.8 描述了机床原点与工件原点两者之间的关系。

3. 对刀点(起刀点)与换刀点

1）对刀点

在数控加工中，刀具相对于工件运动的起点，即刀具切削加工起始点，称为“起刀点”，也称“对刀点”。

对刀点(起刀点)往往既是零件加工的起点,又作为零件加工结束的终点。这样有助于减少对刀辅助时间,可批量加工,无需重新对刀,但要考虑重复定位精度的影响,需适时检测、调整。

2) 换刀点

换刀点是指在工件加工过程中,自动换刀装置(如车床自动回转刀架)转位换刀时所在的位置。换刀点的设定原则是以刀架转位换刀不碰撞工件和机床其他部件为准,同时使换刀路线最短。一般情况下,换刀点由编程人员根据需求自行设定。

2.4 数控车床编程

不同的数控车床,由于采用的数控系统的差别,故有些功能指令的定义会有一些差别,但基本编程方法相似。本节以南京第二机床厂生产的 CK6150 数控车床为例,介绍数控车床的基本编程及操作方法。该机采用 FANUC Series Oi Mate -TC 数控系统,其最大车削直径 ϕ520mm,最大加工长度 1500mm。

2.4.1 常用功能指令

1. 准备功能

准备功能又称 G 功能或 G 代码,它用于指定工作方式,有模态和非模态之分。模态代码一经指定就一直有效,直到被同组代码取代(只有同组代码才可相互取代)为止,或被 M02、M30、紧急停止以及按“复位”键撤消。非模态代码只在该代码所在的程序段中有效,在下一程序段则自动取消。常用准备功能见表 2.1。

2. 辅助功能

辅助功能又称 M 功能或 M 代码,它用于指定机床工作时的各种辅助动作及状态。

(1) 程序暂停(M00):当程序执行到 M00 指令时,将暂停执行当前程序,以方便操作者进行刀具和工件的尺寸测量、工件调头等操作。暂停时,机床的主轴、进给及切削液停止,而全部现存的模态信息保持不变,如果需要继续执行后续程序,再次按下操作面板上的“循环启动”键即可。

(2) 选择停止(M01):该指令的作用与 M00 相似,不同的是必须在操作面板上预先按下“选择停止”键,当执行完 M01 指令程序段后,程序停止,按下“循环启动”键后,继续执行后续程序;如果不预先按下“选择停止”键,则会跳过该程序段,即 M01 指令无效。

(3) 程序结束(M02、M30):M02 指令在主程序的最后一段,表示程序结束,此时,机床的主轴、进给及冷却液全部停止,加工结束。若要重新执行该程序就需要重新调用该程序。M30 指令也表示程序结束,与 M02 功能基本相同,只是程序结束后,将返回到程序开始的位置,若要重新执行该程序,不需再次调用程序,只需再次按下“循环启动”键即可。

表 2.1 FANUC Oi 系统常用的准备功能

代码	组别	功　能	代码	组别	功　能
G00*	01	快速点定位	G54	14	选择工件坐标系 1
G01		直线插补	G55		选择工件坐标系 2
G02		顺时针圆弧插补	G56		选择工件坐标系 3
G03		逆时针圆弧插补	G57		选择工件坐标系 4
G04	00	暂停，持续时间用 P 或 X 编入	G58		选择工件坐标系 5
G20	06	英制输入	G59		选择工件坐标系 6
G21		米制输入	G65	00	宏程序调用
G22	04	内部行程限位有效	G70	06	精车循环
G23		内部行程限位无效	G71		外圆粗车循环
G27	00	返回参考点校验	G72		端面粗车循环
G28		返回参考点	G73		固定方式粗车循环
G29		从参考点返回	G74		钻孔循环
G30		回到第二参考点	G75		割槽循环
G32	01	螺纹切削	G76		螺纹切削组合循环
G34		变螺纹切削	G90	01	外圆切削循环
G40*	07	取消刀具半径补偿	G92		螺纹切削循环
G41		左边刀具半径补偿	G94		端面切削循环
G42		右边刀具半径补偿	G96	02	主轴恒线速控制
G50	00	主轴最高转速设置(坐标系设定)	G97*		取消主轴恒线速控制
G52		设置局部坐标系	G98	05	进给速度按每分钟设定
G53		选择机床坐标系	G99*		进给速度按每转设定

注：

(1) 00 组的代码为非模态代码，其他均为模态代码。

(2) 标有 * 号的 G 代码，表示在系统通电后，或执行过 M02、M30，或在紧急停止以及按“复位”键后系统所处于的工作状态。

(3) 若不相容的同组 G 代码被编在同一程序段中，则系统认为后编入的那个 G 代码有效。

(4) FANUC 车床系统中用 *X*、*Z* 表示按绝对坐标编程；用 *U*、*W* 表示按增量坐标编程。

(4) 主轴控制指令(M03、M04、M05)：指令 M03 启动主轴正转；指令 M04 启动主轴反转；指令 M05 使主轴停转。

(5) 换刀指令(M06)：M06 用于在数控车床上使刀架转位，读取 M06 指令刀具将被自动地转位到加工状态。一般 M06 指令必须与相应的刀号结合，才能构成完整的换刀指令。

(6) 冷却液开、关指令(M08、M09)：M08 指令用来开启冷却液；M09 指令用来关闭冷却液。

(7) 子程序调用(M98)：编程时，为了简化程序的编制，当一个工件上有相同的加工内容时，常用调用子程序的方法进行编程。编程格式：M98 P…(P 后共有 8 位数字，前 4 位为调用次数，省略时为一次；后 4 位为所调用的子程序号)。

(8) 子程序结束(M99)：M99 指令表示子程序结束，并返回到调用子程序的主程序中。

3. F 功能

F 功能用于指定进给速度，由 F 和其后的数字来表示。

(1) 每分钟进给(G98)：系统执行了 G98 指令，则 F 值所指定的进给速度单位是 mm/min。G98 被执行一次后，系统一直保持 G98 状态，直到出现 G99 程序段，G98 才会被取消。

(2) 每转进给量(G99)：系统执行了 G99 指令，则 F 值所指定的进给速度单位是 mm/r。

要取消 G99 状态，只有使用 G98 指令，G98 与 G99 指令相互取代，FANUC 系统通电后一般默认 G99 状态。

F 值指定后一直有效，直到被新的 F 值取代为止。G00 执行的是系统设置的速度，但不会撤消前面所编的 F 值。

4. S 功能

S 功能用于指定主轴转速或限速。

(1) 恒线速度控制(G96)：该指令用来控制其主轴转速按规定的恒线速度值运行。采用此功能，可保证当工件直径变化时，主轴的线速度不变，从而保证切削速度不变，提高了加工质量。

指令格式：G96 S __；其中 S __是恒定线速度，单位是 m/min。

(2) 恒转速控制(G97)：该指令用来车削螺纹或工件直径变化较小的场合。

指令格式：G97 S __ ；其中 S __是主轴转速，单位是 r/min。系统开机时一般默认 G97 状态。

(3) 主轴最高转速限定(G50)。G50 除了具有设定工件坐标系的功能外，还可限定主轴的最高转速。该指令可防止主轴转速过高，离心力太大，造成危险及影响机床寿命。尤其是用恒线速度车削端面、锥度和圆弧时，由于 X 值不断变化，当刀具逐渐接近工件的旋转中心时，主轴转速会越来越高，工件有从卡盘飞出的危险，所以为防止事故的发生，此时必须限定主轴的最高转速。

指令格式：G50 S __ ；其中 S __是主轴的最高转速，单位是 r/min。

5. T 功能

T 功能用于指定刀具号，进行自动换刀。T 后面通常有两位数表示所选的刀具号码。但也有 T 后面用 4 位数字，如 T0101，前面的 01 为刀具号，后面 01 为刀补号。补偿号可以和刀具号相同，也可以不同，即一把刀具可以对应多个补偿号。

2.4.2 编程基础

1. 快速点定位

格式：G00 X __ Z __；

G00 U __ W __；

说明：

(1) G00 是以机器参数设定的快速进给速度执行的，程序中的 F 值对它不起作用。

(2) X__ Z__：绝对值编程，终点坐标；

U__ W__：增量编程，为终点相对于起点的相对位移量。

(3) X、U 坐标采用直径值编程。

2. 直线插补

格式：G01 X__ Z__ F__；

G01 U__ W__ F__；

说明：

(1) 执行 G01 时，刀架以给定的 F 值作直线运动。当两轴同时运行时，其运动轨迹是起点和终点之间的直线。

(2) X__ Z__：绝对值编程，终点坐标；

U__ W__：增量编程，为终点相对于起点的相对位移量；

F：进给速度，单位 mm/r。

例 1 以进给量 0.3mm/r 直线进给至目标点，如图 2.9 所示。

G01 X40. Z40. F0.3；

或 G01 U−40. W−30. F0.3；

3. 圆弧插补

圆弧插补有顺时针(G02)、逆时针(G03)之分，判断圆弧的顺逆向，应该对着 Y 轴正向看过去，前置刀架与后置刀架正好相反，如图 2.10 所示。

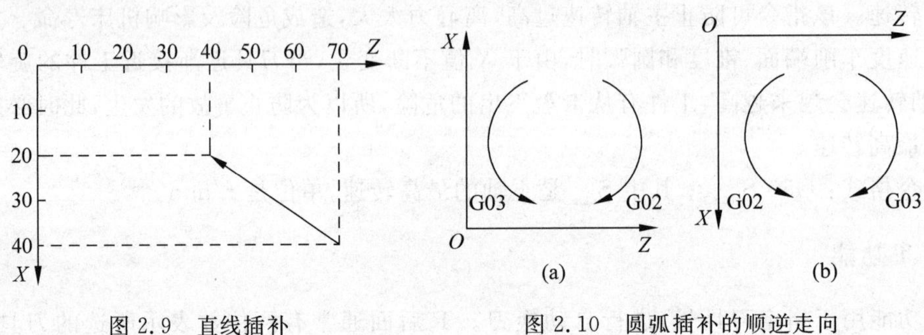

图 2.9 直线插补　　图 2.10 圆弧插补的顺逆走向

1) 顺时针圆弧插补

格式：G02 X(U)__ Z(W)__ I__ K__ F__；

G02 X(U)__ Z(W)__ R__ F__；

说明：

X__ Z__：圆弧终点坐标。

U__ W__：圆弧终点相对圆弧起点的相对位移量。

I、K：圆心相对于圆弧起点的坐标增量，I 值采用半径值。

R：圆弧半径，圆弧圆心角小于或等于 180°时，R 为正值，否则 R 为负值。

F：进给速度。

2）逆时针圆弧插补

格式：G03 X(U)__ Z(W)__ I__ K__ F__；

G03 X(U)__ Z(W)__ R__ F__；

说明：除了圆弧走向不同，其余与 G02 相同。

例 2 含顺时针的圆弧加工程序，如图 2.11 所示。

```
G01 X15. Z0 F0.3;
G02 X25. Z-10. R10. F0.2;
```

4. 暂停

格式：G04 X__；或 G04 P__；

说明：

（1）X、P：指定暂停时间。

（2）X 后可带小数点，单位为 s。

（3）P 后只能接整数，单位为 ms。

例 3 暂停 6.5s 的程序段

```
G04 X6.5; 或 G04 P6500;
```

5. 螺纹切削循环

格式：G92 X__ Z__ I__ F__；

说明：

X、Z：螺纹终点的绝对坐标。

I：锥螺纹终点与始点的高度差（半径值）。圆柱螺纹的 I 值为 0，可省略。

F：螺纹的导程。

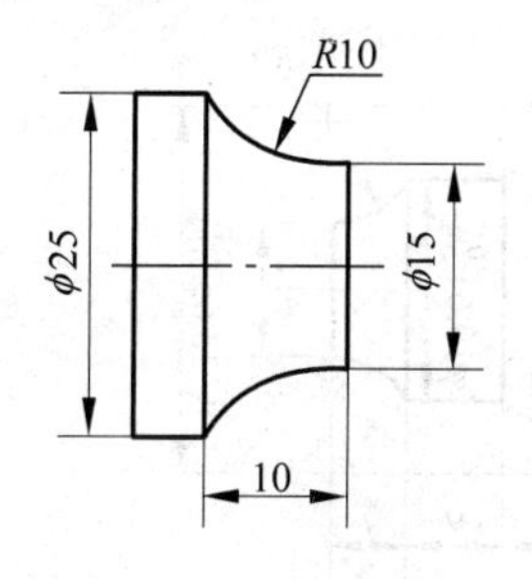

图 2.11 圆弧的加工

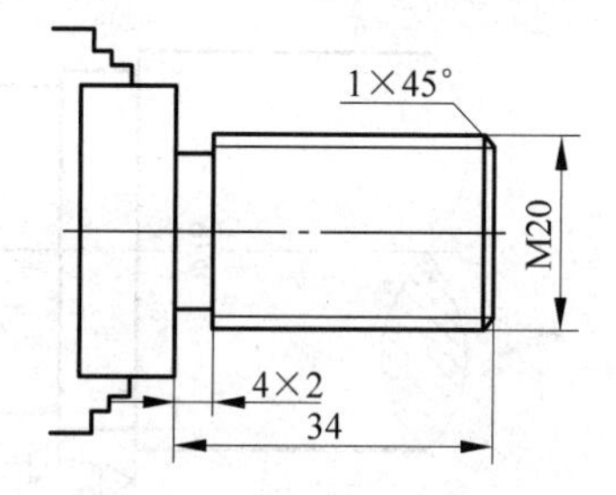

图 2.12 螺纹切削零件图

例 4 用 G92 车削 M20 的外螺纹，退刀槽宽为 4mm，如图 2.12 所示。

分析：根据机械手册查得 M20 的标准螺纹的螺距为 2.5mm。

计算螺纹的大径 $D_{大}$、小径 $D_{小}$：

$$D_{大} = D_{公} - 0.1P = 20 - 0.1 \times 2.5 = 19.75\text{mm}$$

$$D_{小} = D_{公} - 1.3P = 20 - 1.3 \times 2.5 = 16.75\text{mm}$$

```
O0050;              (第 50 号程序)
N10 S600 M03;       (主轴正转,600r/min)
```

```
N20 T0303;                    (第 3 号螺纹刀)
N30 G00 X30. Z5.;             (快进到循环起点)
N40 G92 X18.75 Z-36. F2.5;    (螺纹切削循环 1,第 1 刀切深 0.5mm)
N50 X17.95;                   (第 2 刀切入 0.4mm)
N60 X17.35;                   (第 3 刀切入 0.3mm)
N70 X16.95;                   (第 4 刀切入 0.2mm)
N80 X16.85;                   (第 5 刀切入 0.05mm)
N90 X16.75;                   (第 6 刀切入 0.05mm)
N100 G00 X80.;                (径向退刀)
N110 G00 Z100.;               (轴向退刀)
N120 M05;                     (主轴停转)
N130 M30;                     (程序结束,并返回到程序开头)
```

6. 多重循环

1) 粗车循环(将工件切削至精加工之前的尺寸)

格式:G71 U __ R __;

说明:U __:切深,半径表示。

R __:退刀量。

格式:G71 P __ Q __ U __ W __ F __;

说明:P、Q:粗车循环起始及结束程序段号。

U、W:X、Z 向的精加工余量,其中 U 为直径值。

F:循环切削的进给量。

2) 精车循环

格式:G70 P __ Q __ F __;

说明:P、Q:精车循环起始及结束程序段号。

例 5 加工如图 2.13 所示零件,使用粗加工循环 G71,精加工循环 G70。

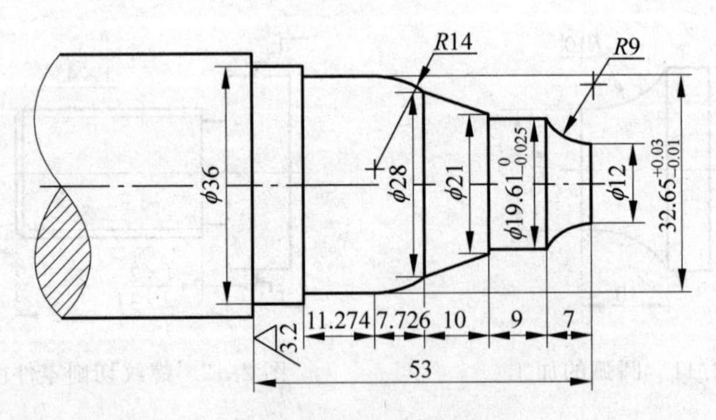

图 2.13 综合零件图

```
O0003;                        (第 3 号程序)
```

粗加工程序:

```
N10 S800 M03;                 (主轴正转,转速为: 800r/min)
N20 T0101;                    (调用 1 号刀,使用 1 号刀具补偿参数)
N30 G00 X42. Z2.;             (快进到加工循环点)
```

```
N40 G71 U2. R1.;                          (粗车循环,粗车切深 2mm,退刀量 1mm)
N50 G71 P60 Q160 U0.5 W0 F0.2;            (轮廓区域 N60～N160,X 方向预留 0.5mm 的精车余量,
                                          进给量 0.2mm)
N60 G00 X12.;
N70 G01 Z0;
N80 G02 X19.61 Z-7. R9.;                  (车 R9mm 的圆弧)
N90 G01 Z-16. ;                           (车 φ19.61mm 的圆弧)
N100 X21.;                                (车削 φ21 右端台阶面)
N110 X28. Z-26.;                          (车锥面)
N120 G03 X32.65. Z-33.726 R14.;           (车 R14mm 的圆弧)
N130 G01 Z-45.;                           (车削 φ32.65mm 外圆)
N140 X36.;                                (车 φ36mm 的右端面)
N150 Z-53.;                               (车 φ36mm 外圆)
N160 X42.;                                (径向退刀)
N170 M05;                                 (主轴停转)
N180 M00;                                 (程序暂停)
```

精加工程序:

```
N190 S1000 M03;                           (主轴正转,1000r/min)
N200 T0101;                               (调用 1 号刀,使用 1 号刀具补偿参数)
N210 G00 X42. Z2.;                        (快进到加工循环点)
N220 G70 P60 Q160 F0.1;                   (精车循环,执行 N60～N160 程序段,进给量: 0.1mm)
N230 G00 X100.;                           (径向退刀)
N240 G00 Z50.;                            (轴向退刀)
N250 M05;                                 (主轴停转)
N260 M30;                                 (程序结束)
```

注意:使用 G71 进行粗加工只能加工沿轴向直径单调递增型零件,如果外形在轴向有起伏则不能用 G71,而要用 G73。

3) 闭合粗车循环

沿工件精加工相同的刀具路线进行粗车循环,适合加工外形在轴向有起伏的回转类零件,和 G71 相比较,加工效率低,空刀时间多,编程简单,但若毛坯为铸件或锻件,则切削效率很高。

格式:G73 U __ W __ R __;

说明:U、W:X、Z 方向总的加工量。

R:切削加工次数,正整数。

格式:G73 P __ Q __ U __ W __ F __;

说明:P、Q、U、W、F 同 G71。

例 6 加工如图 2.14 所示零件,使用 G73 闭合车削循环。

O0004;

粗加工程序:

```
N10 S800 M03;                             (粗加工主轴转速: 800r/min,主轴正转)
N20 T0101;                                (调用 1 号刀具,使用 1 号刀补进行粗加工)
N30 G00 X62. Z2.;                         (快进到粗加工循环起始点)
N40 G73 U30. W0 R10;                      粗加工循环,X 方向总余量: 30mm,Z 方向总余量: 0,循环次
```

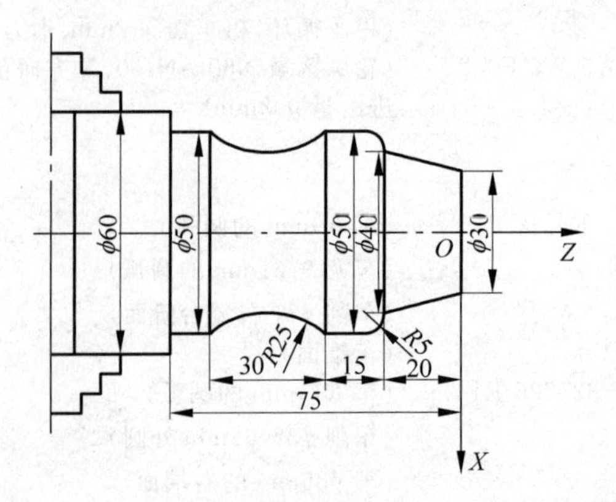

图 2.14 零件图

```
                                     数: 10)
N50 G73 P60 Q130 U0.5 W0 F0.2;       (粗加工循环,执行 N60～N130 程序段,X 方向预留 0.5mm
                                     的精车余量,进给量: 0.2mm/r)
N60 G00 X30. Z2.;
N70 G01 Z0;
N80 G01 X40. Z-20.;                  (车削锥面)
N90 G03 X50. Z-25. R5.;              (车削 R5mm 的逆时针圆弧)
N100 G01 Z-35.;                      (车削 φ50mm 的右侧外圆)
N110 G02 X50. Z-65. R25.;            (车削 R25 mm 的顺时针圆弧)
N120 G01 Z-75.;                      (车削 φ50mm 的左侧圆弧)
N130 X62.;                           (径向退刀)
N140 G00 X100. Z50.;                 (轴向、径向退刀)
N150 M05;                            (主轴停转)
N160 M00;                            (程序暂停)
```

精加工程序:

```
N170 S1500 M03;                      (精加工主轴转速: 1500r/min,主轴正转)
N180 T0202;                          (调用 2 号刀具,使用 2 号刀补进行精加工)
N190 G00 X62. Z2.;                   (快进到精加工循环起始点)
N200 G70 P60 Q130 F0.1;              (精加工循环,执行 N60～N130 程序段,进给量: 0.1mm/r)
N210 G00 X100.;                      (径向退刀)
N220 G00 Z50.;                       (轴向退刀)
N230 M05;                            (主轴停转)
N240 M30;                            (主程序结束)
```

例 7 如图 2.15 所示,加工 ϕ18mm 孔,材料为 45 钢,采用三爪自定心卡盘夹持,外轮廓已加工好,需要钻孔、镗孔及割断操作。

先在 MDI 方式下,用 ϕ4mm 的中心钻,钻深 3～4mm;然后用 ϕ16mm 钻头钻孔;再用镗刀进行镗孔;最后用刀宽 3mm 的割刀进行割断操作,工件右端面的回转中心为工件坐标系的原点,具体程序如下:

```
O0090;                               (第 90 号程序)
N10 M03 S400;                        (主轴正转,转速: 400r/min)
N20 T0101 ;                          (换 1 号刀: φ16mm 钻头准备钻孔)
N30 G00 X0 Z3.;                      (快速到达钻孔定位点)
```

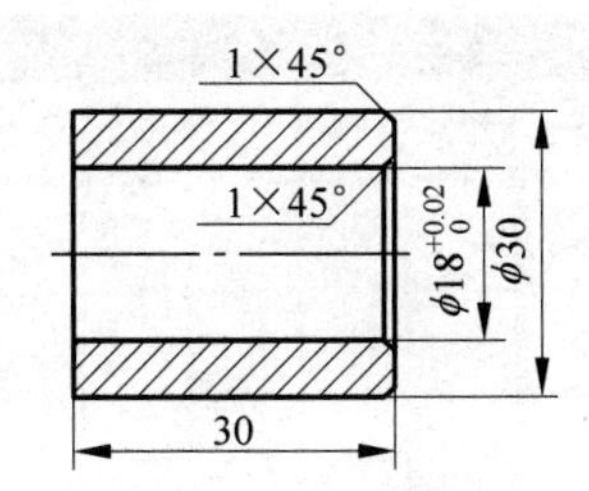

图 2.15 孔加工零件图

N40 G01 Z−33. F0.1;	(钻 ϕ16mm 的孔,深 33mm)
N50 G00 Z150. ;	(快速退回钻头)
N60 G00 X150. ;	(退回换刀点)
N70 M05;	(主轴停转)
N80 S600 M03 ;	(主轴正转,转速: 600r/min)
N90 T0202;	(换 2 号镗刀)
N100 G00 X20. Z2. ;	(快速到达镗孔定位点)
N110 G01 X20. Z0 F0.2;	(以 0.2mm/r 进给量到达镗孔起始点)
N120 X18. Z−1. ;	(倒角车削)
N130 Z−30.5;	(镗 ϕ18mm 的孔,深 30.5mm 孔)
N140 X17. ;	(X 方向退刀)
N150 Z2. ;	(Z 方向退刀)
N160 G00X150. Z150. ;	(退回换刀点)
N170 M05;	(主轴停转)
N180 M00;	(暂停)
N190 T0404 ;	(换 4 号割断刀,刀宽 3mm)
N200 M03 S400;	(主轴正转,转速: 400r/min)
N210 G00 X32. Z−33. ;	(快速到达割断定位点,以割刀的左侧刀尖点位对刀原点)
N220 G01 X16. F0.05;	(割断零件)
N230 G00 X150. ;	(X 方向退刀)
N240 G00 Z150. ;	(退回换刀点)
N250 M05;	(主轴停转)
N260 M30;	(程序结束)

2.5 数控车床的操作

不同数控车床的操作不尽相同,本节以南京第二机床厂型号为 CK6150 的机床(采用 FANUC Series Oi_Mate-TC 系统)为例,介绍数控车床的操作面板和基本操作方法等。

1. 机床系统面板

MDI 操作面板是实现数控系统人机对话、信息输入的主要部件。通过 MDI 面板可以直接进行加工程序录入、图形模拟并将参数设定值等信息输入到数控系统存储器中。FANUC Series Oi_Mate-TC 系统数控车床的 MDI 面板如图 2.16 所示。表 2.2 为系统面板上按键功能简介。

图 2.16　FANUC Oi 系统 MDI 操作面板

表 2.2　系统面板上按钮的功能

按　键	功 能 说 明
POS	位置显示页面，位置显示有 3 种方式
PROG	数控程序显示与编辑页面。在编辑方式下，编辑和显示内存中的程序；在 MDI 方式下，输入和显示 MDI 数据
OFS/SET	参数输入页面，按第一次进入坐标系设置页面，按第二次进入刀具补偿参数页面
SHIFT	换挡键
CAN	修改键。消除输入域内的数据
INPUT	输入键。把输入域内的数据输入参数页面或输入一个外部的数控程序
SYSTEM	系统参数页面
MESSAGE	信息页面，如“报警”
CSTM/GR	图形参数设置页面
ALTER	替代键。用输入的数据替代光标所在处的数据
INSERT	插入键。把输入域之中的数据插入到当前光标之后的位置
DELETE	删除键。删除光标所在处的数据，也可删除一个数控程序或者删除全部数控程序
PAGE	向上翻页

续表

按　　键	功能说明
	向下翻页
	向上、向下、向左、向右移动光标
	系统帮助页面
	复位键。可以使CNC复位或者解除报警

2. 机床控制面板

南京第二机床厂型号为CK6150的数控车床，其控制面板如图2.17所示。表2.3为控制面板上主要按钮的功能简介。

图2.17　CK6150数控车床的控制面板

表2.3　控制面板上的主要按钮的功能

按　　钮	功能说明
ON	电源开
OFF	电源关
SBK	单段执行
DNC	DNC通信
RELAX	限位释放
//	复位
△	循环停止
◁▷	循环启动
CW	主轴正转
STOP	主轴停止
CCW	主轴反转
CHIP	跳步
COOL	冷却液开关
TOOL	换刀启动

按　　钮	功能说明
	紧急停止
	主功能选择。用于选择所需的工作模式，如编辑、MDI、手动、自动、返原点操作等，还可进行手轮倍率的选择
	进给倍率调节。用于调节进给速度，调节范围为0～120%
	手轮，用于控制轴的移动。先选择轴向（X轴或Z轴），再转动手轮，手轮顺时针转，相应的轴往正方向移动，手轮逆时针转，相应的轴往负方向移动

3. 数控车床的基本操作

1) 机床开机(先强电再弱电)

(1) 打开主控电源；

(2) 将电器柜上的旋钮开关旋至“ON”位置；

(3) 开启系统电源开关；

(4) 以顺时针方向转动紧急停止开关；

(5) 按液压按钮解除主轴锁定报警。

2) 返回参考点(或返回零点)

开机后首先就是要使机床回参考点,一般又叫回零。有些系统回参考点后坐标显示(0,0),但并不是所有的系统都是显示(0,0),此坐标数值由生产厂家设定。

(1) 将主功能旋钮右旋到底至机床回零状态,此时屏幕左下角出现 REF；

(2) 按“POS”(位置)键；

(3) 按“综合”软键；

(4) 注意观察屏幕上显示的机械坐标,手动按住“X+”直至 X 坐标值变为 0,同样按住“Z+”直至 Z 坐标变为 0；

(5) 回原点时注意,必须先回 X 轴,再回 Z 轴,否则刀架可能与尾座发生碰撞。

3) 手动进给

进给运动可分为连续进给和点动进给。两者的区别是：在手动模式下,按下坐标进给键,进给部件连续移动,直到松开坐标进给键为止；在点动状态下,每按一次坐标进给键,进给部件只移动一个预先设定的距离。

(1) 将主功能旋钮旋至手动状态,屏幕左下角出现 JOG；

(2) 调节进给速度倍率旋钮；

(3) 按“+X”或“−X”键(或 “+Z”、“−Z”键),即可正负向移动相应轴。

4) 主轴操作

在手动模式下,可设置主轴转速,启动主轴正、反转和停止,冷却液开、关等。

(1) 按“CW”或“CCW”键,即可使主轴正、反向旋转；

(2) 按“STOP” 键,即可使主轴停转。

5) 程序输入

(1) 将主功能旋钮左旋到底至编辑状态；

(2) 按“PROG”(程序)键；

(3) 输入程序号如 O0010,按“INSERT”(插入)键,按“EOB”(End of Block,行结束标记)键输入分号,再按“INSERT”(插入)键；

(4) 程序内容的输入,如输入一行程序,按“EOB”键输入分号,再按“INSERT”(插入)键,即输入了一行；

(5) “SHIFT”(换挡)键应用,在 MDI 操作面板上,有些键具有两个功能,如输入“M98 P0080;”时,为了输入字母 P,应该先按“SHIFT”(换挡)键,再按对应的字母键。

6) 程序的修改

(1) 在某行后面增加一行：将光标移至该行末尾分号处,输入一行程序,按“INSERT”

(插入)键；

(2) 删除某个字符：将光标移至该字符，按“DELETE”键；删除一行：将光标移至该行行首，多次按“DELETE”键将该行内容逐个删除；

(3) 输错内容后修改：如输入 G037，按一次“CAN”(取消)键则从右至左删除，变成 G03；另外，若输入“G01 X10. Z20.；”后发现应该将 Z20 改为 Z30，可将光标移至 Z20 处，输入“Z30”，再按“ALTER”(替换)键即可。

7) 删除程序

(1) 将主功能旋钮左旋到底至编辑状态；

(2) 按“PROG”(程序)键；

(3) 按“程式”软键；

(4) 输入程序号，如 O0090；

(5) 按“DELETE”(删除)键。

8) 刀具补偿值输入

根据刀具的实际参数和位置，将刀尖圆弧半径补偿值和刀具几何磨损补偿值输入到与程序对应的存储位置。如试切加工后发现工件尺寸不符合要求时，可根据零件实测尺寸进行刀偏量的修改。例如测得工件外圆直径偏大 0.5mm，可进入刀补参数设置界面，将该刀具的 X 方向补正量改小 0.25mm。刀具补偿值设置步骤如下：

(1) 按“OFS/SET”(偏置/设置)键；

(2) 按光标键“←”、“↑”、“→”、“↓”，选择刀具参数地址；

(3) 输入刀补参数；

(4) 按“INPUT”(输入)键。

9) 图形模拟

(1) 将主功能旋钮左旋到底至编辑状态；

(2) 按“PROG”(程序)键；

(3) 输入程序号，如 O0020，按光标键“↑”或“↓”；

(4) 将主功能旋钮旋至自动运行状态，屏幕左下角出现 MEM；

(5) 将机床锁定；

(6) 按“CSTM/GR”键；

(7) 按屏幕下方“加工图”软键；

(8) 按“DRN”键；

(9) 按“循环启动”按钮。

10) 工件的装夹

数控车床的夹具主要有卡盘和尾座。在工件安装时，若零件长度不是很长，可直接选用三爪自定心卡盘装夹；若零件长度较长，可在工件右端面打中心孔，用顶尖顶紧，使用尾座时应注意其位置、套筒行程和夹紧力的大小。

11) 刀具的装夹

根据零件加工需求选择好合适的刀片和刀杆后，首先将刀片安装在刀杆上，再将刀杆依次安装到回转刀架上，安装刀具应注意以下几点：

(1) 安装前保证刀杆及刀片定位面清洁，无损伤；

(2) 将刀杆安装在刀架上时，应保证刀杆方向正确；

(3) 安装刀具时需注意使刀尖等高于主轴的回转中心。

12) 对刀操作

对刀的目的是确定程序原点在机床坐标系中的位置，对刀点可以设在零件上、夹具上或机床上，对刀时应使对刀点与刀位点重合。数控车床常用的对刀方法有3种：试切对刀、机械对刀仪对刀(接触式)、光学对刀仪对刀(非接触式)。

(1) 外径刀的试切对刀

① Z 向对刀，如图2.18(a)所示。先用外径刀将工件端面（基准面）车削出来；车削端面后，刀具可以沿 X 方向移动远离工件，但不可 Z 方向移动。Z 轴对刀输入："Z0"，测量；

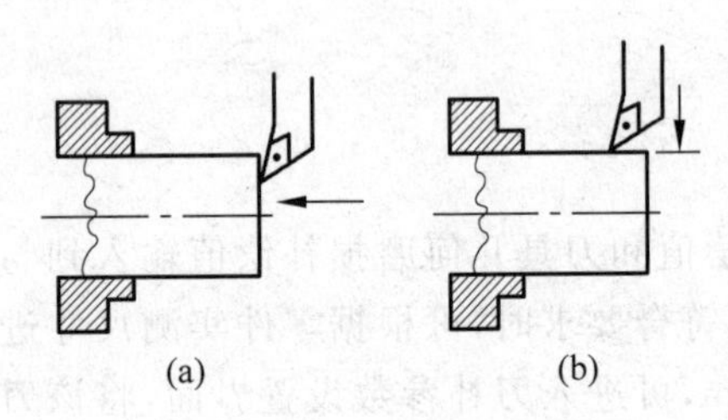

图2.18 外径刀对刀

② X 向对刀，如图2.18(b)所示。车削任一外径后，使刀具 Z 向移动远离工件，待主轴停止转动后，测量刚刚车削出来的外径尺寸。例如，测量值为 ϕ50.78mm，则 X 轴对刀输入："X50.78"，测量。

(2) 机械对刀仪对刀

数控车床上机械对刀仪对刀是通过刀尖检测系统实现的，刀尖以设定的速度向接触式传感器接近，当刀尖与传感器接触并发出信号，数控系统立即记下该瞬间的坐标值，并自动修正刀具补偿值。

(3) 光学对刀仪对刀

光学对刀仪对刀的实质是测量出刀具假想刀尖到刀具参考点之间在 X 向和 Z 向的长度。利用机外对刀仪可将刀具预先在机床外校对好，以便装上机床即可以使用，大大节省辅助时间。其操作方法是将刀具随同刀架座一起紧固在光学检测对刀仪的刀具台安装座上，摇动 X 向和 Z 向进给手柄，使移动部件载着投影放大镜沿着两个方向移动，直到刀尖与放大镜中十字线交点重合为止，这时通过 X 和 Z 向的微型读数器分别读出 X 和 Z 向的长度值，即为该刀具的对刀长度。

13) 自动加工

(1) 将主功能旋钮右旋到底至机床回零状态，此时屏幕左下角出现REF；

(2) 按"POS"(位置)键；

(3) 按屏幕下方"综合"软键；

(4) 注意屏幕上显示的机械坐标，手动按住"X+"直至 X 坐标值变为0，同样按住"Z+"直至 Z 坐标变为0；

(5) 将主功能旋钮至编辑或自动状态；

(6) 按"PROG"(程序)键；

(7) 输入程序号，如O0070，按光标键"↑"或"↓"；

(8) 切换至MEM状态，按"循环启动"键执行。

14) 零件的测量

工件加工结束应用相应测量工具进行检测，检查是否达到加工要求。数控车削加工中常用量具有以下几种。

(1) 游标卡尺：最常用的通用量具，可用于测量工件内外尺寸、宽度、厚度、深度和孔距等。

(2) 外径千分尺是利用螺旋副测微原理制成的量具，主要用于各种外尺寸和形位偏差的测量。

(3) 内径千分尺主要用于测量内径，也可用于测量槽宽和两个内端面之间的距离。

(4) 万能游标角度尺：主要用于各种锥面的测量，精度较低。

(5) 车削表面粗糙度工艺样板是以其工作面粗糙度为标准，将被测工件表面与之比较，从而大致判断工件加工表面的粗糙度等级。

(6) 螺纹检测量具有以下几种。

① 螺纹千分尺：可用来检测螺纹中径。

② 三针：也可用来检测螺纹中径，比螺纹千分尺精度更高。

③ 螺纹环规：可用来检验外螺纹合格与否，根据不同精度选用不同等级的环规。

④ 螺纹塞规：可用来检验内螺纹合格与否，根据不同精度选用不同等级的塞规。

⑤ 工具显微镜：可检测螺纹的各参数，并可测得各参数具体数值。

15) 紧急停止

在机床运行过程中，遇到危险情况，将急停按钮"EMERGENCY Stop"按下，机床立即停止运动，将按钮"EMERGENCY Stop"右旋解锁，按"RESET"键复位。

16) 机床关机(先弱电再强电)

(1) 按下急停按钮；

(2) 关闭系统电源；

(3) 将电气开关旋至"OFF"挡；

(4) 关闭主控电源。

4. 数控车床零件加工步骤

(1) 根据零件图，进行工艺分析，合理的选择切削用量。

(2) 确定工件坐标原点，进行程序编制。

(3) 检查各项安全及技术措施是否已做好，确认后接通电源，开机。

(4) 进行机床返回参考点操作，确立机床坐标系。

(5) 输入所需加工的程序。

(6) 所输入的程序进行刀具路径模拟加工，检查程序是否有问题，若发现问题及时修改程序。

(7) 装夹工件。

(8) 选择加工所需的刀具，并进行安装。

(9) 远离卡盘预置坐标值，空车试运行。

(10) 对刀操作，设立工件坐标系。

(11) 运行程序，进行零件加工。

(12) 测量零件，若有误差，修改刀补参数，再进行加工。

(13) 零件加工合格后，取下工件。

(14) 关机，关电源。

5. 数控车床实训安全技术操作规范

(1) 机床的开关机顺序,一定要按照机床说明书的规定操作。

(2) 未了解机床性能及未得到指导教师的许可,不准擅自开动机床。

(3) 主轴启动开始切削前,一定要关好防护罩门,程序正常运行中严禁开启防护罩门。

(4) 严禁工件未夹紧就启动主轴。

(5) 严禁刀具未加以固定时就转换刀位。

(6) 刀架换刀时,刀架与工件要有足够的旋转距离,避免刀具撞上工件、卡盘和尾座等。

(7) 严禁用手去接触工作中的工件、刀具及其他加工部分,也不要将身体靠在机床上。

(8) 机床在正常运行时不许打开电气柜的门。

(9) 在每次电源接通后,必须先完成各轴的返回参考点操作,然后再进入其他运行方式,以确保各轴坐标的正确性。

(10) 加工程序必须经过严格检验方可进行操作运行,不可任意修改加工程序。

(11) 程序加工未结束时,操作者不准远离机床。

(12) 加工过程中,如出现异常危机情况,可按下"急停"按钮,以确保人身和设备的安全,并向指导教师报告。

(13) 操作要文明,机床导轨及工作台上不得乱放工具、量具及工件等。

(14) 零件加工结束后,必须擦净机床,加油、整理好场地,关机及关掉电源。

(15) 严禁数控车床移作他用。

2.6 斜床身数控车床

1. RFCZ12 型斜床身数控车床适用范围

RFCZ12 型斜床身数控车床为两轴联动卧式全功能数控车床,如图 2.19 所示。该机床主要用于车削直径在 $\phi10\sim\phi200$mm、长度在 480mm 以内的轴类零件。当车削直径大于 $\phi120$mm 时,一般用于小车削量的精加工和半精加工。

该机床最适合加工形状复杂的回转类零件,能进行柱面、曲面、锥面、阶梯面的车削加工,不仅能进行外圆车削和内圆车削,还能进行各种内外螺纹的车削,也可进行钻孔、铰孔、攻螺纹和滚压加工。

该机床具有功能强大的内装 PLC 控制器以及比较完善的 RS232 通信接口,通过这些装置可以和工业机器人及上一级计算机管理系统实现柔性加工线,进行无人化操作。

2. 斜床身数控车床的结构特点

(1) 机电液一体化设计,结构紧凑,全防护设计,造型美观,操作维修方便。

(2) 落地式水箱和排屑器,清理维护方便,防漏性能好。

(3) 机床采用整体式 45°倾斜床身结构,经结构分析和优化设计,整体刚性好,排屑性

图 2.19 RFCZ12 型斜床身数控车床

能好。

(4) 整机采用全封闭防护,彻底杜绝漏油、漏水现象。回水槽和回油槽使得润滑油、冷却液完全分离,符合高标准的环保要求。

(5) 两轴均采用日本 THK 直线滚动导轨,无间隙传动,刚性好、精度高,带有预加载荷,刚性好,没有爬行现象,移动速度快。

(6) 八位液压回转刀塔,工作可靠、效率高,维修性能好。

(7) 主轴为高速高刚性结构,无级变速,可实现恒线速切削和高速切削。

(8) 尾座带回转芯轴,工作可靠,刚性好,移动方式为床鞍托动、手动锁紧。

(9) 采用日本进口 MITSUBISHI MELDAS 50L 控制系统,功能齐全,性能可靠。最小控制单位达到 0.001mm,在伺服驱动系统中采用低功耗的智能动力元件,加减速时的机械振动小。

3. 斜床身数控车床的基本操作方法

1) 机床回零

选择原点返回方式,按"+X"按键和"+Z"按键即可,液晶屏显示"X200,Z300"。

2) 程序输入

EDIT→编辑→程式→O(程序名)INPUT,即可开始在空白页面输入程序,全部输入结束后,按下"INPUT"键保存程序。

3) 图形模拟加工

先选择记忆加工方式后可按下列步骤进行 SFG→菜单→呼叫→O(程序名)→INPUT→连续核对。

检查模拟加工轨迹是否正确,若有误再重新进入程序编辑模式修改程序,改好以后再重新核对,直到正确为止。

4) 对刀

先将加工方式设为手轮方式或手动方式。装夹好毛坯后,转动主轴,切削端面后,Z 轴位置保持不变,进入 TOOLPARAM 参数对话框,选择刀长选项,一般情况使用几号刀车削,在刀补号中即设为几;然后将光标移到 Z 值的括号内,输入“Z0”,按“INPUT”键。同理,车削外圆后保持 X 位置不变退刀,主轴停止后进行测量外圆的大小,然后将光标移到 X 值的括号内,输入 X 测量值,按“INPUT”键。

5) 零件加工

先选择记忆加工方式后,进入 MONITOR 界面,选择要加工的程序名后,按“循环启动”按钮即可开始正式加工零件。加工中可根据需求通过进给倍率旋钮修正进给率,以便加工出更加完美的零件。

4. 典型零件加工

例 8 在斜床身数控车床上完成如图 2.20 所示的零件加工。

零件分析:先采用外圆刀车削外轮廓,然后选用刀宽为 4mm 的割刀割退刀槽,再选用螺纹刀进行锥螺纹加工。

先在 MDI 方式下,用 ϕ4mm 的中心钻,钻深 3~4mm 的定位孔,然后选用 ϕ7.8mm 的钻头钻孔,最后选用 ϕ8mm 的铰刀铰孔。

编程时工件坐标系设在工件右端面的回转中心,毛坯直径 ϕ40mm。

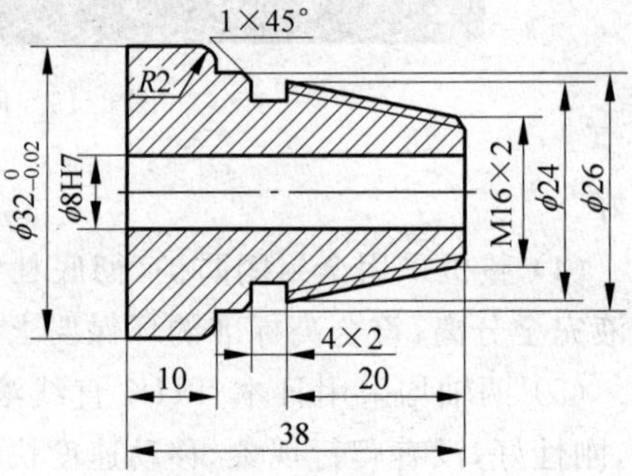

图 2.20 接头零件图

```
O123                      (程序名 123)
S800 M03 T0202 ;          (主轴正转,转速:800r/min,选用 2 号外圆刀,调用 2 号刀补)
G00 X42. Z2.;             (快速进给到循环起始点)
G71 U1. R1. ;             (使用横向切削固定循环,每次切削深度为 1mm,退刀量为 1mm)
G71 U0.5 P1 Q2 F0.2 ;     (X 方向预留 0.5mm 的精车余量,循环加工路径的起始号为 1,循环
                          加工路径的终止号为 2,进给量为 0.2mm/r)
N1 G00 X13.8.;            (快速进刀)
G01 Z0 ;                  (进给到倒角的起始点)
X15.8 Z-1. ;              (倒角车削)
X23.8 Z-20. ;             (锥面车削)
Z-24. ;                   (外圆车削)
X26. Z-25. ;              (倒角车削)
X28. ;                    (端面车削)
G03 X32. Z-30. R2.;       (圆角车削)
G01 Z-38.;                (车削 φ32mm 的外圆)
N2 X42. ;                 (X 方向退刀)
M00;                      (程序暂停)
S1500 M03 T0202 ;         (主轴正转,转速:1500r/min,选用 2 号外圆刀,调用 2 号刀补)
G00 X42. Z2. ;            (快速进给到循环起始点)
```

```
G70 P1 Q2 F0.1 ;              (精加工外轮廓)
G28 U0 W0;                    (返回原点)
M00;                          (程序暂停)
S400 M03 T0404 ;              (主轴正转,转速: 400r/min,选用 4 号割刀,调用 4 号刀补)
G00 X28. Z-24.;               (快速到达切槽的起始点)
G01 X20.;                     (割 4×2 的退刀槽)
G00 X28.;                     (X 方向退刀)
G28 U0 W0;                    (返回原点)
M00;                          (程序暂停)
S300 M03 T0606;               (主轴正转,转速: 300r/min,选用 6 号螺纹刀,调用 6 号刀补)
G00 X30. Z2.;                 (快速到达锥螺纹循环起始点)
G92 X23. Z-20. R-5. F2.;      (锥螺纹切削循环 1,第 1 刀切深 0.4mm,斜度的深度为 5mm,螺距
                              2mm)
X22.4;                        (第 2 刀切深 0.3mm)
X22.0;                        (第 3 刀切深 0.2mm)
X21.8;                        (第 4 刀切深 0.1mm)
X21.7;                        (第 5 刀切深 0.05mm)
G28 U0 W0 ;                   (返回原点)
M00                           (程序暂停)
S600 M03 T0101;               (主轴正转,转速: 600r/min,选用 1 号刀: φ7.8mm 的钻头,调用 1
                              号刀补)
G01 X0 Z2.;                   (快速到达钻孔起始点)
G01 Z-40.F0.1;                (钻深 40mm 的孔,进给量: 0.1mm/r)
G00 Z2.;                      (快速退刀)
G28 U0 W0;                    (返回原点)
M03 S60 T0303;                (主轴正转,转速: 60r/min; 换 3 号刀: φ8mm 铰刀,调用 3 号刀补)
G00 X0 Z3. ;                  (快速到达铰孔定位点)
G01 Z-38.5. F0.3 ;            (铰孔孔深 38.5mm,进给量: 0.3mm/r)
G00 Z150.;                    (快速退刀)
G28 U0 W0;                    (返回原点)
M00;                          (程序暂停)
S400 M03 T0404 ;              (主轴正转,转速: 400r/min,选用 4 号割刀,调用 4 号刀补)
G00 X35. Z-42.;               (快速到达割断的起始点)
G01 X7.;                      (割 4×2 的退刀槽)
G00 X50.;                     (X 方向退刀)
G28 U0 W0;                    (返回原点)
M30;                          (程序结束)
```

复习思考题

1. 数控车床的机床坐标系和工件坐标系是如何设定的,有何区别与联系?
2. 为什么要进行返回参考点操作?何时必须进行返回参考点操作?
3. G00 和 G01 指令有何区别?
4. M02 和 M30 都表示程序结束,但有何区别?
5. 如何判别 G02、G03 的顺、逆时针方向?

6. 数控车床的对刀方法有哪些？

7. 根据图 2.21 和图 2.22 所示的零件图进行编程，并进行切削加工。

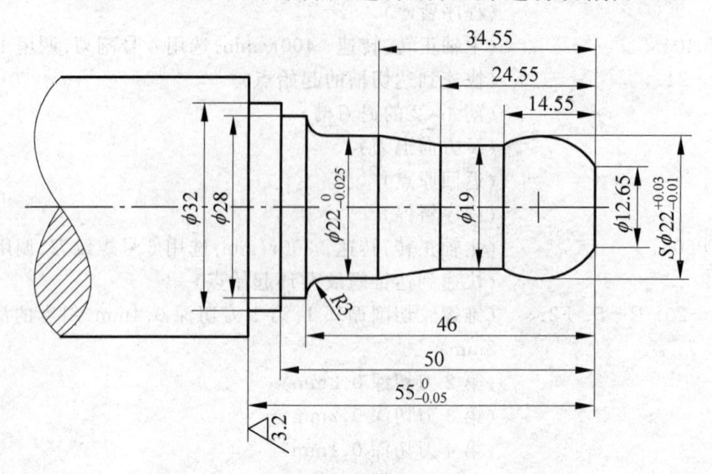

图 2.21 零件图 1

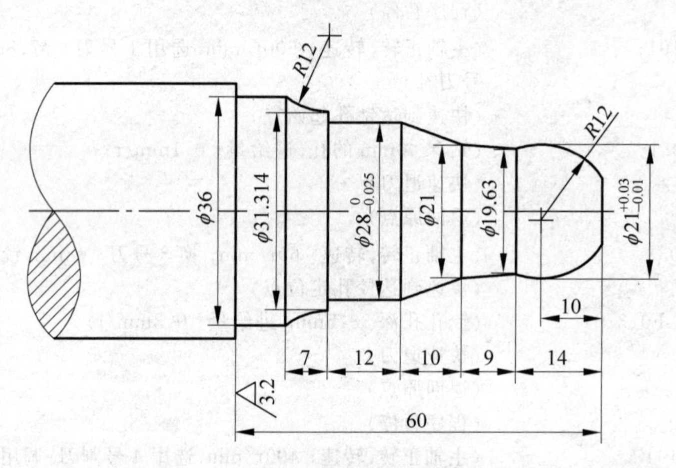

图 2.22 零件图 2

数控铣床

数控铣床的种类较多，其中应用范围最广、数量最多的是立式数控铣床。数控铣床的传动机构比普通铣床简单，主轴可由程序控制开启与停止、正转与反转，并且通过变频器实现无级调速。一般中小型数控铣床由工作台移动进行纵、横向进给，垂直进给通过工作台升降或主轴上下移动进行。

3.1 数控铣床概述

1. 机床坐标系

数控铣床坐标系同样采用右手笛卡儿坐标系（见图 1.13），机床主轴轴线远离工作台的方向为 Z 轴正向，由主轴向立柱看，指向右方的为 X 轴正向，根据右手笛卡儿坐标系，Y 正向则指向立柱（见图 1.15）。机床坐标系的原点由生产厂家在设计机床时确定。

2. 工件坐标系

工件坐标系是用于确定工件上几何要素的坐标系，其原点就是工件原点，它的位置是任意的，由编程人员根据零件的加工具体情况来设定。机床坐标系与工件坐标系的关系如图 3.1 所示。

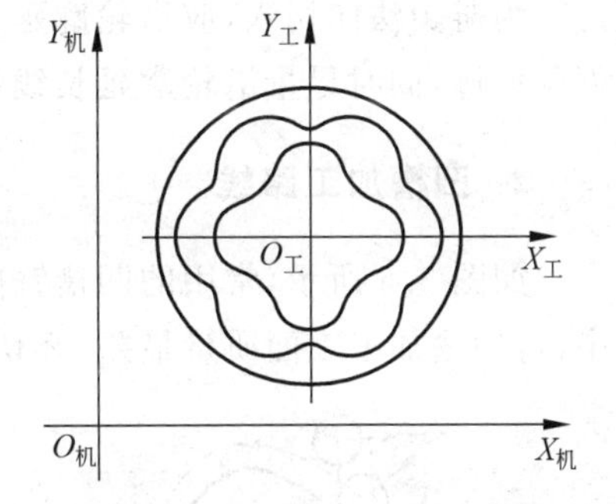

图 3.1 机床坐标系与工件坐标系的关系

3. 数控铣床的分类

按照主轴的布局分类，通常分为以下几种：

(1) 立式数控铣床：如图 3.2 所示，其主轴轴线垂直于水平面，是数控铣床中应用最广泛的一种，主要用于加工平面（如水平面、垂直面和斜面）、沟槽和成形面等。

(2) 卧式数控铣床：如图 3.3 所示，其主轴轴线平行于水平面，常用于加工零件的侧面，如箱体类零件的加工。

(3) 龙门数控铣床：如图 3.4 所示，用于加工中、大型工件，加工工件长度可达 20m。

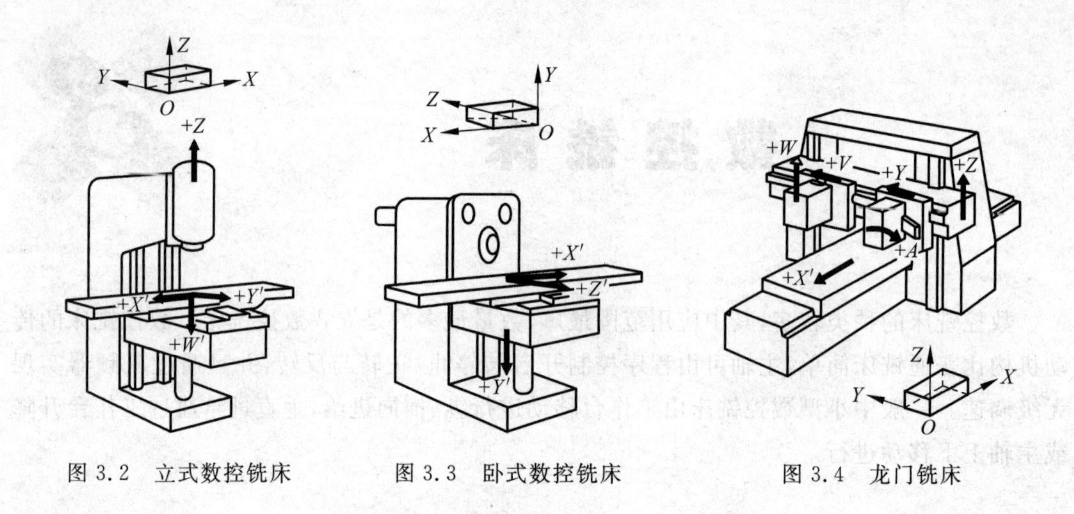

图 3.2 立式数控铣床　　图 3.3 卧式数控铣床　　图 3.4 龙门铣床

3.2 数控铣床加工工艺及对刀

3.2.1 数铣加工工艺

1. 外轮廓加工路线

为避免法向切入，应沿轮廓延长线的切向切入，保证零件表面光滑过渡减少加工面上接刀的痕迹，同时尽量沿轮廓延长线切向切离，如图 3.5 所示。

2. 凹槽加工路线

如图 3.6 所示，常用的凹槽铣削方法有 3 种：行切法、先行切最后环切法和环切法。其中，行切法加工表面质量最差，环切法编程工作量大且走刀路线长，先行切最后环切法最好。

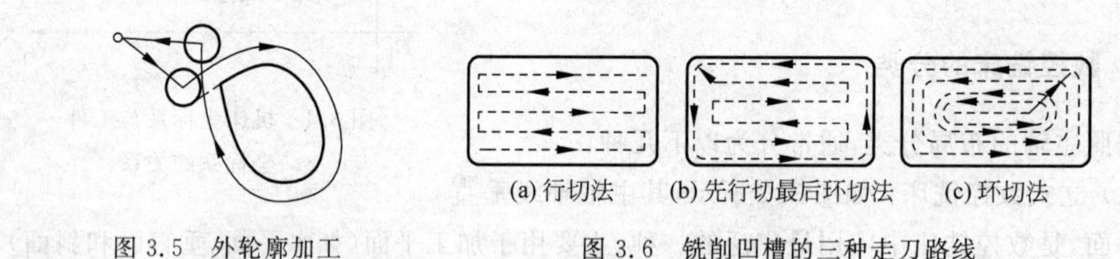

图 3.5 外轮廓加工　　图 3.6 铣削凹槽的三种走刀路线

3. 孔的加工路线

如图 3.7 所示为 6 个尺寸相同的孔，若按照 1、2、3、4、5、6 的顺序加工孔，由于 5、6 孔与 1、2、3、4 定位方向相反，反向间隙易使定位误差增加，影响 5、6 孔与其他孔的位置精度。若采用 1、2、3、P、6、5、4，通过 P 点再折回来方向一致，可避免反向间隙的引入，提高孔的位置精度。

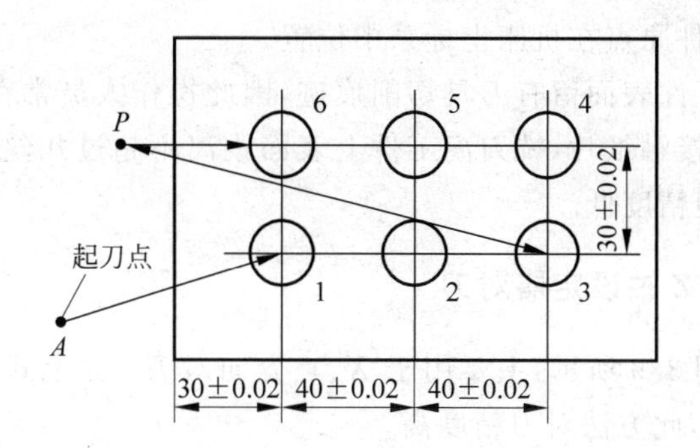

图 3.7 孔系加工路线

3.2.2 数控铣床对刀

对刀是数控铣床操作的重要内容,对刀的目的是通过对刀工具确定工件原点在机床坐标系中的坐标,对刀数据可通过 MDI 操作面板输入到 G54~G59 对应的存储器地址中或通过 G92 指令设定,对刀数据的准确性将直接影响零件加工精度。

对刀方法有很多种,常用的有试切法对刀、采用寻边器和 Z 轴设定器对刀、百分表对刀等。

对刀操作分为 X、Y 向对刀和 Z 向对刀。

1. 试切法对刀

1) X、Y 方向对刀

如图 3.8 所示,假定选择矩形工件的对称中心为工件原点。

(1) 将工件安装在工作台上。

(2) 刀具安装在主轴上,启动主轴旋转,将刀具快速移动到工件左侧附近,降低移动速度,使刀具轻微接触到工件左侧表面(产生切屑或摩擦声),记下此时刀具在机床坐标系的 X 坐标,如-120。

(3) 刀具沿+Z 方向退刀,保持 Y 坐标不变,用同样的方法使刀具轻微接触工件右侧表面,记下此时刀具在机床坐标系的 X 坐标,如-40。

(4) 可以计算出工件坐标系原点在机床坐标系中的 X 坐标:(-120-40)/2=-80。

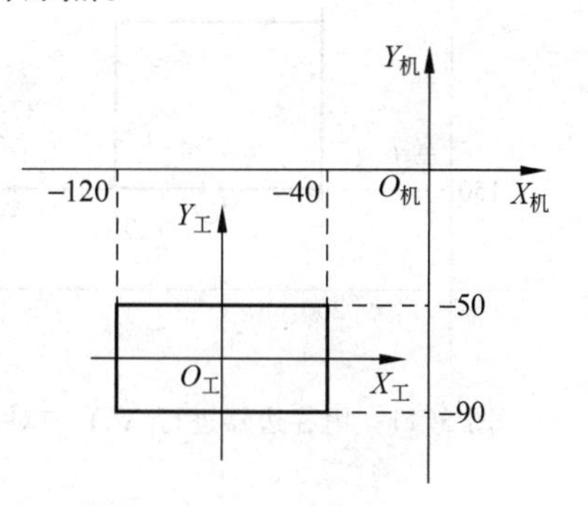

图 3.8 试切法对刀

(5) 用同样的方法可以得到工件坐标系原点在机床坐标系中的 Y 坐标:(-50-90)/2=-70。

2) Z 方向对刀

X、Y 方向对刀后,将刀具快速移动到工件上表面附近,降低移动速度,使刀具轻微接触到工件上表面,记下此时刀具在机床坐标系的 Z 坐标,如-200。

3) 确定工件坐标系原点在机床坐标系中位置

将对刀数据(-80,-70,-200)通过 MDI 操作面板输入到 G54~G59 对应的存储器地址中，这样便可确定工件原点在机床坐标系中位置。

试切法对刀会在工件表面留有刀具切削痕迹，因此操作人员常在工件上表面用机油粘上一张纸，当刀具轻微接触纸片，铣刀离工件上表面距离不超过几丝，不会伤到工件的上表面，试切法对刀简单，但精度低。

2. 采用寻边器和 Z 轴设定器对刀

光电式寻边器如图 3.9 所示，主要用于 X、Y 方向对刀；光电式 Z 轴设定器如图 3.10 所示，用于 Z 方向对刀，此方法对刀精度高。

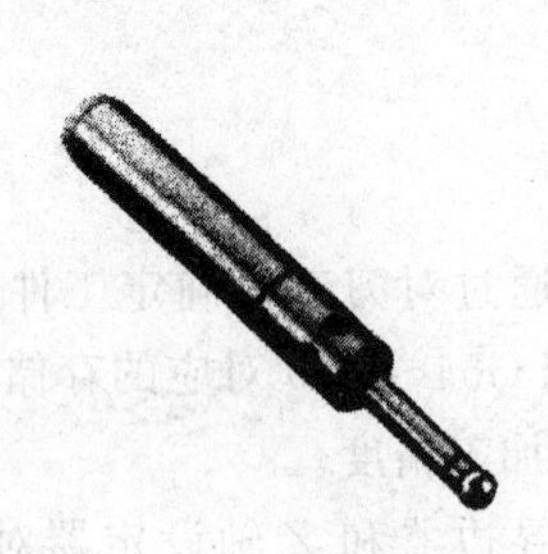

图 3.9 光电式寻边器

图 3.10 光电式 Z 轴设定器

1) 用寻边器进行 X、Y 向对刀

如图 3.11 所示，假定选择矩形工件两条边的交点为工件原点。

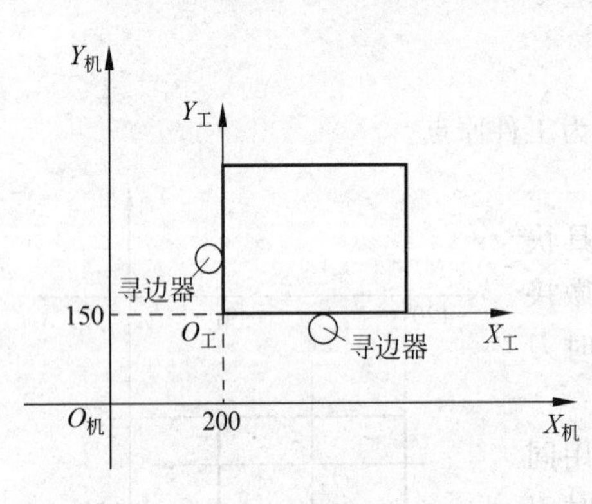

图 3.11 用寻边器进行 X、Y 向对刀

(1) 将工件安装在工作台上。

(2) 将寻边器像普通刀具一样装在主轴上，快速移动工作台和主轴，让寻边器测头靠近工件的左侧附近，降低移动速度，使测头缓慢接触到工件左侧，直到光电式寻边器发光，记下此时机床坐标系的 X 坐标，如 195，若测头半径 5mm，则工件左侧坐标＋200。

(3) 用同样的方法可以得到工件坐标系原点在机床坐标系中的 Y 坐标，如＋150。

2) 用 Z 轴设定器进行 Z 向对刀

(1) 拆下寻边器，将刀具装在主轴上。

(2) 将 Z 轴设定器放置在工件上表面(Z 轴设定器的磁性表座可以附着在工件上)。

(3) 快速移动刀具到 Z 轴设定器上表面附近，然后降低速度，使刀具缓慢接触 Z 轴设定器上表面，直到其指示灯亮，如图 3.12 所示。

(4) 记下此时机床坐标系中的 Z 值，如－100。

(5) 如果 Z 轴设定器的高度为 50mm，则工件坐标系原点在机床坐标系中的 Z 坐标为－100－50＝－150。

3) 确定工件坐标系原点在机床坐标系中位置

同样，将对刀数据(200，150，－150)通过 MDI 操作面板输入到 G54～G59 对应的存储器地址中，确定工件原点在机床坐标系中位置。

3. 用百分表对刀

此法通常适合圆柱面工件的对刀，如图 3.13 所示。

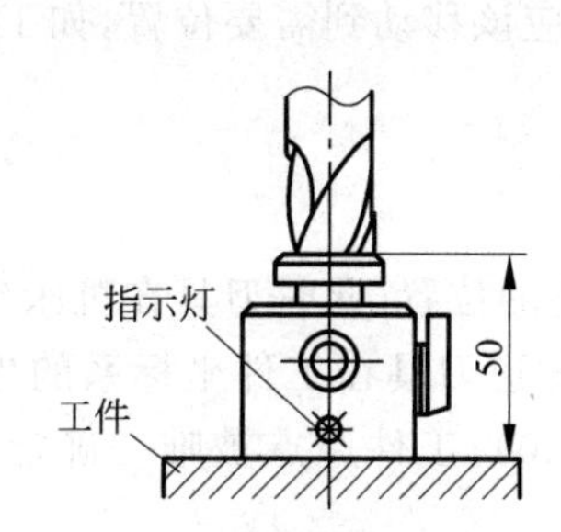

图 3.12 用 Z 轴设定器进行 Z 向对刀

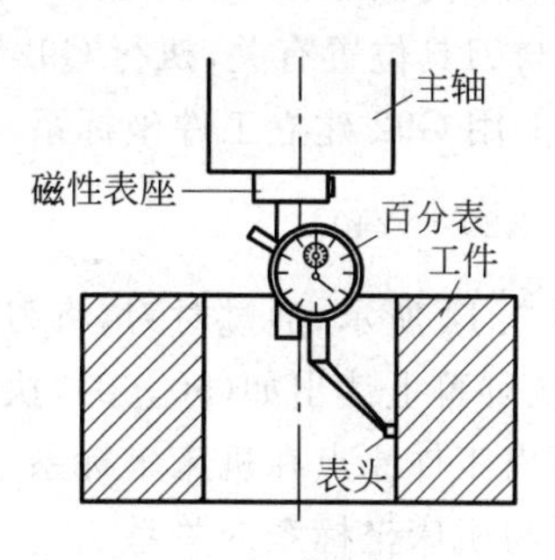

图 3.13 用百分表对刀

1) X、Y 方向对刀

(1) 将工件安装在工作台上。

(2) 移动工作台尽量使工件中心对准主轴中心，将百分表的磁性表座吸附在主轴上，调节百分表伸缩杆的长度，使百分表触头接触工件圆周面，用手缓慢转动主轴，使百分表触头沿着工件圆周面转一圈，仔细观察百分表指针偏移情况，如果工件偏左，则将工件右移一定距离，再用手缓慢转动主轴，使百分表触头沿着工件圆周面转一圈，观察百分表指针偏移情况，反复多次，直至转动主轴时百分表的指针基本在同一位置(在允许的对刀误差内如 0.02mm)，记下此时的 X、Y 坐标值。

2) Z 向对刀

拆下百分表装上铣刀，用试切法或 Z 轴设定器法进行 Z 向对刀。

3) 确定工件坐标系原点在机床坐标系中位置

同样，将对刀数据通过 MDI 操作面板输入到 G54～G59 对应的存储器地址中，确定工件原点在机床坐标系中位置。

3.3 数控铣床编程

数控铣床的功能指令与数控车床有些相似之处，编程的方法是一样的，本节以型号为 XK715 的机床为例，介绍数控铣床的编程方法。该机床本体由南京第二机床厂制造，采用 FANUC Series Oi_MC 数控系统。

3.3.1 编程基础

1. G92、G54～G59 建立工件坐标系

格式：G92 X__ Y__ Z__；

说明：

(1) X、Y、Z：刀具(对刀点)在工件坐标系的坐标。

(2) 执行指令后，刀具和机床均不运动，只是间接确定了工件原点相对于机床原点的偏置值。

(3) G92 为模态指令，设定后一直有效直至被新的设定取代。

(4) 与刀具位置有关，执行 G92 指令前，刀具应该移动到需要位置，如工件的对称中心。

例 1 用 G92 建立工件坐标系

```
G92  X20.  Y40.;
```

如图 3.14 所示，通过对刀，将刀具移动到需要的位置，此时刀具在机床坐标系的位置已知，可以从屏幕上读出如(50,60)，执行 G92 指令知道刀具在工件坐标系的坐标为(20,40)，间接推算出工件原点在机床坐标系中的坐标(30,20)，工件原点被唯一确定下来，确定了工件坐标系与机床坐标系的关系。

格式：G54～G59；

说明：

(1) 如果要在工作台上加工多个零件，可以用 G54～G59 设定工件坐标系 1、工件坐标系 2、工件坐标系 3、……、工件坐标系 6。

(2) G54～G59 后的坐标值为工件原点相对于机床原点的偏置值，与刀具位置无关。

(3) 在 MDI 操作面板上输入，机床断电后仍保留，再次开机后仍有效。

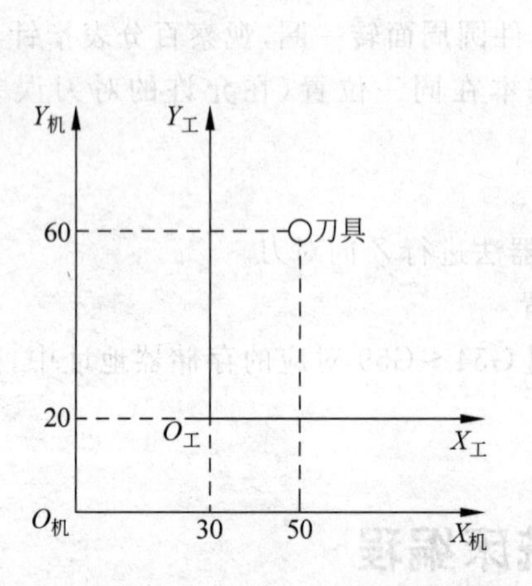

图 3.14 G92 建立工件坐标系

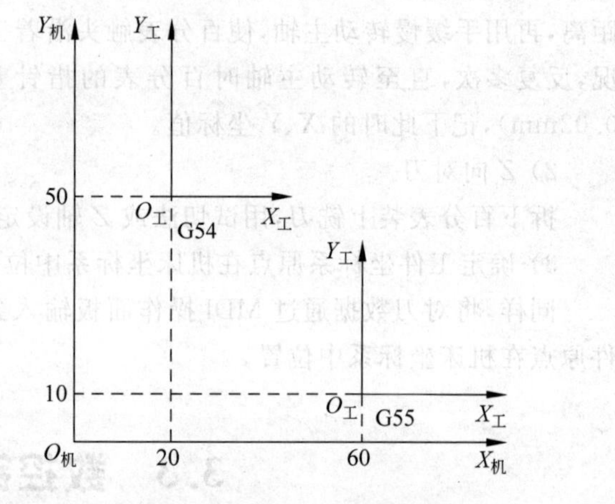

图 3.15 G54、G55 建立工件坐标系

如图 3.15 所示的工件坐标系可通过 G54～G59 设置，假设工件原点相对于机床原点 Z 方向的偏置值为－50，在 MDI 操作面板上输入的原点偏置值如下：

	X	Y	Z
G54	20	50	－50
G55	60	10	－50

工件原点 $O_{工}$ 在机床坐标系的坐标为：(20,50,－50)；

另一工件原点 $O_{工}$ 在机床坐标系的坐标为：(60,10,－50)。

2. 平面的选择

格式：G17(选择 XY 平面为主平面)；

G18(选择 XZ 平面为主平面);

G19(选择 YZ 平面为主平面);

说明:在刀具半径补偿时,必须对平面进行选择,不写则默认为 G17。

平面的选择如图 3.16 所示。

3. G90 绝对坐标值编程

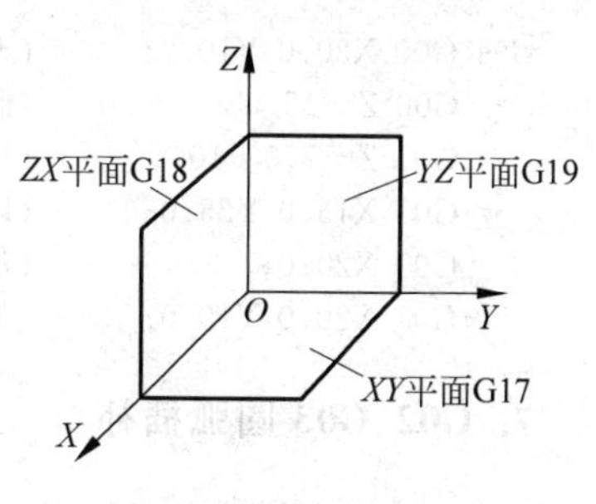

图 3.16 平面的选择

格式:G90;

说明:

(1) 模态 G 代码,设定后一直有效直到被同一组 G 代码取代。

(2) 程序中的坐标均为以工件原点为基准的绝对坐标。

(3) 机床通电后,默认处在 G90 状态。

4. G91 增量坐标值编程

格式:G91;

说明:该指令之后的坐标值为终点相对于起点的坐标值增量。

5. G00 快速点定位

格式:G00 X__ Y__ Z__;

说明:

(1) X、Y、Z:终点坐标,若用 G90 指令时,X、Y、Z 为终点在工件坐标系的坐标;若用 G91 指令时,X、Y、Z 为终点相对于起点的坐标增量。

(2) 点位控制方式,各轴可独立快速运行,刀具轨迹可能不是直线而是折线,程序中的 F 值对它不起作用。

(3) 通常在空行程时使用,以提高生产率。

(4) 不运动的坐标可省略不写。

6. G01 直线插补

格式:G01 X__ Y__ Z__ F__;

说明:

(1) X、Y、Z:终点坐标,绝对坐标或终点相对于起点的增量坐标。

F:进给速度。

(2) 执行 G01 时,刀架以给定的 F 值作直线运动,其运动轨迹是起点和终点之间的直线。

例 2 G90、G00、G01 编程,如图 3.17 所示。

```
G90 G00 X20.0 Y10.0;      (刀具快进到 A 点)
    G00 Z5.0;             (刀具快速下刀到 A 点附近 Z5 处)
    G01 Z-2.0 F100;       (以进给速度下刀到 Z-2)
```

```
    G01 X35.0 Y35.0;        (以进给速度从A点到B点)
    G01 X55.0;              (从B点到C点)
    G01 X75.0 Y45.0;        (从C点到D点)
```

例 3 G91、G00、G01 编程，如图 3.17 所示。

```
G91 G00 X20.0 Y10.0;        (刀具快进到A点)
    G00 Z-15.0;             (假定刀具最初在工件表面上方20mm处,刀具快速下刀到A点附近)
    G01 Z-7.0 F100;         (以进给速度下刀)
    G01 X15.0 Y25.0;        (以进给速度从A点到B点)
    G01 X20.0;              (从B点到C点)
    G01 X20.0 Y10.0;        (从C点到D点)
```

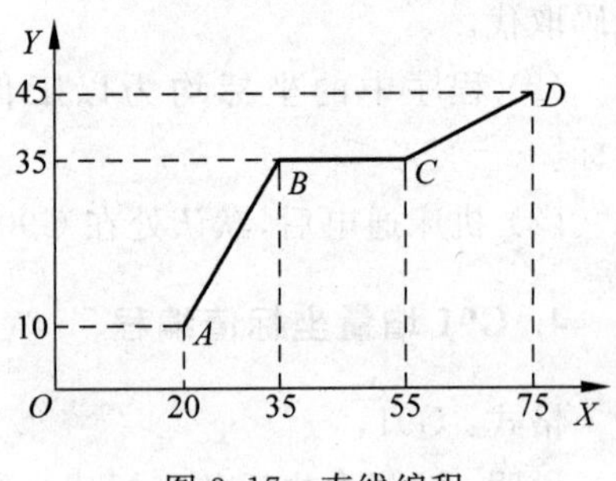

图 3.17 直线编程

7. G02、G03 圆弧插补

G02 表示顺时针圆弧插补，G03 表示逆时针圆弧插补。

格式：

(1) 在 XY 平面内的圆弧

$$G17\begin{Bmatrix}G02\\G03\end{Bmatrix}\quad X\_\quad Y\_\begin{Bmatrix}I\_\ J\_\\R\_\end{Bmatrix}\quad F\_;$$

(2) 在 ZX 平面内的圆弧

$$G18\begin{Bmatrix}G02\\G03\end{Bmatrix}\quad X\_\quad Z\_\begin{Bmatrix}I\_\ K\_\\R\_\end{Bmatrix}\quad F\_;$$

(3) 在 YZ 平面内的圆弧

$$G19\begin{Bmatrix}G02\\G03\end{Bmatrix}\quad Y\_\quad Z\_\begin{Bmatrix}J\_\ K\_\\R\_\end{Bmatrix}\quad F\_;$$

说明：

(1) G17、G18、G19 为选择插补平面，不写则默认为 G17。

(2) X、Y、Z：圆弧终点坐标，若用 G90 指令时，X、Y、Z 为终点在工件坐标系的坐标；若用 G91 指令时，X、Y、Z 为终点相对于起点的坐标增量。

F：进给速度。

(3) I、J、K：无论是 G90 绝对编程还是 G91 相对坐标编程，I、J、K 为圆心相对于圆弧起点的坐标增量，可正可负，"+"号可不写。

(4) R 必须带符号编程，圆弧角小于或等于 180°时，R 为正值；圆弧角大于 180°时，R 为负值。

(5) 当整圆编程时，不能用 R，只能用 I、J、K 编程。

8. G04 暂停

常用于切槽、锪孔或钻到孔底等场合。

格式：G04 X_；

G04 P_；

说明：

(1) X 后可以接带小数点的数，单位为 s。

(2) P 后只能接整数，单位为 ms。

(3) G04 为非模态指令，只在本程序段中有效。

例 4 孔加工，进给距离为 7mm，停留 4s，快退 7mm，如图 3.18 所示。

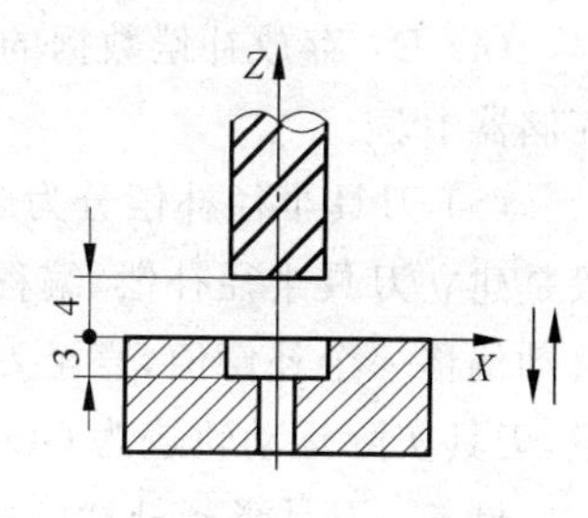

图 3.18 锪孔加工

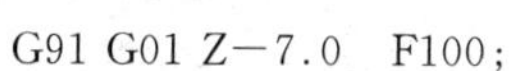

```
G91 G01 Z−7.0  F100;
    G04  X4.0;        (刀具在孔底停留 4s,此时刀具继续旋转但
                       停止进给)
    G00  Z7.0;
```

9. G40、G41、G42 刀具半径补偿

通常，编程人员习惯按照零件的轮廓进行编程，若不进行任何处理，刀具的中心轨迹也为零件的轮廓，则实际加工出来的零件与预期零件相比尺寸偏小(外轮廓件)或偏大(如型腔类件)，因为刀具有一个半径。刀具半径补偿功能是将补偿数据如刀具的半径输入到数控机床中，加工时，数控系统会控制刀具向外或向内偏移一个指定值如刀具半径，这样，编程时只需要按照零件的实际轮廓编程，无须考虑刀具的半径，刀具半径改变如换刀或刀具磨损等，只需要修改刀具半径补偿值，不需要修改程序。

其中 G41 为左边刀具半径补偿，G42 为右边刀具半径补偿，G40 为取消刀具半径补偿，下面讨论在 G17 情况下的刀具半径补偿问题。

格式：

$G41\begin{Bmatrix}G00\\G01\end{Bmatrix}$ X__ Y__ F__ D__； 左边刀具半径补偿

$G42\begin{Bmatrix}G00\\G01\end{Bmatrix}$ X__ Y__ F__ D__； 右边刀具半径补偿

$G40\begin{Bmatrix}G00\\G01\end{Bmatrix}$ X__ Y__ F__； 取消刀具半径补偿

说明：

(1) G41 为沿着刀具进给方向看，刀具中心在零件轮廓的左边，称为左刀补；沿着刀具进给方向看，刀具在零件轮廓的右边为 G42，称为右刀补，如图 3.19 和图 3.20 所示。

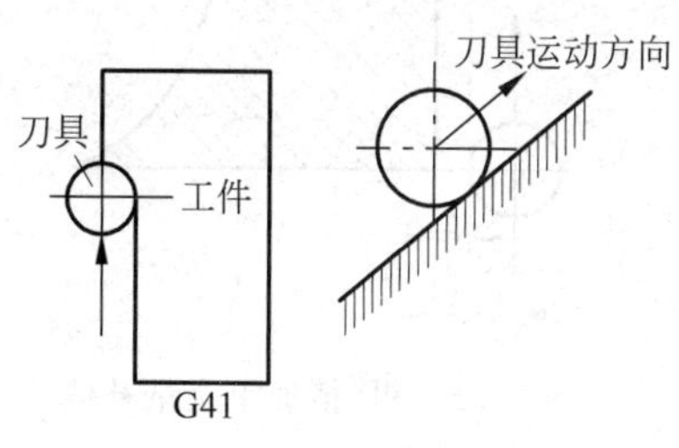

图 3.19 左边刀具半径补偿

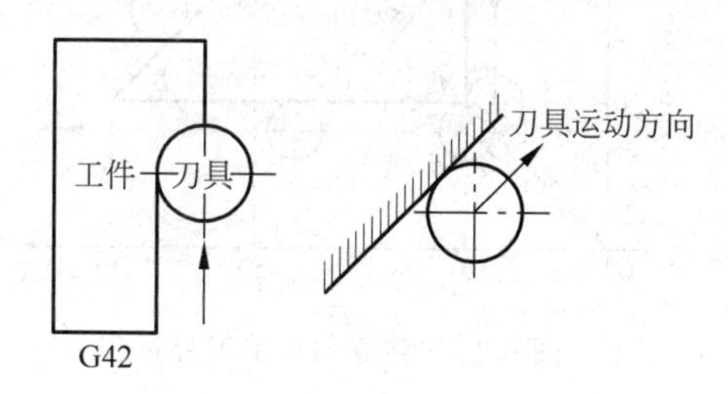

图 3.20 右边刀具半径补偿

(2) G41、G42 或 G40 程序段中只能用 G00 或 G01 指令来建立或取消刀补，不能用 G02 或 G03 指令。

(3) G40 必须与 G41 或 G42 成对使用。

(4) D：存放补偿数据的存储器地址，D00 表示补偿为 0，通常补偿值放在 D01 开始的存储器中。

(5) 刀具半径补偿分为 3 个过程：建立刀补、实现刀补、取消刀补。如图 3.21 所示，*OA* 段是建立刀具半径补偿，编程轨迹为 *OA*，刀具实际运动轨迹为 *OF*；在轮廓加工中，刀具会自动偏移一个补偿值，直至刀具半径补偿取消；*AO* 段为取消刀具半径补偿，编程轨迹 *AO* 段，刀具实际运动轨迹为 *GO*。

例 5 刀具半径补偿的应用编程实例，如图 3.21 所示。

O0005;	(第 5 号程序)
S1000M03;	(主轴正转，转速 1000r/min)
G17G54G90G00Z50.;	(绝对坐标编程)
G00X0Y0;	(快进到 *O* 点)
G00Z5.;	(快速下刀至 *Z*5 处)
G01Z−2.F100;	(以进给速度下刀至 *Z*−2 处)
G42G01X20.Y20.D01;	(建立刀具半径补偿，至 *A* 点)
G01X70.Y20.;	(加工直线 *AB*)
G01X50.Y40.;	(加工直线 *BC*)
G01X25.Y40.;	(加工直线 *CD*)
G03X20.Y35.R5.;	(加工圆弧 *DE*)
G01X20.Y20.;	(加工直线 *EA*)
G40G01X0.Y0.;	(取消刀具半径补偿，至 *O* 点)
G00Z50.;	(快速抬刀)
M05;	(主轴停转)
M30;	(程序结束，并返回到程序开头)

(6) 刀具半径补偿的应用使得可以按照零件的实际轮廓编程，刀具磨损或换刀后只需修改刀补值而不需要修改程序就能加工，另外也可通过修改刀补值用同一把刀对零件进行粗、精加工，如图 3.22 所示，粗加工前输入 $r+\Delta$ 的补偿值，精加工时输入 r 的补偿值等。

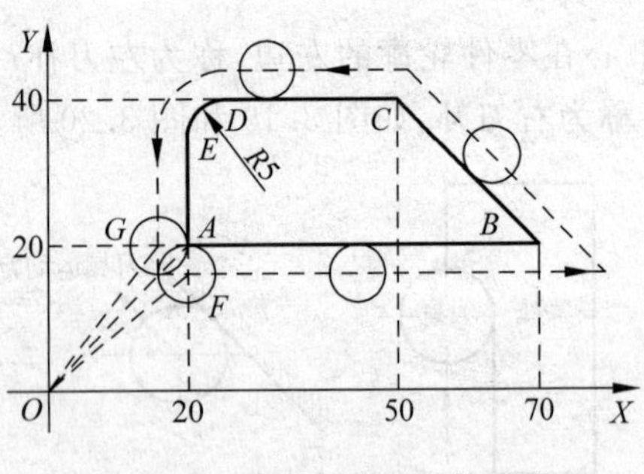

图 3.21 建立与取消刀补过程

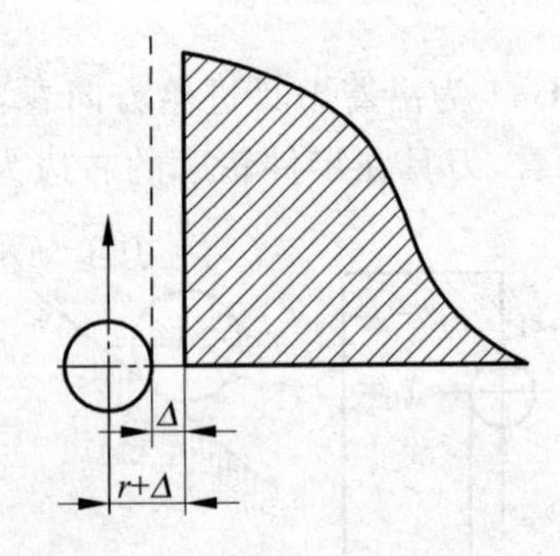

图 3.22 粗、精加工余量补偿

10. G43、G44、G49 刀具长度补偿

当实际刀具长度与编程的标准刀具长度不一致时，可用刀具长度补偿功能对刀具实际的长度差值进行补偿，与刀具半径补偿有些相似。

格式：G43 $\begin{Bmatrix} \text{G00} \\ \text{G01} \end{Bmatrix}$ Z__ H__； 刀具长度正补偿，Z实际值=Z指令值+ H__

G44 $\begin{Bmatrix} \text{G00} \\ \text{G01} \end{Bmatrix}$ Z__ H__； 刀具长度负补偿，Z实际值=Z指令值−H__

G49 $\begin{Bmatrix} \text{G00} \\ \text{G01} \end{Bmatrix}$ Z__；取消刀具长度补偿

说明：

(1) Z：终点绝对坐标或增量坐标。

(2) H：刀具长度补偿值存储器地址，在MDI操作面板上输入，H00表示补偿为0，通常补偿值放在H01开始的存储器中，H00可用作取消刀具长度补偿指令，H值可正可负。

(3) G43、G44必须与G49成对使用。

(4) 若H值为正，刀具长度补偿如图3.23所示。

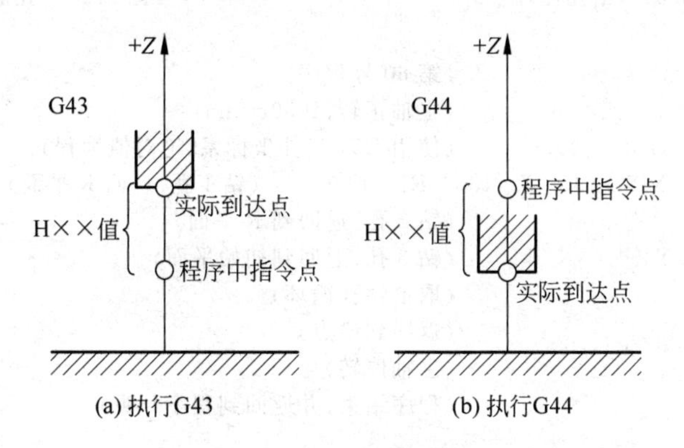

图3.23 刀具长度补偿

11. G80、G81定点钻孔循环

格式：$\begin{Bmatrix} \text{G99} \\ \text{G98} \end{Bmatrix}$ G81 X__ Y__ Z__ R__ F__ K__；其循环动作如图3.24所示。

格式：G80；取消固定循环

说明：

(1) G99、G98确定返回点平面，采用G99时返回到R点平面，采用G98时返回到初始点平面，为减少辅助时间，在加工多个孔时，前面孔的加工用G99，最后一个孔的加工用G98。

(2) X，Y为孔位置坐标。

(3) Z：在采用G90方式时，Z为孔底坐标值；在G91方式下，Z值为R点平面到孔底的增量距离。

(4) R：在采用G90方式时，为R点平面绝对坐标值；在G91方式下，为初始点平面到*R*点平面的增量距离。

(5) F：为进给速度，单位为mm/min。

(6) K：循环加工重复次数，默认为执行一次。

例6 如图3.25所示，加工零件上3个直径为5mm的孔。

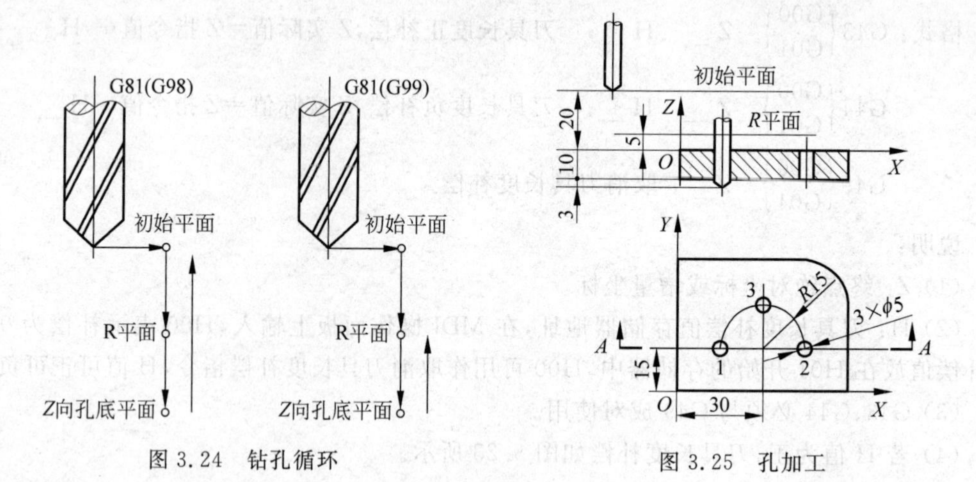

图 3.24 钻孔循环

图 3.25 孔加工

```
O0060;                                  (第 60 号程序)
N10  S1000  M03;                        (主轴正转,1000r/min)
N20  G54  G90  G00  Z20.;               (使用 G54 工件坐标系,绝对值编程)
N30  G99  G81  X15. Y15. Z-13.  R5  F80;  (钻 1 孔,返回 R 平面)
N40  X45.;                              (钻 2 孔,返回到 R 平面)
N50  G98  X30. Y45.;                    (钻 3 孔,返回到初始平面)
N60  G80;                               (取消钻孔循环)
N70  G00  X0  Y0;                       (返回到原点)
N80  M05;                               (主轴停转)
N90  M30;                               (程序结束,并返回到程序开头)
```

3.3.2 综合编程实例

1. 综合编程实例 1,如图 3.26 所示。

```
O0030;                              (第 30 号程序)
S1000M03;                           (主轴正转,转速 1000r/min)
G17G54G90G00Z50.;                   (绝对坐标编程)
G00X-50.Y40.;                       (快进到 H 点)
G00Z5.;                             (快速下刀至 Z5 处)
G01Z-2.F100;                        (以进给速度下刀至 Z-2 处)
G42G01X-35.Y40.D01;                 (建立刀具半径右补偿,至 I 点)
G01Y0;                              (直线 IJ,切向切入)
G03X-27.236Y-12.534R14.;            (加工圆弧)
G02X-24.473Y-17.32R5.;              (加工圆弧)
G03X-2.763Y-29.854R14.;             (加工圆弧)
G02X2.763Y-29.854R5.;               (加工圆弧)
G03X24.473Y-17.32R14.;              (加工圆弧)
G02X27.236Y-12.534R5.;              (加工圆弧)
G03X27.236Y12.534R14.;              (加工圆弧至 C 点)
G02X24.473Y17.320R5.;               (加工圆弧至 B 点)
G03X2.763Y29.854R14.;               (加工圆弧至 A 点)
G02X-2.763Y29.854R5.;               (加工圆弧)
```

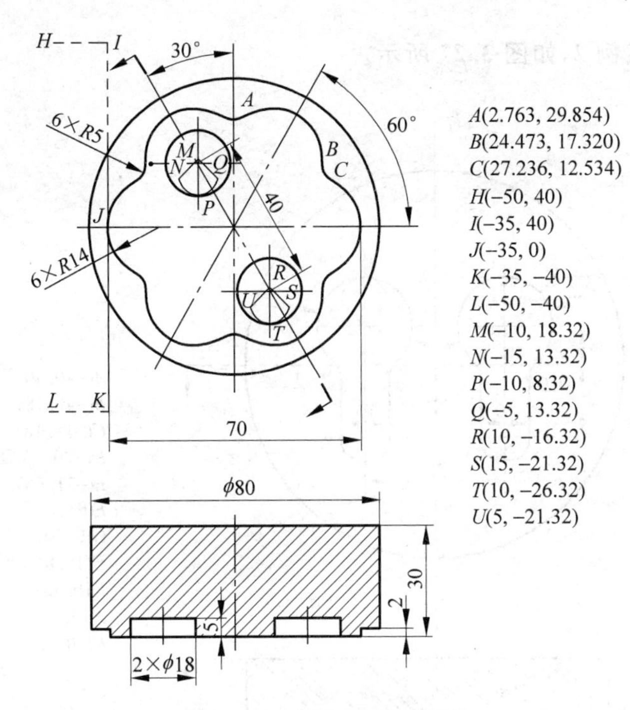

图 3.26 综合编程零件图

```
G03X-24.473Y17.32R14.;        (加工圆弧)
G02X-27.236Y12.534R5.;        (加工圆弧)
G03X-35.Y0R14.;               (加工圆弧至 J 点)
G01X-35.Y-40.;                (直线 JK,切向切出)
G40G01X-50.Y-40.;             (取消刀具半径补偿,移动到 L 点)
G00Z5.;                       (抬刀)
G00X-10.Y18.32;               (快进到 M 点)
G01Z-5.;                      (下刀)
G41G01X-15.Y13.32D01;         (建立刀具半径左补偿,至 N 点)
G03X-10.Y8.32R5.;             (圆弧 NP,切向切入)
G03X-10.Y8.32I0J9.;           (加工整圆)
G03X-5.Y13.32R5.;             (圆弧 PQ,切向切出)
G40G01X-10.Y18.32;            (取消刀具半径补偿,直线 QM)
G00Z5.;                       (抬刀)
G00X10.Y-16.32;               (快进到 R 点)
G01Z-5.;                      (下刀)
G42G01X15.Y-21.32D01;         (建立刀具半径右补偿,至 S 点)
G02X10.Y-26.32R5.;            (圆弧 ST,切向切入)
G02X10.Y-26.32I0J9.;          (加工整圆)
G02X5.Y-21.32R5.;             (圆弧 TU,切向切出)
G40G01X10.Y-16.32;            (取消刀具半径补偿,直线 UR)
G00Z50.;                      (快速抬刀)
G00X0Y0;                      (返回到原点)
M05;                          (主轴停转)
M30;                          (程序结束,并返回到程序开头)
```

2. 综合编程实例 2,如图 3.27 所示。

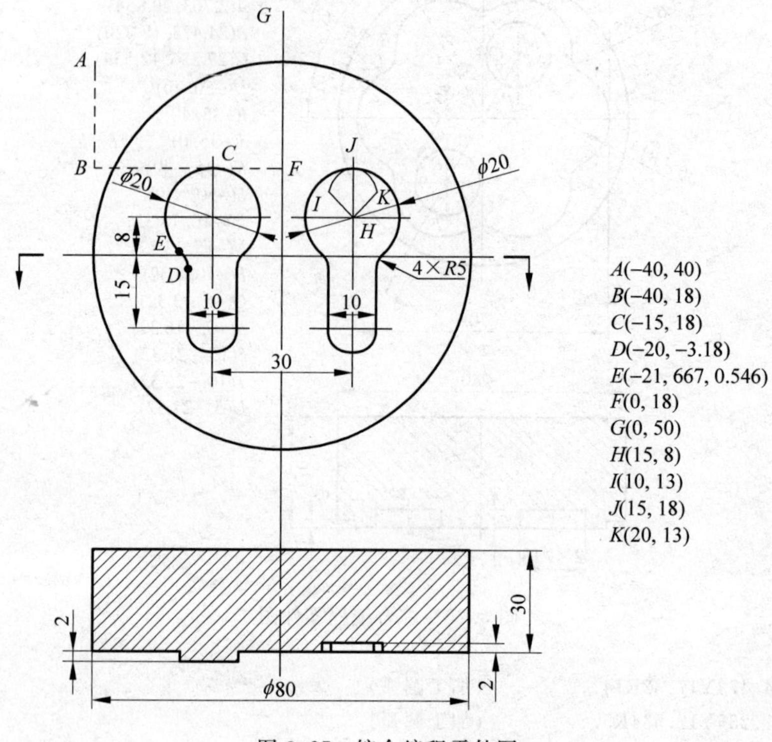

图 3.27　综合编程零件图

```
O0090;                        (第 90 号程序)
S1000M03;                     (主轴正转,1000r/min)
G17G54G90G00Z50.;             (绝对坐标编程)
G00X－40.Y40.;                (快进到 A 点)
G00Z5.;                       (快速下刀至 Z5 处)
G01Z－2.F100;                 (以进给速度下刀至 Z－2 处)
G41G01X－40.Y18.D01;          (建立刀具半径左补偿,至 B 点)
G01X－15.Y18.;                (直线 BC,切向切入)
G02X－8.333Y0.546R10.;        (加工圆弧)
G03X－10.Y－3.18R5.;          (加工圆弧)
G01X－10.Y－15.;              (加工直线)
G02X－20.Y－15.R5.;           (加工圆弧)
G01X－20.Y－3.18;             (加工直线至 D 点)
G03X－21.667Y0.546R5.;        (加工圆弧 DE)
G02X－15.Y18.R10.;            (加工圆弧 EC)
G01X0Y18.;                    (直线 CF,切向切出)
G40G01X0Y50.;                 (取消刀具半径补偿,移动到 G 点)
G00Z10.;                      (抬刀)
G00X15.Y8.;                   (快进到 H 点)
G01Z－4.;                     (下刀)
G42G01X10.Y13.D01;            (建立刀具半径左补偿,至 I 点)
G02X15.Y18.R5.;               (圆弧 IJ,切向切入)
```

```
G02X21.667Y0.546R10.;        (加工圆弧)
G03X20.Y-3.18R5.;            (加工圆弧)
G01X20.Y-15.;                (加工直线)
G02X10.Y-15.R5.;             (加工圆弧)
G01X10.Y-3.18;               (加工直线)
G03X8.333Y0.546R5.;          (加工圆弧)
G02X15.Y18.R10.;             (加工圆弧至J点)
G02X20.Y13.R5.;              (圆弧JK,切向切出)
G40G01X15.Y8.;               (取消刀具半径补偿,直线KH)
G00Z50.;                     (快速抬刀)
G00X0Y0;                     (返回到原点)
M05;                         (主轴停转)
M30;                         (程序结束,并返回到程序开头)
```

3.4 数控铣床操作

数控铣床的种类较多,操作方法差别较大,本节以南京第二机床厂型号为 XH715 的机床(采用 FANUC Series Oi_MC 系统)为例,介绍数控铣床的操作面板及基本操作方法等。

1. MDI 操作面板

MDI 操作面板是实现数控系统人机对话、信息输入的主要部件。通过 MDI 面板可以直接进行加工程序录入、图形模拟并将参数设定值等信息输入到数控系统存储器中。

数控铣床的 MDI 面板如图 3.28 所示。

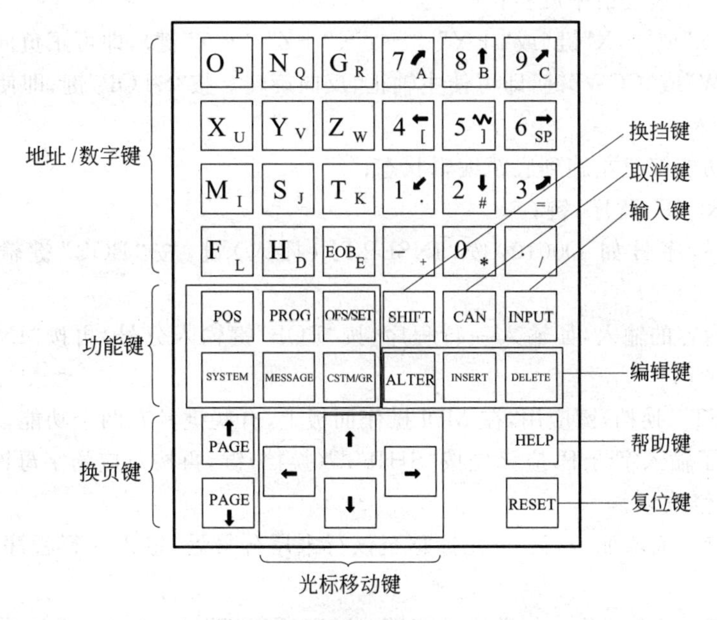

图 3.28 数控铣床 MDI 面板

2. 基本操作

1）机床开机

（1）将电源打开；

（2）按“ON”键；

（3）将机床解锁。

2）机床关机

（1）关上机床安全门；

（2）按“OFF”键；

（3）将电源关掉。

3）紧急停止

在机床运行过程中，遇到危险情况，将急停按钮“EMERGENCY Stop”按下，机床立即停止运动，将按钮“EMERGENCY Stop”右旋则解锁，按“RESET”键复位。

4）返回参考点（或返回零点）

（1）将主功能旋钮右旋到底至机床回零状态，此时屏幕左下角出现 REF；

（2）按“POS”（位置）键；

（3）按“综合”软键；

（4）注意屏幕上显示的机械坐标，手动按住“X＋”使 X 坐标值变为 0，同样分别按住“Y＋”、“Z＋”使 Y、Z 坐标均变为 0。

5）手动进给

（1）将主功能旋钮旋至手动状态，屏幕左下角出现 JOG；

（2）调节进给速度倍率旋钮；

（3）按“＋X”或“－X”键（或“＋Y”、“－Y”、“＋Z”、“－Z”键），即可正负向移动相应轴；

（4）按“CW”或“CCW”键，即可使主轴正、反向旋转。按“STOP”键，即使主轴停转。

6）程序输入

（1）将主功能旋钮左旋到底至编辑状态；

（2）按“PROG”（程序）键；

（3）输入程序号如 O0010，按“INSERT”（插入）键，按“EOB”键输入分号，再按“INSERT”（插入）键；

（4）程序内容的输入，如输入一行程序，按“EOB”键输入分号，再按“INSERT”（插入）键，即输入了一行；

（5）“SHIFT”（换挡）键应用，在 MDI 操作面板上，有些键具有两个功能，如输入“M98 P0080;”时，为了输入字母 P，应该先按“SHIFT”（换挡）键，再按对应的字母键。

7）程序的修改

（1）在某行后面增加一行：将光标移至该行末尾分号处，输入一行程序，按“INSERT”（插入）键。

（2）删除某个字符：将光标移至该字符，按“DELETE”键。删除一行：将光标移至该行行首，多次按“DELETE”键将该行内容逐个删除。

（3）输错内容后修改：如输入 G037，按一次“CAN”（取消）键则从右至左删除，变成

G03；另外，若输入“G01 X10. Y20.；”后发现应该将Y20改为Y30，可将光标移至“Y20”处，输入“Y30”，再按“ALTER”(替换)键即可。

8) 删除程序

(1) 将主功能旋钮左旋到底至编辑状态；

(2) 按“PROG”(程序)键；

(3) 按“程式”软键；

(4) 输入程序号，如O0090；

(5) 按“DELETE”(删除)键。

9) 刀具补偿值输入

(1) 按“OFS/SET”(偏置/设置)键；

(2) 按光标键“←”、“↑”、“→”、“↓”，选择刀具参数地址；

(3) 输入刀补参数；

(4) 按“INPUT”(输入)键。

10) 图形模拟

(1) 将主功能旋钮左旋到底至编辑状态；

(2) 按“PROG”(程序)键；

(3) 输入程序号，如O0020，按光标键“↑”或“↓”；

(4) 将主功能旋钮旋至自动运行状态，屏幕左下角出现MEM；

(5) 按“DRN”键；

(6) 按“MSTLOCK”键；

(7) 将机床锁定；

(8) 按“CSTM/GR”键；

(9) 按屏幕下方“加工图”软键；

(10) 按循环启动按钮。

11) 自动加工

(1) 将主功能旋钮右旋到底至机床回零状态，此时屏幕左下角出现REF；

(2) 按“POS”(位置)键；

(3) 按屏幕下方“综合”软键；

(4) 注意屏幕上显示的机械坐标，手动按住“X+”使X坐标值变为0，同样分别按住“Y+”、“Z+”使Y、Z坐标均变为0；

(5) 将主功能旋钮至编辑或自动状态；

(6) 按“PROG”(程序)键；

(7) 输入程序号，如O0070，按光标键“↑”或“↓”；

(8) 切换至MEM状态，按循环启动键执行。

3. 数控铣床实训安全技术操作规范和注意事项

(1) 启动机床前，检查各部分是否正确连接，各柜门是否关闭。

(2) 穿工作服、防油劳保鞋，长头发的操作人员应该将头发盘起或戴安全帽。

(3) 不能用湿手触摸开关接头处，以防短路。

(4) 在装夹工件或刀具时，机床要停机。

(5) 加工前应该检查工件装夹是否牢靠，刀具和工件及夹具运动时是否碰撞。

(6) 工件试切前，应对程序、刀具、夹具等进行认真检查。

(7) 刀补值输入后，应对刀补号、正负号、小数点等进行核对。

(8) 不要戴手套操作机床开关，以免产生误操作。

(9) 程序修改后，应对修改部分认真检查。

(10) 加工时，不能用手或刷子清扫铁屑，加工完停机后，用刷子清扫。

(11) 加工中发现异常，应及时按下红色急停按钮。

(12) 机床出现报警，应及时排除。

(13) 机床加工时，不要打开机床防护门。

(14) 加工完毕，先停机，再清扫机床。

复习思考题

1. 什么情况下要进行刀具半径补偿？如何判别 G41、G42 半径补偿的方向？
2. 建立工件坐标系常用的方法有哪些？
3. G00 和 G01 的区别是什么？
4. 根据零件图 3.29 编程，并进行切削加工。

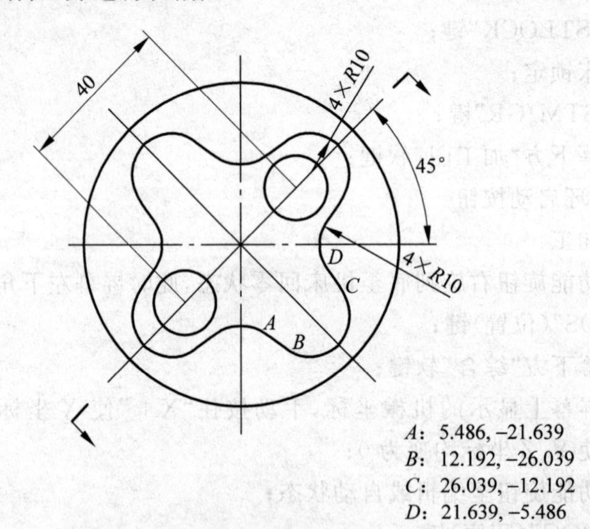

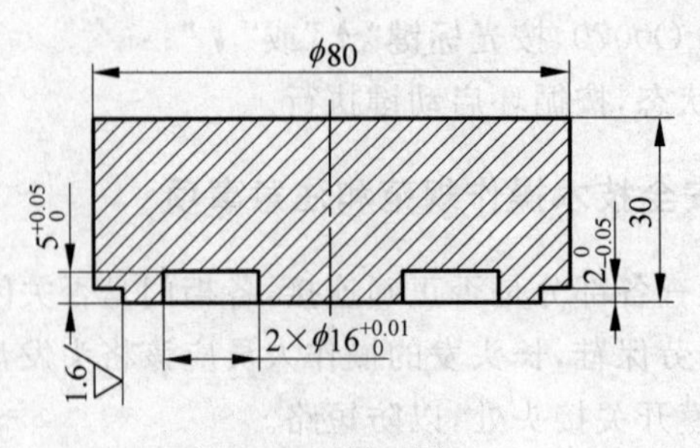

图 3.29　题 4 图

加工中心

4.1　加工中心的特点

加工中心是一种集镗、铣、钻等多工序于一体的、备有刀库并能自动换刀的高效多功能机床。工件一次装夹可完成钻孔、扩孔、铰孔、攻螺纹、镗孔、铣削各种型面等多个工步的自动加工。有的加工中心还配有交换工作台,可在加工位于工作位置上的工件的同时,装卸位于装卸位置上的另一个工件,使工件的装卸不占用加工时间,提高了生产效率。

加工中心按照主轴轴线的空间位置和机床的框架结构,可分为立式、卧式、龙门式和万能加工中心。

(1) 立式加工中心,主轴垂直设置,多采用固定立柱式结构,适合于盖板类、盘类零件及各种模具的加工。

(2) 卧式加工中心,主轴水平设置,机床结构比立式加工中心复杂,常配有自动分度回转工作台,适合于箱体类零件的加工。

(3) 龙门式加工中心,形状与龙门铣床相似,主轴多为垂直设置,适合于大型复杂零件的加工。

(4) 万能加工中心,结构复杂,具有立式和卧式加工中心的功能,可对工件除安装面以外的所有侧面和顶面进行加工,适合于复杂的零件加工。

与普通数控铣床、镗床相比,加工中心具有较多的功能组合,因此更适合于形状复杂、精度要求高、更新频繁的产品加工。

1. 加工中心的主要工艺特点

(1) 工序高度集中。由于加工中心组合了镗、铣、钻等加工功能,并可自动换刀,有的加工中心还有自动分度回转工作台或主轴箱,可自动旋转加工角度,因此在工件一次装夹中可连续完成多个位置的多道工序的加工。

(2) 生产效率高。由于加工中心的加工工序高度集中,减少了装夹次数和测量、调整的时间,有的加工中心还有交换工作台,使加工辅助时间缩短,切削时间利用率大为提高。

(3) 加工中心的传动机构结构简单,传动平稳,主要构件刚性高,粗加工时,可采用较大的切削用量,进行强力切削。

2. 加工中心的编程特点

(1) 在编程时需完成零件的机加工工艺设计。由于零件加工的工步及使用的刀具较多，甚至一次装夹就要完成包括粗加工、半精加工、精加工的全部零件加工工序，因此必须进行周密的工艺分析，安排合理的加工次序，以保证零件的加工精度，并提高生产效率。

(2) 加工中心需使用多种刀具，有时刀具的外形差别很大，故自动换刀时要留出足够的换刀空间，避免撞刀。

(3) 为提高工效，所用刀具安装在刀柄上后，多在机床外进行对刀，并将尺寸参数输入刀具表中。

(4) 为便于调试程序和调整工步，可将不同的工步分别编成子程序，而主程序主要进行换刀及子程序调用。

(5) 由于工步较多，且需多次换刀，因此手工编程时出错率较高，故需要认真检查程序，可用试运行方式进行校验。

3. 加工中心的操作特点

(1) 熟悉机床。加工中心的操作与数控铣床有些相似之处，但其功能较多，操作也复杂得多，操作前应了解机床操作方法和加工范围，如机床原点，X、Y、Z 轴行程，各坐标的干涉区，换刀空间等。

(2) 分析加工工艺。编程前先要周密地分析加工工序，编制零件加工的工艺文件，根据加工内容选择刀具及切削用量。

(3) 检查程序。在正式加工前最好用试运行方式在各个平面位置上检查一下刀路。若主平面为 XY 平面，也可在主轴上夹支弹性笔或水笔，用试运行方式画出运行轨迹。

(4) 回参考点操作。为保证刀路运行的准确性、保证加工精度，在开机、重新通电或紧急停止后，必须进行回参考点操作，确机床坐标系，使前后加工的刀路保持一致性。

(5) 试切。试切时，可采用单段程序分别运行的方式，分析了解一段，执行一段。试切后全面检查试件的各项精度，并据此调整、修改有关参数。

(6) 装刀。装刀时，先将刀具装在刀柄上，在机外预调后，再装入刀库，并记下刀具尺寸参数，输入到刀具表中。此外，刀库亦需进行回参考点操作。

4.2 三轴加工中心编程

加工中心的编程方法、机床坐标系及工件坐标系的定义与数控铣床相似，本节以精湛机具有限公司 PMC—10V20 立式加工中心为例，介绍三轴加工中心的编程基础，该机采用 FANUC-21M 数控系统，工作台面尺寸 1100mm×490mm，主轴功率 7.5kW(连续工作)，转速范围 100～8000r/min，切削进给速度 1～4000mm/mm，刀库可容纳 20 把刀。

4.2.1 常用功能指令

(1) 准备功能。加工中心常用基本准备功能见表 4.1。

表 4.1 基本准备功能

代码	组别	功　能
G00*	01	快速点定位
G01		直线插补
G02		顺时针圆弧插补
G03		逆时针圆弧插补
G04	00	暂停
G17*	02	选择 *XY* 平面
G18		选择 *XZ* 平面
G19		选择 *YZ* 平面
G20	06	英制编程
G21*		公制编程
G27	00	返回参考点校验
G28		自动返回参考点
G29		从参考点返回
G30		自动返回第二参考点
G33	01	螺纹切削
G39	00	拐角圆弧过渡插补
G40*	07	撤消刀具半径补偿
G41		左边刀具半径补偿
G42		右边刀具半径补偿
G43	08	刀具长度正补偿
G44		刀具长度负补偿
G49*		撤消刀具长度补偿
G45	00	刀具偏置量扩大 1 倍
G46		刀具偏置量缩小 1 倍
G47		刀具偏置量扩大 2 倍
G48		刀具偏置量缩小 2 倍
G52		局部坐标系
G53		选择机床坐标系

代码	组别	功　能
G54	12	选择工件坐标系 1
G55		选择工件坐标系 2
G56		选择工件坐标系 3
G57		选择工件坐标系 4
G58		选择工件坐标系 5
G59		选择工件坐标系 6
G63	13	攻螺纹模式
G64		切削加工模式
G68	16	坐标系旋转
G69		坐标系旋转撤消
G73	09	高速深孔钻循环
G74		攻左旋螺纹循环
G76		精镗循环
G80*		撤消循环
G81		定点钻孔循环
G82		钻、镗孔循环
G83		深孔钻循环
G84		攻螺纹循环
G85		镗孔循环
G86		镗孔循环
G87		反镗循环
G88		镗孔循环
G89		镗孔循环
G90*	03	绝对坐标编程
G91		增量坐标编程
G92	00	设置程序原点
G94*	05	进给速度按每分钟设定
G95		进给速度按每转设定
G98*	04	返回初始点平面
G99		返回切削开始点平面

注：

(1) 00 组的代码为非模态代码，其他均为模态代码。

(2) 标有 * 号的 G 代码，表示在系统通电后，或执行过 M02、M30，或在紧急停止，按"复位"键后系统所处于的工作状态。

(3) 若不相容的同组 G 代码被编在同一程序段中，则系统认为后编入的那个 G 代码有效。

(4) 坐标值若是整数形式，其单位为 μm；若是小数形式，则其单位为 mm。

(2) 辅助功能。加工中心常用的辅助功能见表 4.2。

(3) F、S、T 功能可参见数控车、铣床编程基础。

(4) D 功能：表示刀具半径补偿量的存储器地址代码，如 D12 表示刀补取值为第 12 号存储器中的参数，亦可用 H 功能设定。

(5) H 功能：表示刀具长度补偿量的存储器地址代码，用法同 D 功能。

表 4.2 常用辅助功能

代 码	功 能	代 码	功 能
M00	程序暂停	M08	切削液开
M01	程序条件停止	M09	切削液关
M02	程序结束,主轴停止	M13	主轴正转,切削液开
M03	主轴正转	M14	主轴反转,切削液开
M04	主轴反转	M30	程序结束,主轴停止,复位
M05	主轴停止	M98	调用子程序
M06	换刀	M99	子程序结束

4.2.2 编程基础

G00、G01、G02、G03、G04、G17、G18、G19、G33、G40、G41、G42、G43、G44、G49、G90、G91、G92 等指令有些类似于数控车、铣床,可参见有关章节、本节不再详述。需要注意的是:FANUC 系统中坐标值若是整数形式,其单位为 μm;若是小数形式,则其单位为 mm。程序段以分号(;)结束,若不写分号则该程序段将连续到下一段。

1. *XY* 平面上的圆弧插补

除了 G02(或 G03) X__Y__I__J__F__的格式外,还可用 G02(或 G03) X__Y__R__F__,其中 R 为圆弧半径。其他定义与数控铣床编程基础相同,可参见相关内容。

2. 拐角圆弧过渡插补

格式:G39 X__Y__

说明:

(1) X、Y:拐角后新矢量垂直线上的任一点坐标值。

(2) G39 为非模态代码,在 G00、G01、G02、G03 中使用,且仅在 G41、G42 有效时才起作用。

例 1 图 4.1 所示起刀点为(0,−20)的刀具运行轨迹的程序指令。

```
N0100  G90  G41  G00  Y0  D01;
N0110  G01  Y40.0  F50.0;
N0120  G39  X40.0  Y60.0;
N0130  G01  X40.0  Y60.0;
N0140  G39  X100.0  Y60.0;
N0150  G02  X80.0  Y20.0  R40.0;
```

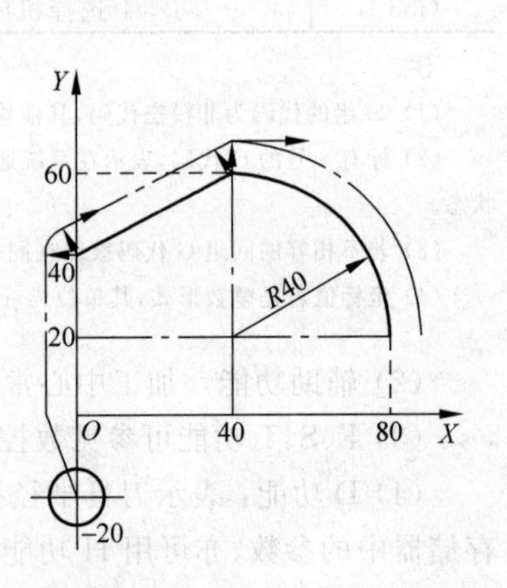

图 4.1 拐角圆弧过渡插补

3. 选择工件坐标系(G54~G59)

若同时加工多个相同的零件轮廓形状时,可选用多个相应的工件坐标系来加工,使编程方便。

格式：G54(或 G55～G59)

说明：

(1) 这 6 个工件坐标系原点可在操作面板上输入设定，亦可用 G10 指令在程序中设定。

(2) 用 G54～G59 选定工件坐标系，其后程序段中的坐标值，一般作为相应被选坐标系中的绝对坐标值。

例 2 如图 4.2 所示，刀具快速移动到 A 点，再切削进给到 B 点。

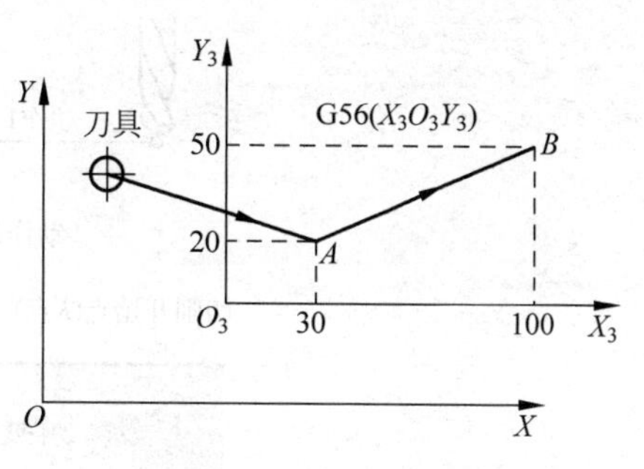

图 4.2 选择工件坐标系

```
G56  G00  X30.0  Y20.0;          (刀具快速移动到 A 点)
G01  Z-5.0  F100;                (刀具切入)
X100.0  Y50.0  F150;             (切削进给到 B 点)
```

4. 孔加工固定循环

孔加工固定循环指令按一定顺序进行钻、镗、攻螺纹等孔加工。若主平面为 XY 平面(G17 状态)，则进给方向为 Z 向。常用孔加工固定循环指令见表 4.3。

表 4.3 孔加工固定循环指令

指 令	Z 向 进 给	孔 底 动 作	退 刀 速 度	用 途
G73	间歇进给	—	快速进给	高速深孔钻
G74	切削进给	进给暂停→主轴反转	切削进给	攻左旋螺纹
G76	切削进给	主轴定向停转	快速进给	精镗
G80	—	—	—	撤消循环
G81	切削进给	—	快速进给	定点钻孔
G82	切削进给	进给暂停	快速进给	锪钻
G83	间歇进给	—	快速进给	深孔钻
G84	切削进给	进给暂停→主轴正转	切削进给	攻螺纹
G85	切削进给	—	切削进给	镗孔
G86	切削进给	主轴停转	快速进给	镗孔
G87	切削进给	主轴正转	快速进给	反镗
G88	切削进给	进给暂停→主轴停转	手动进给	镗孔
G89	切削进给	进给暂停	切削进给	镗孔

孔加工固定循环包含 6 个基本动作，如图 4.3 所示。

动作 1：刀具定位。

动作 2：快速进给至切削开始点平面位置(R 点平面)。

动作 3：孔加工(钻、镗、攻螺纹等)。

动作 4：孔底动作。

动作 5：退回到 R 点平面。

动作 6：快速退刀返回初始点平面位置。

孔加工固定循环的格式为

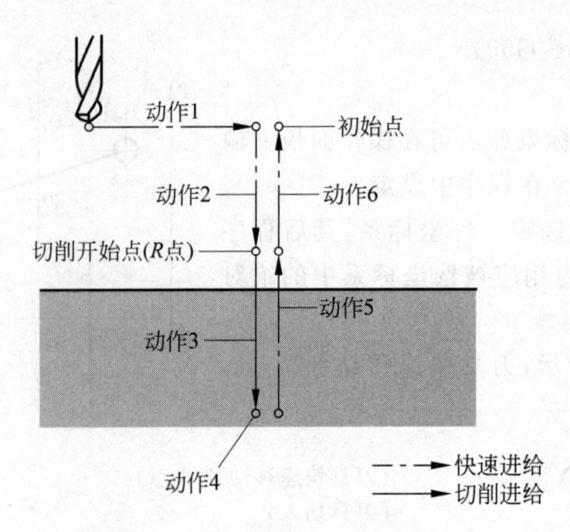

图 4.3　孔加工固定循环的基本动作

(G90 或 G91)(G98 或 G99)G ** X __ Y __ Z __ R __ P __ F __ K __

说明：

(1) X、Y：孔的平面位置坐标。

(2) Z：在 G90 状态下，Z 值为孔底的绝对坐标；在 G91 状态下，Z 值为切削开始点(*R* 点)到孔底的距离(见图 4.4)。

(3) R：在 G90 状态下，R 值为切削开始点的绝对坐标；在 G91 状态下，R 值为初始点到切削开始点(*R* 点)的距离(见图 4.4)。

(4) P：孔底进给暂停时间。

(5) F：进给速度。

(6) K：循环重复执行次数。

(7) 若刀具长度补偿有效，则将在刀具快速进给至 *R* 点的过程中建立刀补。

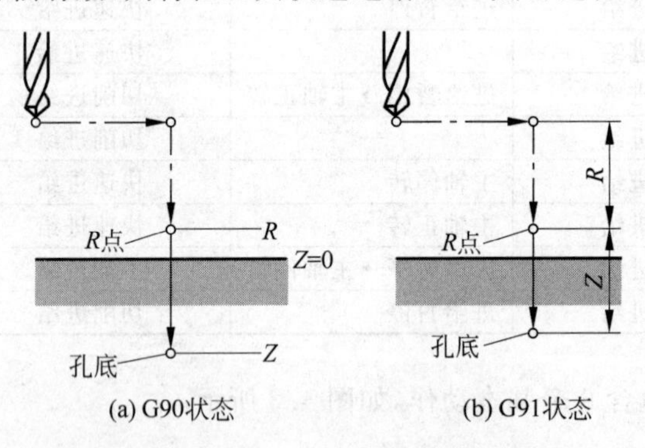

图 4.4　G90、G91 状态下参数值的表示

下面简单介绍几个常用指令。

1) 高速深孔钻(G73)

格式：G73 X __ Y __ Z __ R __ Q __ F __ K __

说明：

(1) Q：每次钻削深度为 *q*，然后退刀排屑。

(2) 每次钻深 q 后,即退刀 d 以利排屑,退刀量 d 由机器参数 5114 设定,见图 4.5。

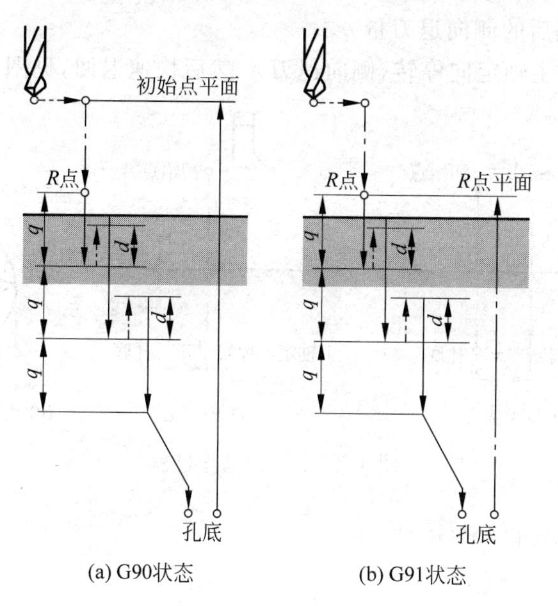

图 4.5 G73 的动作过程

例 3 高速深孔钻削,见图 4.6。

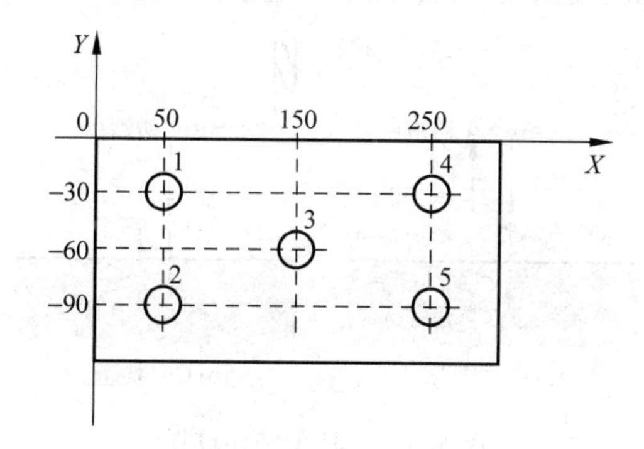

图 4.6 G73 的应用

```
N0010  S2000  M03;                                   (主轴正转)
N0020  G90  G99  G73  X50.0  Y-30.0  Z-50.0  R50.0  Q15.0  F100;
                                                     (定位,钻#1孔,返回R点平面)
N0030  Y-90.0;                                       (钻#2孔,返回R点平面)
N0040  X150.0  Y-60.0;                               (钻#3孔,返回R点平面)
N0050  X200.0  Y-30.0;                               (钻#4孔,返回R点平面)
N0060  G98  Y-90.0;                                  (钻#5孔,返回初始点平面)
N0070  G80;                                          (撤消循环)
N0080  M05;                                          (主轴停转)
```

2) 精镗(G76)

格式:G76 X_ Y_ Z_ R_ Q_ P_ F_ K_

说明：
(1) Q：镗至孔底后的侧向退刀量 q。
(2) 镗至孔底后，主轴定向停转，侧向退刀 q，然后快速退回，见图 4.7。

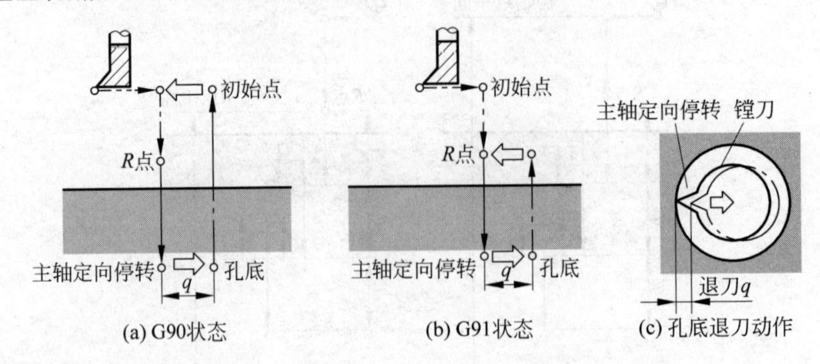

图 4.7 G76 的动作过程

3) 撤消孔加工固定循环(G80)

格式：G80

4) 定点钻孔(G81)

格式：G81 X _ Y _ Z _ R _ F _ K _

说明：由 R 点连续钻削进给至孔底，然后快速退回，见图 4.8。

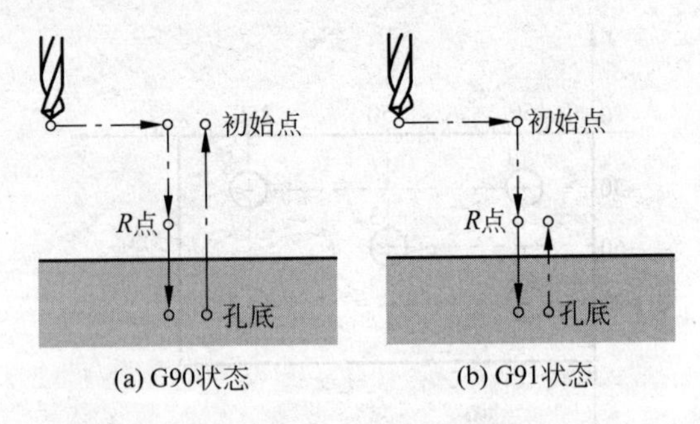

图 4.8 G81 的动作过程

5) 攻螺纹(G84)

格式：G84 X _ Y _ Z _ R _ P _ F _ K _

说明：主轴反转攻到底后，正转退回，见图 4.9。

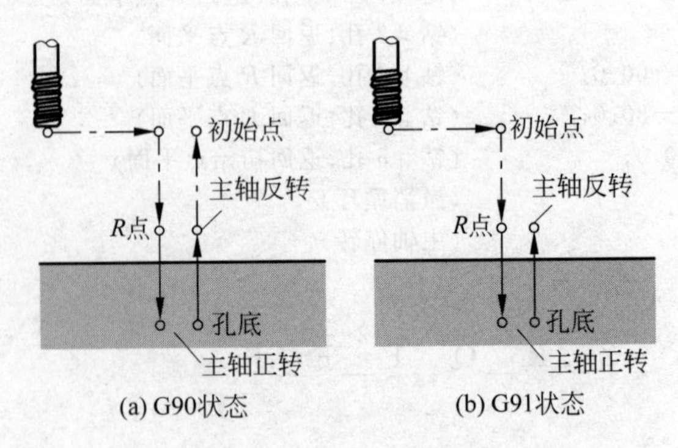

图 4.9 G84 的动作过程

6）镗孔（G85）

格式：G84 X＿Y＿Z＿R＿F＿K＿

说明：镗至孔底后，以切削进给速度退回 R 点，见图 4.10。

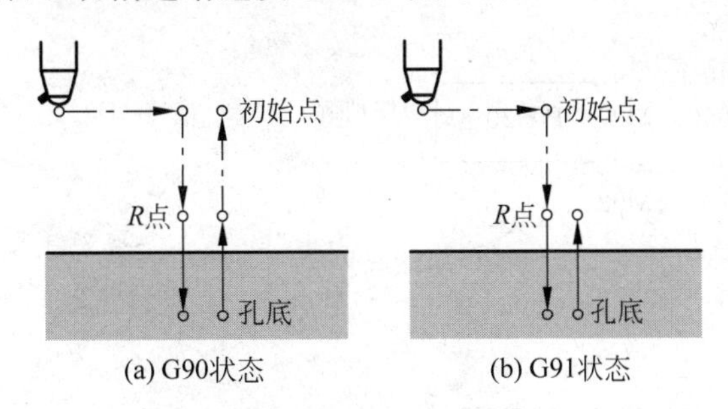

图 4.10　G85 的动作过程

5. 子程序

1）调用子程序

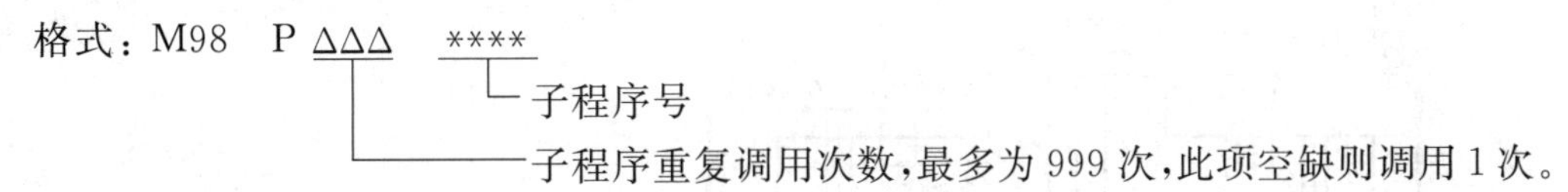

2）子程序结束

格式：M99

说明：子程序亦可嵌套调用子程序，但嵌套调用子程序不能超过 4 级，见图 4.11。

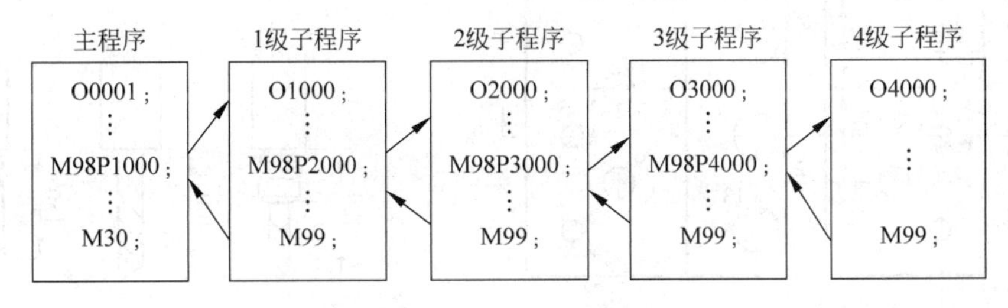

图 4.11　子程序嵌套调用示意图

3）子程序的特殊用法

(1) 若子程序用 M99 P **** 结束，则子程序执行完后，返回前级程序的第 **** 句，例如：

主程序	子程序
O0001;	O1000;
N0010　…;	N1010　…;
N0020　…;	N1020　…;
N0030　M98　P1000;	N1030　…;
N0040　…;	N1040　…;
N0050　…;	N1050　M99　P0050;

(2) 若/M99 用于主程序中的某个程序段，则执行该程序段时，返回主程序起始句。

(3) 若/M99　P **** 用于主程序中，则执行该段程序后，接着执行第 **** 句程序段。

此用法一般和条件判断选择语句配套使用，例如：

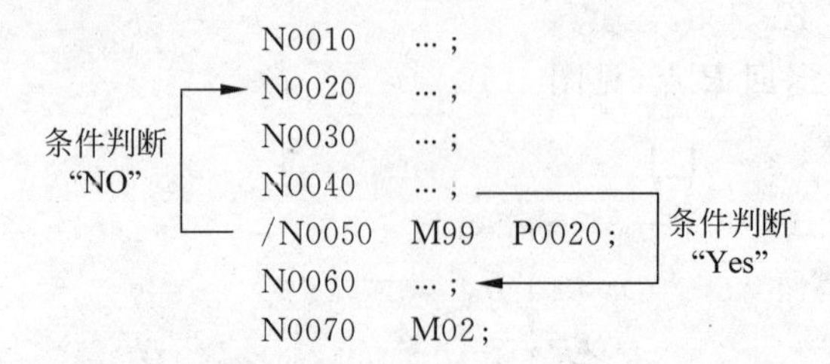

4.2.3 编程实例

例 4 如图 4.12 所示零件，外形轮廓已加工完毕，仅需进行孔加工，其中 1～6＃钻 ϕ10mm 孔、7～10＃锪钻 ϕ16mm 孔、11～13＃仅需完成镗 ϕ50mm 孔。刀具长度补偿地址及补偿值为：H01：120.0，H02：100.0，H03：150.0。

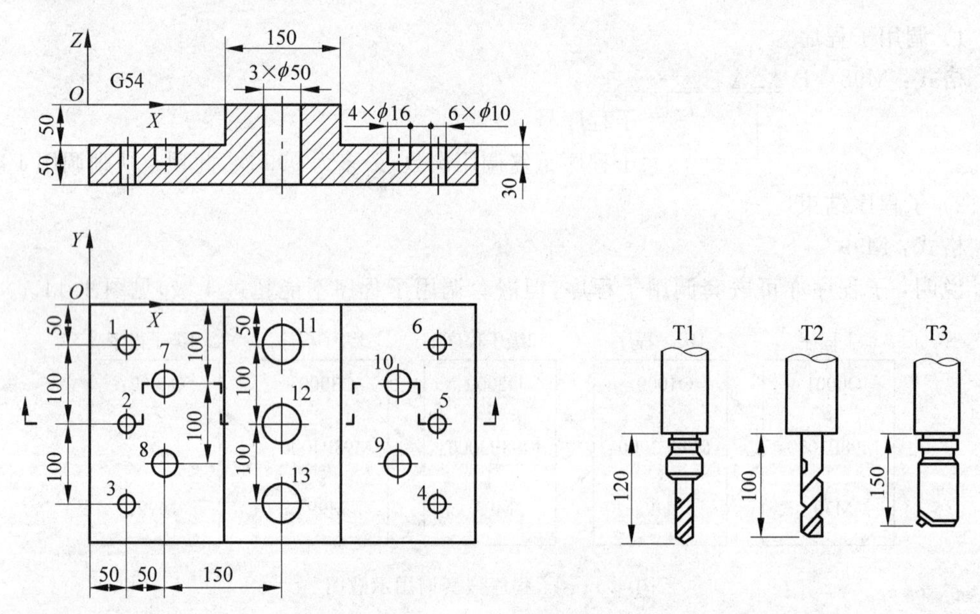

图 4.12 孔加工零件图

```
O0001;                                             (主程序号)
N0010  T1  M98  P1000;                             (选择 1 号刀,调用换刀子程序)
N0020  G90  G54  G00  X0  Y0;                      (绝对值编程,选择坐标系 1)
N0030  G43  Z50.0  H01;                            (进刀,并建立刀补)
N0040  S500  M03;                                  (主轴正转)
N0050  G99  G81  X50.0  Y-50.0  Z-105.0  R-45.0  F30;
                                                   (定位,钻#1 孔,并返回 R 点平面)
N0060  Y-150.0;                                    (钻#2 孔,并返回 R 点平面)
N0070  G98  Y-250.0;                               (钻#3 孔,并返回初始点平面)
N0080  G99  X450.0;                                (钻#4 孔,并返回 R 点平面)
N0090  Y-150.0;                                    (钻#5 孔,并返回 R 点平面)
N0100  G98  Y-50.0;                                (钻#6 孔,并返回初始点平面)
N0110  T2  M98  P1000;                             (选择 2 号刀,调用换刀子程序)
```

```
N0120  G90  G54  G00  X0  Y0;                       (绝对值编程,选择坐标系 1)
N0130  G43  Z50.0  H02;                             (进刀,并建立刀补)
N0140  S300  M03;                                   (主轴正转)
N0150  G99  G82  X100.0  Y-100.0  Z-80.0  R-45.0  F20;
                                                    (定位,锪钻#7孔,并返回 R 点平面)
N0160  G98  Y-200.0;                                (锪钻#8孔,并返回初始点平面)
N0170  G99  X400.0;                                 (锪钻#9孔,并返回 R 点平面)
N0180  G98  Y-100.0;                                (锪钻#10孔,并返回初始点平面)
N0190  T3  M98  P1000;                              (选择 3 号刀,调用换刀子程序)
N0200  G90  G54  G00  X0  Y0;                       (绝对值编程,选择坐标系 1)
N0210  G43  Z50.0  H03;                             (进刀,并建立刀补)
N0220  S400  M03;                                   (主轴正转)
N0230  G99  G85  X250.0  Y-50.0  Z-105.0  R-450.0  F10;
                                                    (镗#11孔,并返回 R 点平面)
N0240  G91  Y-100.0  K2;                            (镗#12、#13孔,并返回 R 点平面)
N0250  G49  G00  Z200.0;                            (抬刀,并撤消刀补)
N0260  G28  X0  Y0  Z0  M05;                        (返回参考点,主轴停转)
N0270  M30;                                         (程序结束)

O1000;                                              (换刀子程序号)
N1010  M05;                                         (主轴停转)
N1020  G80;                                         (撤消循环)
N1030  G91  G30  Z0;                                (Z 轴返回第二参考点)
N1040  G30  X0  Y0;                                 (X、Y 轴返回第二参考点)
N1050  G49;                                         (撤消刀补)
N1060  M06;                                         (换刀)
N1070  M99;                                         (子程序结束)
```

4.3 三轴加工中心的操作

本节以 PMC—10V20 立式加工中心(采用 FANUC—21M 系统)为例,介绍三轴加工中心的基本操作方法。

1. 基本操作

1) 返回参考点

(1) 按"ZERO RETURN"键(回零键);

(2) 按"Z"键(或"X"、"Y"键),选择回参考点的轴;

(3) 按"MANUAL"标记下的"+"键,所选轴即自动回参考点。

2) 预置坐标值

(1) 对刀,或确定刀具位置坐标;

(2) 按"POS"键(位置键),按软键盘"相对"键,将坐标值置零;

(3) 按软键盘"综合"键,记下机械坐标值;

(4) 按"OFFSET SETTING"键(偏置键),输入工件坐标系位置(共可设置 G54~G59 六个工件坐标系)。

3）手动进给

(1) 用手脉进给：

① 按“HANDLE　FEED”键(手动进给键)；

② 用倍率按钮选择进给速度；

③ 按“X”键(或“Y”、“Z”键)，选择需进给的轴；

④ 摇动手脉，即可驱动所选轴。

(2) “JOG”或“RAPID”方式：

① 按“JOG”(慢速)或“RAPID”(快速)键；

② 用倍率开关调节进给速度；

③ 按“X”键(或“Y”、“Z”键)，选择需进给的轴；

④ 按“MANUAL”标记下的“＋”或“－”键，即可使所选轴沿正、负向进给。

4）主轴旋转

(1) 按“JOG”键；

(2) 按“主轴正转”或“主轴反转”键，主轴即开始旋转；

(3) 按“主轴加速”或“主轴减速”键一次，主轴转速即提高或下降10％，调节范围在50％～150％；

(4) 按“主轴停止”键，主轴即停转。

5）刀具补偿值输入

(1) 按“OFFSET　SETTING”键；

(2) 按方向键(←、→、↑、↓)选择刀补号；

(3) 输入刀补参数。

6）程序输入与修改

(1) 将“程序保护锁”旋到“CANCEL”(取消)位置；

(2) 按“EDIT”键(编辑键)；

(3) 按“PROG”键(程序键)；

(4) 输入程序号；

(5) 编辑、修改程序。

7）自动加工

(1) 按“EDIT”键；

(2) 输入程序号；

(3) 按“RESET”键，使程序位于起点；

(4) 按“AUTO”键(自动键)；

(5) 按“启动”键，机床即按程序开始自动运行。

2. 机床操作注意事项

加工中心的操作与数控铣床有些相似，但也有许多差异。编程前要仔细分析加工工艺，加工前应检查刀具在刀库上的位置排列是否正确，换刀时是否会干涉等。机床操作可按下列步骤进行：

(1) 检查各项安全及必要的技术准备工作是否做好，确认后才能接通电源。

(2) 开机,视各项情况正常才可进行后续作业。

(3) 进行返回参考操作(包括刀库),确立机床坐标系。

(4) 对刀校验,并将刀具装入刀库的正确位置上。

(5) 输入程序。

(6) 用试运行方式检查程序。此时 Z 轴应退出足够的安全高度,单段执行程序,检查是否有干涉现象。

(7) 安装工件,并将工作台移动到适当位置,以免加工时工作台进给到极限位置,而工件还未加工完成。

(8) 对刀并预置坐标值,设定工件坐标系。

(9) 试切。此时可单段运行程序,出现问题及时修改。试切完后全面检测工件,并对有关参数进行调整修改。

(10) 正式运行程序进行加工。

(11) 测量工件,若有微量误差可设置、修改刀补,进行修整加工。

3. 加工中心实训安全技术操作规范

操作加工中心除了须遵守普通数控机床的安全技术操作规范外,还应注意装刀及换刀过程中是否会干涉;在试切或正式加工前应认真查验程序,检查刀路是否干涉,避免过量切削及撞刀等事故;在机床运行过程中不要碰触主轴、工件或清理切屑,在机床完全停止后才可打开前端防护门,清理切屑或测量、拆卸工件。

4.4 五轴加工中心编程与操作

五轴数控机床系统是解决叶轮、叶片、船用螺旋桨、重型发电机转子、汽轮机转子、大型柴油机曲轴等加工的重要手段。由于五轴加工中心系统价格昂贵,加之 NC 程序制作较难,使五轴系统难以“平民”化应用,但近年来,随着计算机辅助设计(CAD)、计算机辅助制造(CAM)系统取得了突破性发展,我国多家数控企业纷纷推出五轴加工中心,打破了国外的技术封锁,大大降低了其成本,从而使五轴加工中心应用越来越广泛。

4.4.1 五轴加工中心的基础知识

1. 五轴加工中心的分类

五轴加工中心一般分为立式和卧式,而立式加工中心的回转轴有工作台回转式和刀具回转式等等,下面进行具体介绍。

(1) 工作台回转式,如图 4.13 所示。设置在床身上的工作台可以环绕 X 轴回转,定义为 A 轴,A 轴一般工作范围为 $+30°\sim-120°$。工作台的中间还设有一个回转台,环绕 Z 轴回转,定义为 C 轴,C 轴都是 360°回转。这样通过 A 轴与 C 轴的组合,固定在工作台上的工件除了底面之外,其余的 5 个面都可以由立式主轴进行加工。A 轴和 C 轴的最小分度值一般为 0.001°,这样又可以把工件细分成任意角度,加工出倾斜面、倾斜孔等。A 轴和 C 轴如与 XYZ 三直线轴实现联动,就可加工出复杂的空间曲面,这需要高档的数控系统、伺服系统以及软件的支持。

工作台回转式的优点是主轴的结构比较简单,主轴刚性非常好,制造成本比较低;但一般工作台不能设计太大,承重也较小,特别是当 A 轴回转大于等于 90°时,工件切削时会对工作台带来很大的承载力矩。

(2) 刀具回转式,如图 4.14 所示。主轴前端是一个回转头,能环绕 Z 轴 360°,成为 C 轴,回转头上还带有可环绕 X 轴旋转的 A 轴,实现上述同样的功能。这种设置方式的优点是主轴加工非常灵活,工作台也可以设计的非常大,客机庞大的机身、巨大的发动机壳都可以在这类加工中心上加工。这种设计还有一大优点:在使用球面铣刀加工曲面时,当刀具中心线垂直于加工面时,由于球面铣刀的顶点线速度为零,顶点切出的工件表面质量会很差;采用主轴回转的设计,令主轴相对工件转过一个角度,使球面铣刀避开顶点切削,保证有一定的线速度,可提高表面加工质量,这是工作台回转式加工中心难以做到的。为了达到回转的高精度,高档的回转轴还配置了圆光栅尺反馈等,但这类主轴的回转结构比较复杂,制造成本也较高。

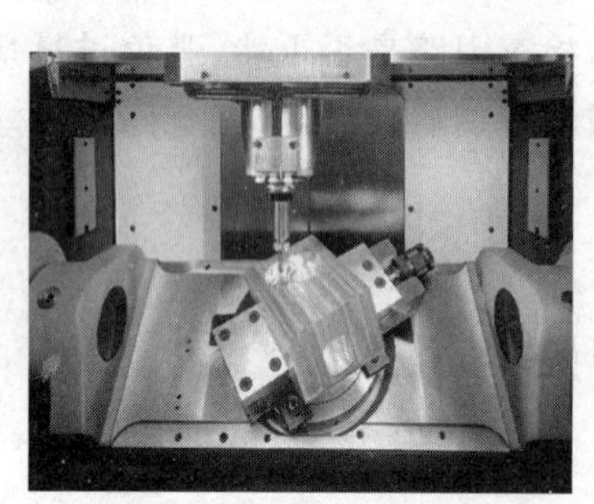

图 4.13 工作台回转式五轴加工中心

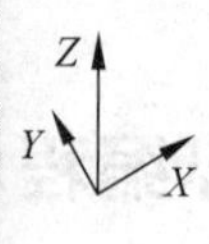

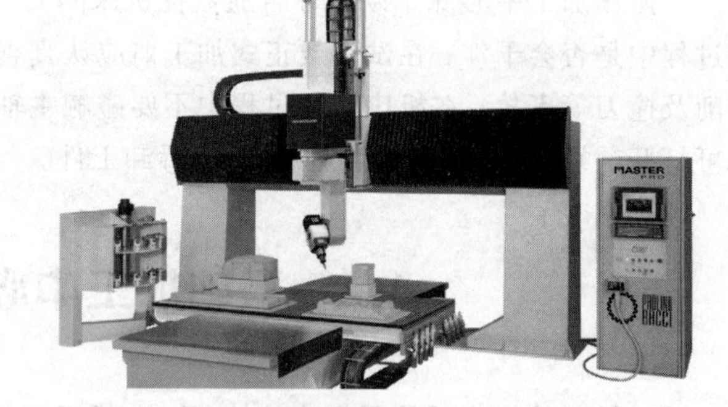

图 4.14 刀具回转式五轴加工中心

2. 五轴机床加工的特点

1) 五轴加工的优点

(1) 可以加工一般三轴数控机床所不能加工或很难一次装夹完成加工的连续、平滑的自由曲面。如航空发动机和汽轮机的叶片、舰艇用的螺旋推进器以及许许多多具有特殊曲面和复杂型腔、孔位的壳体模具等,如用普通三轴数控机床加工,由于其刀具相对于工件的位置角在加工过程不能变,加工某些复杂自由曲面时,就有可能产生干涉或欠加工;而用五轴联动的机床加工时,则由于刀具/工件的位置角在加工过程中随时可以调整,就可以避免刀具工件的干涉并能一次装夹完成全部加工。

(2) 可以提高空间自由曲面的加工精度、质量和效率。例如,三轴机床加工复杂曲面时,多采用球头铣刀,球头铣刀以点接触成形,切削效率低,而且刀具/工件位置角在加工过程中不能调,既难保证用球头铣刀上的最佳切削点进行切削,而且又可能出现切削点落在球头刀上线速度等于零的旋转中心线上的情况。

(3) 符合工件一次装夹便可完成全部或大部分加工的机床发展方向,如有些复杂曲面和斜孔、斜面等，如果用传统机床或三轴数控机床来加工，必须用多台机床，经过多次定位安装才能完成。这样不仅设备投资大，占用生产面积多，生产加工周期长，而且精度、质量还难以保证。若用五轴机床则能实现工件一次装夹完成全部或大部分加工。

2）五轴加工的难点

早在20世纪60年代，国外航空工业为了加工一些具有连续平滑而复杂的自由曲面大件时，就已开始采用了五轴加工的方法和机床，但一直没能在更多的行业中获得广泛应用，只是近几年来才有了较快的发展。究其原因，主要是五轴加工存在着很多难点。

（1）编程复杂、难度大。因为五轴加工不同于三轴，它除了3个直线运动外，还有两个旋转运动参与，其所形成的合成运动的空间轨迹非常复杂和抽象。如为了加工出所需的空间自由曲面，往往需通过多次坐标变换和复杂的空间几何运算；同时还要考虑各轴运动的协调性，避免干涉、冲撞以及插补运动要适时适量等，以保证所要求的加工精度和表面质量，编程难度大。

（2）对数控及伺服控制系统要求高。由于五轴加工需要5个轴协调运动，另外由于合成运动中有旋转运动的加入，这不仅增加了插补运算的工作量，而且由于旋转运动的微小误差有可能被放大从而大大影响加工的精度，因此要求数控系统要有较高的运算速度和精度。另外，五轴加工机床的机械配置有刀具旋转方式、工件旋转方式和两者的混合方式，数控系统也必须能满足不同配置的要求。所有这些要求，无疑都将增加数控系统结构的复杂性和开发的难度。

（3）五轴机床的机械结构设计也比三轴机床更复杂和困难。因为机床要增加两个旋转轴坐标，就必须采用能倾斜和转动的工作台或能转动和摆动的主轴头部件，对增加的这两个部件，既要求其结构紧凑，又要具有足够大的力矩和运动的灵敏性及精度，这显然比设计和制造普通三轴加工机床难多了。

4.4.2 五轴加工中心操作面板和机床控制面板简介

本节所述五轴加工中心采用西门子Sinumerik 840D数控系统，采用32位的微处理器，实现CNC连续轨迹控制，将CNC、PLC控制和通信工作集成在NCU（数控单元）模块中。Sinumerik 840D最多提供10个工作方式组、10个通道、31个轴以及五轴加工的软件包。PLC控制也采用功能强大的S7-300，并兼容CPU315-2DP，I/O模块可以扩展到2048个数字输入/输出，经Profibus-DP连接分布式机床的输入/输出。840D是西门子高档的数控产品，也是高档840C的换代产品。

西门子840D操作面板如图4.15所示。

机床控制面板的作用是控制机床的运动，可以使用西门子的标准机床控制面板，也可使用机床生产厂配置的机床控制面板，如图4.16所示。

1. 操作面板上各键的功能

操作面板外观如图4.17所示，对其中各键说明如下。

Parameter——软键（水平软键或垂直软键），显示在当前屏幕底行或右侧。

M——机床区域键。

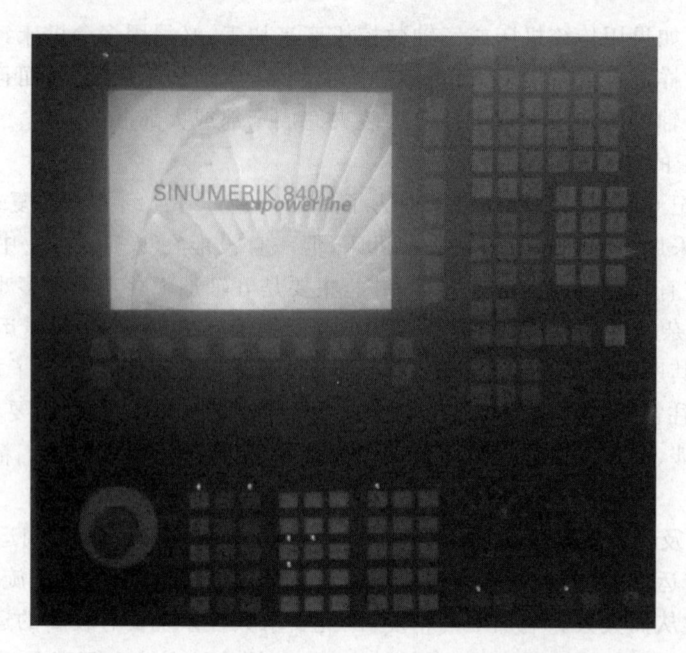

图 4.15 西门子 840D 操作面板和机床控制面板

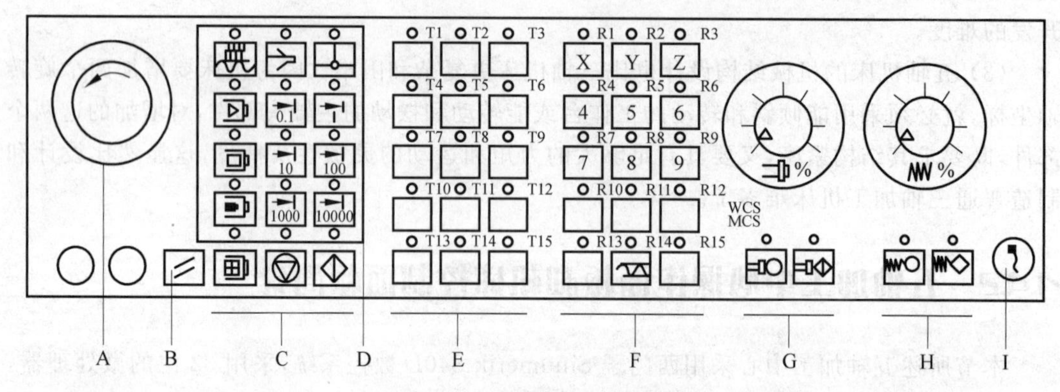

图 4.16 机床控制面板

A—急停按钮；B—复位；C—程序控制；D—操作方式；E—用户自定义键；

F—带快速移动的方向键；G—主轴控制；H—进给轴控制；I—钥匙开关

——返回键。关闭当前窗口，返回上级菜单。

——水平扩展键。同一个菜单级中的扩展键。

——区域切换键。按此键，可从任何操作区域返回到主菜单。主菜单包括：机床、参数、程序、服务、诊断和启动。

——上移键。具有两种功能：①按一次上移键，当按下字符键时，该键上行的字符就被输出，因此又称“一次移动”。②按两次上移键，能连续输出字符键上的字符，因此称“永久移动”。

——通道切换键。如果同时有几个通道，则可在它们之间切换。

——报警确认键。

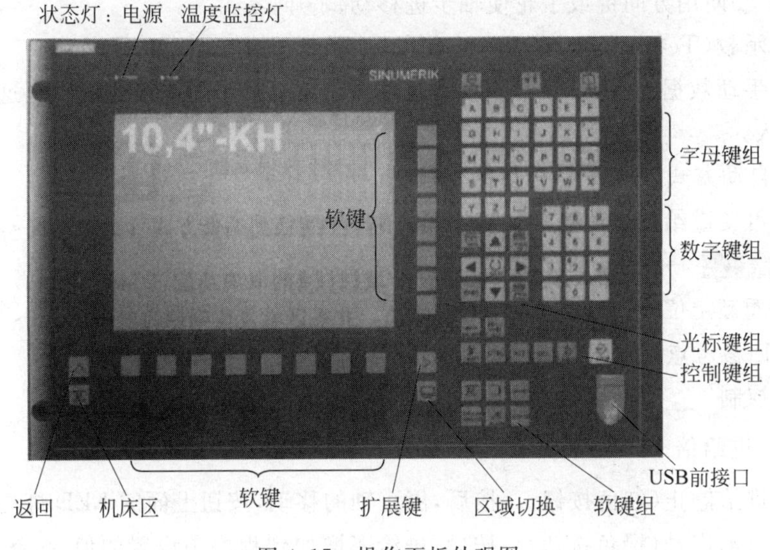

图 4.17 操作面板外观图

——帮助键。按下此键，显示与当前状态有关的帮助信息及文本。诊断行中显示的"i"，说明该功能有效。

——窗口选择键。若屏幕上显示多个窗口，使用该键可以激活下一个窗口，键盘输入只能在激活窗口下进行。

——光标上移键。

——向下翻页键。

——退格键，从右向左删除字符。

——空格键。

——光标左移键。

——选择键/触发键。

——光标右移键。

——编辑键/取消键。

——行尾键。

——光标下移键。

——向上翻页键。

——输入键。

2. 机床控制面板各键的功能

1）急停

——急停按钮。紧急状态下（如危害人身安全，损害机床、刀具、工件时），按下红色按钮，急停功能会用最大的制动力矩停止驱动系统。

2）操作方式

——点动操作方式（JOG）。通过以下的方式执行轴运动：①使用方向键使轴点动或连续移动；②使用方向键或手轮使轴步进移动；③回零。

——示教(Teach In)。在MDA方式下，用交互的方式建立程序。

——手动数据输入方式(MDA)。通过一个或几个程序段控制机床，这些程序段由操作面板输入。

——自动方式(Auto)。自动执行程序。

——可变进给量，增量在“INC”中设置。

——固定进给量(INC)。

——重新定位(REPOS)。在JOG方式下，重新接近程序暂停时的轮廓，又称断点返回。

——回参考点(REF Point)。在JOG方式下，回到参考点，又称回零。

3) 进给控制

——进给倍率开关。从0%到120%，共23档。

——进给停止(红色按钮)。按后，停止轴的移动，按钮上面的LED灯亮。

——进给启动(绿色按钮)。按后，进给率增加到程序中设置的值，按钮上面的LED灯亮。

——铣床轴的选择键。

——正方向键。

——负方向键。

——快速移动键(Rapid)。按下这个键再按“+”或“-”方向键，使选择的轴快速移动。

——机床坐标和工件坐标切换键。可以在机床控制面板上按此键进行坐标切换，也可在机床操作区域使用相应的垂直软键执行。

4) 主轴控制

——主轴倍率开关。

——主轴停止(红色按钮)。按后，主轴停止，按钮上LED灯亮。

——主轴启动(绿色按钮)。按后，主轴转速增加到程序中设置的值，同时按钮上LED灯亮。

5) 控制程序

——NC启动键。

——NC停止键。

——单段指令。允许程序一段一段执行。

——复位键(Reset)。按此键，终止当前零件程序的执行，清楚报警信号。

4.4.3 五轴加工中心对话式编程

西门子840D对话式编程有轮廓编程、孔编程和面铣编程等。

对话式编程与普通的指令编程的区别：对话式编程可以通过轮廓编程、孔编程和面铣编程等直接自动生成程序，不需要再手动输入程序。而普通的指令编程一般通过输入G代码和M代码来完成程序。

1. 轮廓编制

对话式轮廓编制和普通代码编程的区别如表 4.4 所示。

表 4.4 对话式轮廓编制和普通代码编程的区别

	普通代码编程	对话式轮廓编制
直线插补	G01	Any line
顺时针圆弧插补	G02	Arc
逆时针圆弧插补	G03	Arc

这两个编程方法虽然中间过程不一样，但最后的结果是差不多的，都是一个由 G 代码和 M 代码组成的程序。轮廓编程窗口如图 4.18 所示，编程前需先规定起点，即显示轮廓起点的输入屏幕形式。输入轮廓时，在已知位置处开始并把它作为起点输入。

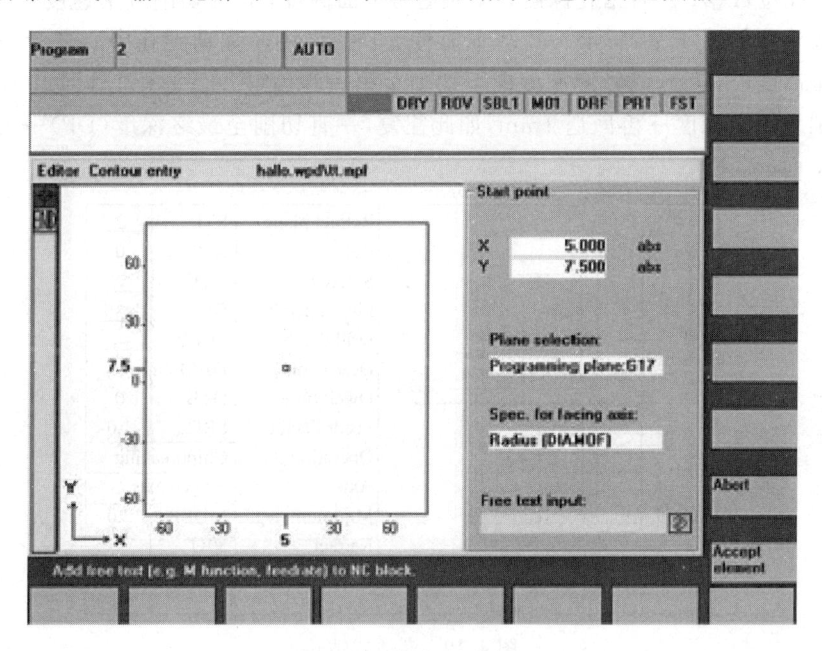

图 4.18 轮廓编程窗口

Accept element ——“接受元素”软键。选择“接受元素”软键存储起点，可以通过选择相应软键增加下一个元素。

Horizontal line ——横向直线。

Vertical line ——Y 方向上的直线。

Any line ——X/Z 方向上的斜线，输入线终点作为坐标或者角度。

Arc ——带任何旋转方向的圆弧。

Alternative ——当光标通过若干可选择设置定位在输入区域上时“Altemative”键显示。

Tangent to prev. ——选择此键时，a2 角的预置为 0。轮廓元素用切线回到前面的元素，因此到前面元素的角(a2)设置为 0。

Change selection ——“改变选择”键。如果已选择了一个对话框并需要更改,首先必须选择对话要求的轮廓元素。当选择“改变选择”键时两个选择再次显示。

All parameters ——“所有参数”键。如果图包含轮廓元素的其他数据(尺寸),那么选择“所有参数”键扩展元素的输入选项范围。

Abort ——“中止”键。通过选择“中止”键返回基本显示,不把最新编辑的值传给系统。

Delete element ——“删除元素”键。利用光标键选择需要删除的元素。编程图形中所选的轮廓符号与相关的轮廓元素用红色强调,然后选择“删除元素”和“OK”键。

2. 孔编程

孔加工普通代码编程:如定点钻孔循环 G81 X_Y_Z_R_F_,必须记住每个参数的含义(如 X,Y 为孔位数据;Z 为钻孔深度;R 为退刀平面高度;F 为切削进给速度)。

断屑式钻孔如图 4.19 所示。其基本流程为:钻头快速移动到孔中心位置→刀具轴向移动至安全高度(SIDS),以给定速度向下切削至第一深度(FDEP)→刀具回退 1mm→刀具再往下切削一固定深度→再回退 1mm,如此往复,一直切削至最终深度(DP)→刀具快速回退至退刀平面(RTP)。

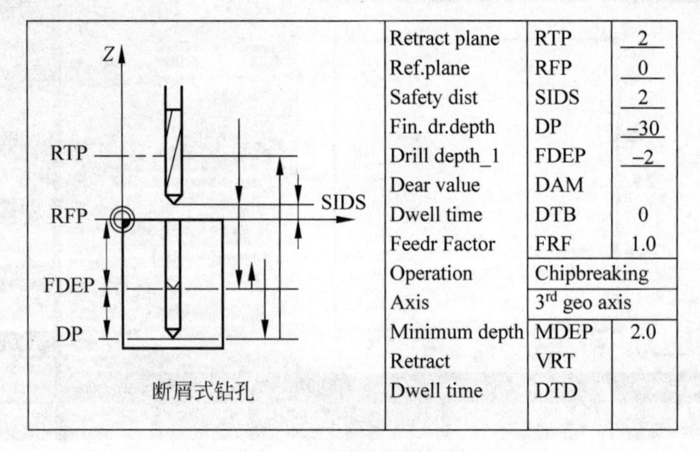

图 4.19 断屑式钻孔

对话式孔加工程序自动输出,如 CYCLE83(2,0,2,−30,−2,0,1,2)。

3. 面铣编程

面铣加工用对话式和普通代码编程的区别同上面轮廓编程用对话式和普通代码编程的区别相似。

面铣编程如图 4.20 所示,其基本过程是:刀具快速定位至下刀点上方(*XY* 方向)→*Z* 轴移动至退刀平面 *Z*=5(RTP)→移动至安全高度 2(SIDS)→以给定速度(100mm/min)沿轴向进给至一定深度 MID(每次加工深度为 1.5mm)→以给定速度(600mm/min)进行面铣加工(*XY* 平面)→再切削一定深度(1.5mm),重复上一步的加工,一直加工至距离最终深度(−6mm)0.2mm(精加工余量)处→完成后抬刀至退刀平面 *Z*5(RTP)。

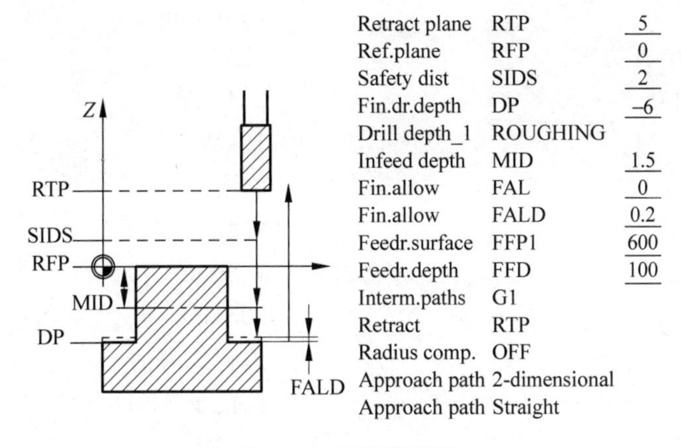

图 4.20 面铣编程图

4.4.4 五轴加工中心编程和操作实例

1. VDW-320 五轴加工中心简介

VDW-320 五轴加工中心(见图 4.21)适用于零件的铣面、钻孔、镗孔、攻螺纹等加工,以及各种零件的单件及批量生产。由于带回转轴及倾斜轴,VDW-320 五轴加工中心还可用于叶轮之类的各种复杂精密零件的加工,是一种多功能精密加工中心。

1) VDW-320 的结构与特点

(1) 主轴箱采用恒温控制系统,有效防止机床热变形和机床主轴中心的偏移,提高了机床的加工精度,延长了设备和刀具的使用寿命。

(2) 主轴转速高达 10000rpm,同时电机功率大,在低速时可实现大扭矩,X、Y 坐标快速移动达 30m/min,保证高速高精度加工。采用 STAR 线形导轨,保证机床的精度稳定。

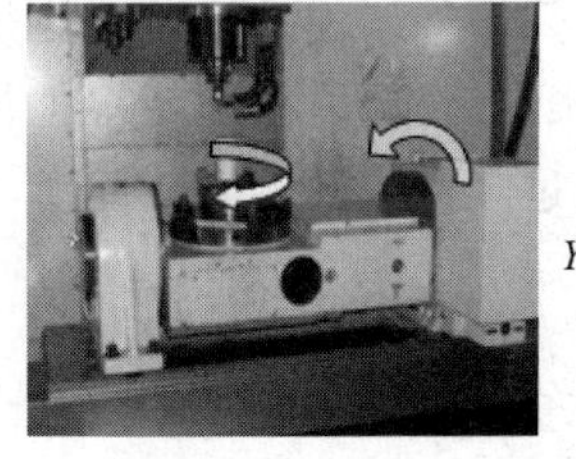
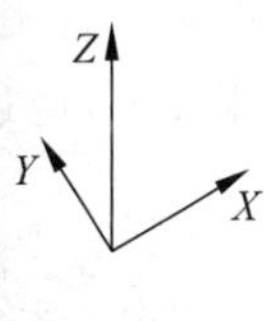

图 4.21 VDW-320 五轴机床

(3) 数控系统采用先进的西门子 840D,可以实现五轴联动。可外接鼠标、键盘、软驱、内置硬盘(大于 1.0G),可存储大量的加工程序,无需 DNC 方式,可以方便快捷地操作、编程。

2) 主要技术参数

X、Y 坐标行程:	700mm×500mm
Z 坐标行程:	450(40～490)mm
C 轴(回转轴):	范围为 360°
最小分割角度:	0.001°
A 轴(倾斜轴):	倾斜角度:－20°～＋105°
数控摆动回转工作台盘面直径:	ϕ320mm
主轴转速:	10000r/min
X 轴转速:	30m/min
Y 轴转速:	30m/min

Z 轴转速：	24m/min
$X/Y/Z$ 进给电机功率：	5kW
C 轴进给电机功率：	3.45kW
主轴功率：	17kW
刀库容量：	24 把
刀具最大质量：	8.8kg
刀具最大直径：	7.5mm
刀具最大长度：	305mm
刀具换刀方式：	刀臂式刀柄
数控系统：	西门子 840D
电源需求量：	50kW
水箱容量：	160L
空气源：	6kg/cm^2
外形尺寸：	3500mm×2510mm×3000mm

例 5 VDW-320 五轴机床加工实例。

待加工零件如图 4.22，图 4.23 所示，为典型的多面体零件。多面体是指若干个平面多边形围成的空间图形。多面体可在车床、铣床、镗床等机床上进行加工，如在车床上增加一个旋转轴，让车刀作旋转运动，可以在回转的工件上车出多面体，或通过专用夹具、分度机构等来进行多面体工件的铣削、镗削加工，但这些传统机床加工多面体，不仅制造成本增加，生产周期长，而且额外增加的旋转轴的分度误差、夹具体的制造误差以及工件多次安装后的定位误差三者累计后较大，往往使得工件的加工精度无法保证。本实例采用 VDW-320 五轴机床加工，通过工作台的双回转运动，以 3+2 轴定位进行多面体的加工可避免以上缺陷。

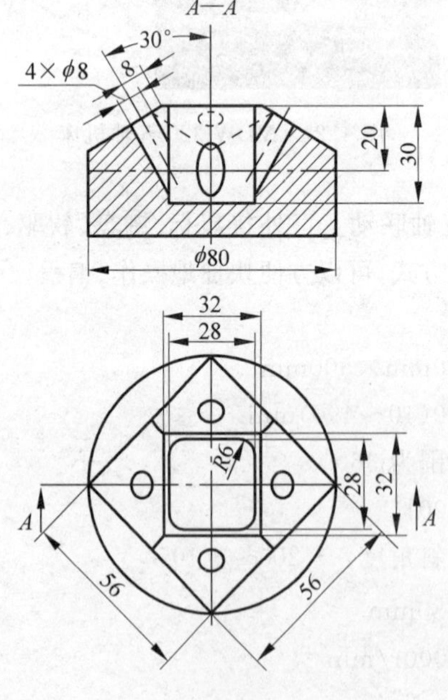

图 4.22 多面体零件图

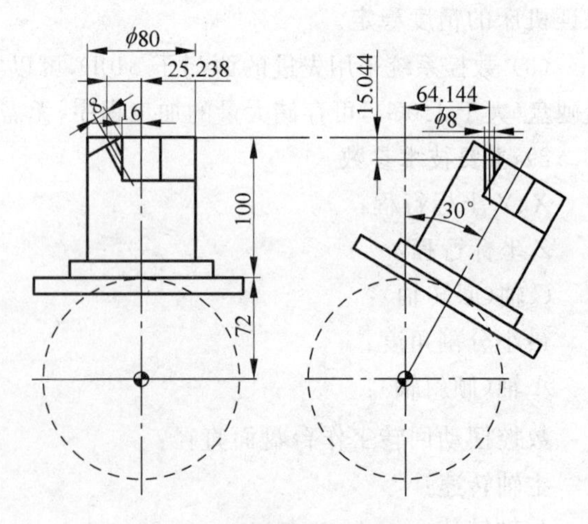

图 4.23 多面体工件安装示意图

1）工艺分析

（1）加工 4 个斜面和 4 个直径为 8 的斜孔，中间挖槽，外形铣削，其中孔中心线与毛坯中心线夹角为 30°。

（2）工件安装：毛坯为棒料，将卡盘装在回转工作台上，工件用卡盘夹紧，用百分表找正工件，使工件的中心与工作台 C 轴中心重合。

（3）工件坐标系的确定：以 A 轴及 C 轴交点为工件坐标系的原点。

（4）坐标换算：旋转前某点坐标为(x_c, y_c, z_c)，绕 A 轴旋转 A 度，绕 C 轴旋转 C 度后坐标为(X, Y, Z)，坐标计算公式为

$$\begin{cases} X = x_c\cos C + y_c\sin C \\ Y = -x_c\sin C\cos A + y_c\cos C\cos A + z_c\sin A \\ Z = x_c\sin C\sin A - y_c\cos C\sin A + z_c\cos A \end{cases}$$

机床 A 轴中心距离工作台表面距离为 72mm，工件安装好以后工件顶面距离工作台面高度为 100mm，用上面的公式计算工件绕 A 轴旋转 −30°后斜面铣削深度及 ϕ8 孔中心坐标，经计算，铣削深度为 15.044mm，ϕ8 孔中心坐标为（X0，Y−64.144）。表 4.4 为刀具类型及切削参数。

表 4.5　刀具类型及切削参数

刀具序号	刀具名称	直径/mm	转速/(r/min)	进给率/(mm/min)
1	面铣	50	1200	800
2	中心钻	3	2500	100
3	麻花钻	8	1200	150
4	立铣刀	10	2500	300

2）加工程序的编制

```
T1 D1 M06 ;                    (调用 1 号刀,使用 1 号刀具补偿参数)
G00 G90 G54 X0 Y0 A0 C0 ;      (机床回零)
S1200 M03 ;                    (主轴正转,1200r/min)
G00 X-50 A30 ;                 (快速定位到 X-50 处,A 轴旋转 30°)
G01 Z-5 F50 ;                  (下刀到 Z-5mm 处,进给速度 50mm/min)
G41 D1 Y-86 F800 ;             (左刀具补偿,进给速度 800mm/min)
G01 X50 ;                      (加工直线到 X50 处)
G01 Z-10 ;
G01 X-50 ;
G01 Z-15.044 ;
G01 X50 ;
G00 Z50 ;                      (抬刀至 Z50 处)
M05 ;                          (主轴停止转动)
M30 ;
```

以上程序是加工完第 1 个斜面，加工第 2 个斜面把 C 轴旋转 90°，步骤同上，加工第 3 个斜面 C 轴转到 180°，加工第 4 个斜面 C 轴转到 270°。接下来继续打孔。

```
T2 D1 M06 ;                    (调用 2 号刀具,使用 2 号刀具参数)
S2500 M03
```

```
G54 G90 G00 Z20 ;
G99 G81 X0 Y-64.144 Z-2 R5 F100 ; (钻中心孔,返回到Z5处的平面,进给速度100mm/min)
C90 ;                             (C轴旋转90°钻孔)
C180 ;                            (C轴旋转180°钻孔)
G98 C270 ;                        (C轴旋转270°钻孔)
G80 ;                             (取消钻孔循环)
G00 Z50 ;                         (Z轴抬至50)
M05 ;                             (主轴停止旋转)
M30 ;                             (程序结束)
```

以上程序是4个斜孔的中心孔。

```
T3 D1 M06 ;                        (换3号刀具)
S1200 M03 ;                        (主轴1200r/min)
G54 G90 G00 Z20 ;
G99 G81 X0 Y-64.144 Z-10 R5 F150 ; (钻深孔,返回到Z5处的平面,进给速度为150mm/min)
C90 ;                              (C轴旋转至90°钻孔)
C180 ;                             (C轴旋转至180°钻孔)
G98 C270 ;                         (C轴旋转至270°钻孔)
G80 ;                              (钻孔循环取消)
G00 Z50 ;                          (返回至Z50)
M05 ;                              (主轴停止转动)
M30 ;                              (程序结束)
```

以上程序是4个斜孔的深孔。

```
T4 D1 M06 ;                  (换4号刀具)
S2500 M03 ;                  (主轴2500r/min)
G00 G90 G54 X0 Y0 A0 C0 ;    (机床回零)
Z5 ;                         (主轴移至Z5)
G01 Z-4 F50 ;                (下刀至Z-4的位置,进给速度50mm/min)
G41 D1 Y14 F300 ;            (左刀具半径补偿,进给速度300mm/min)
X-8 ;
G03 X-14 Y8 R6 ;
G01 Y-8 ;
G03 X-8 Y-8 R6 ;
G01 X8 ;
G03 X14 Y-8 R6 ;
G01 Y8 ;
G03 X8 Y14 R6 ;
G01 X-8 ;
Y0 ;
G40 X0 ;                     (取消刀具补偿)
G00 Z50 ;                    (抬刀至Z50处)
M05 ;                        (主轴停止转动)
M30 ;                        (程序结束)
```

把刀具半径补偿从原来的5改为9,程序再运行一次,就能把没有挖掉的部分都挖掉。

VDW-320五轴机床多面体加工必须对旋转运动进行坐标换算,五轴数控编程较抽象、复杂,在加工过程中充分利用SINUMERIK 840D数控系统对话式编程的特点,编程效率大大提高,并且VDW-320五轴机床满足零件一次装夹多工序加工的要求,而且通过工作台的高精度转动实现多面体不同加工面之间的切换，精度及自动化程度高。

3) 操作步骤

(1) 开机，将机床总开关转至“ON”处。

(2) 刀具准备。根据加工要求选择 ϕ50 面铣刀、ϕ3 中心钻、ϕ8 麻花钻和 ϕ10 立铣刀，然后用弹簧夹头刀柄装 ϕ10 立铣刀，用夹钻头刀柄装夹 ϕ3 中心钻和 ϕ8 麻花钻。刀具号设为 T02、T03、T04。ϕ50 面铣刀设置为 T01。

(3) 将已装夹好刀具的刀柄采用手动方式放入刀库。输入“T01 M06”，执行。手动将 T01 刀具装上主轴，按照以上步骤将 T02、T03、T04 放入刀库。

(4) 清洁工作台，安装夹具和工件。将夹具清理干净装在干净的工作台上，通过百分表找正，然后再将工具装到夹具上。

(5) 对刀，确定并输入工件坐标系参数。

① 用寻边器对刀，确定 X、Y 的零偏值，将 X、Y 的零偏值输入到工件坐标系 G54 中，G54 中 Z 向零偏值输入为 0。

② 将 Z 轴设定器安放在工件表面上，从刀具库中调出 1 号刀具装上主轴，用这把刀确定工件坐标系 Z 向零偏值，将 Z 向零偏值输入到机床对应的长度补偿代码中。

③ 用同样的步骤将 2、3、4 号刀具的 Z 向零偏值输入到机床对应的长度补偿中。

(6) 输入加工程序，将计算机生成好的加工程序通过数据线传输到机床数控系统控制中。

(7) 调试加工程序：将工件坐标系沿 $+Z$ 向平移即抬刀运行的方法进行调试。首先调试主程序，检查 4 把刀具是否按照工艺设计完成换刀动作；然后再分别调试 4 把刀具对应的 4 个子程序，检查刀具动作和加工路径是否正确。

(8) 自动加工。确定程序无误后，把工件坐标系 Z 轴恢复原值，将快速移动倍率开关、切削进给倍率开关打到低挡，按下数控启动键运行程序，开始加工。加工过程中注意观察刀具轨迹和剩余移动距离。

(9) 取下工件，进行检测。

(10) 清理加工现场。

(11) 关机。

为保证加工过程的安全和加工尺寸的稳定，下列几个问题需要特别注意：

(1) 工件加工过程中要倾斜一定角度，工件必须夹牢，而且不可伸出太长以免刚性不足。

(2) 加工时多次换刀，必须留出足够换刀空间，避免刀具与工件碰撞。

(3) 手工编程直接根据坐标换算结果进行，坐标换算的准确性直接影响加工精度。

复习思考题

1. 加工中心与普通数控铣床相比，有何特点？
2. 在 FANUC 系统中，G54～G59 指令与 G92 指令有何区别？
3. 孔加工固定循环有哪几个基本动作？

4. 五轴数控加工与一般的三轴数控加工相比，主要优缺点有哪些？

5. 加工如图 4.24 所示的零件：在一块直径为 80mm 的圆柱体工件上加工一个凹槽，加工 4 个斜面，并在 4 个斜面上加工“SUES”4 个字母。工件的顶面加工一个 28mm×28mm 的方形凹槽，深度 10mm，4 个斜面与顶面的夹角为 30°，4 个字母分别写在 4 个斜面的中心位置，字宽 4mm，深度 0.5mm。

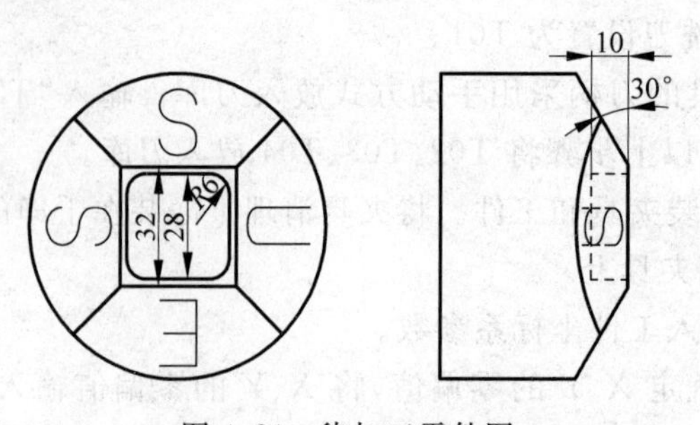

图 4.24 待加工零件图

MasterCAM 应用基础

5.1 MasterCAM 绘图简介

本章介绍的 MasterCAM 软件是美国 CNC 公司开发的基于 PC 平台的 CAD/CAM 软件，该软件的特点是对硬件的要求不高，易学易用、操作方便，有友好简洁的图形界面和良好的性能价格比，可 CAD/CAM 一体化和多种加工方式，功能强大，能满足企业的 2～5 轴的数控编程，所以自 1984 年问世以来便在企业尤其是中小企业得到了广泛的应用。

5.1.1 MasterCAM 的工作界面

图 5.1 所示为 MasterCAM 的工作界面，主要包括：标题栏、工具栏、菜单栏、绘图区、信息提示区等。

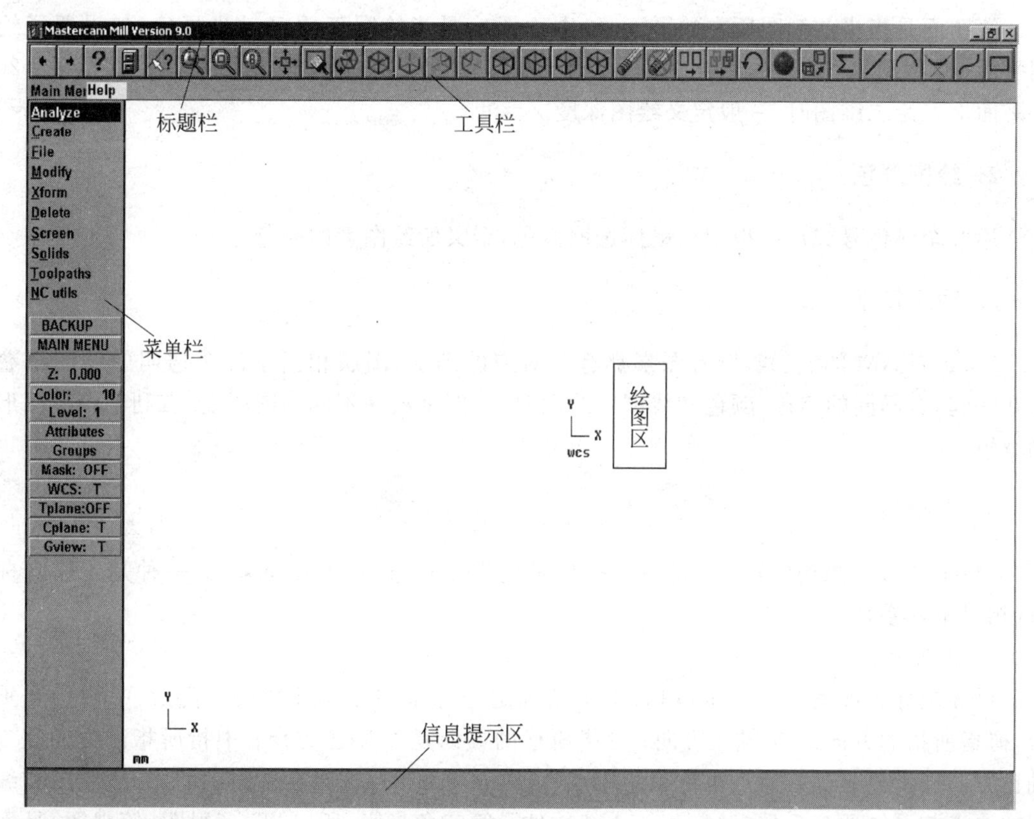

图 5.1 工作界面

(1) 标题栏。MasterCAM 工作界面的顶部为标题栏,显示当前打开文件的路径、文件名以及调用 MasterCAM 模块的名称。

(2) 工具栏。工具栏由一排功能按钮组成,将鼠标指针停留在按钮上,会出现该按钮的功能名称,也可以通过单击◂和▸按钮显示不同的工具栏。

(3) 菜单栏。MasterCAM 的菜单栏在工作界面的左边。左上部是主菜单,包含了 MasterCAM 的主要功能,单击菜单指令,进入下一级子菜单。单击"BACK UP"按钮,又回到上一级父菜单。单击"MAIN MENU"按钮,则在左上部显示主菜单指令。左下部是副菜单,用于设置构图深度、颜色、图层、刀具面、构图面、图形视角等。

5.1.2 文件管理

MasterCAM 经常管理的文件类型有后缀为 exe 的可执行文件、后缀为 pst 的后置处理文件、后缀为 nc 的数控程序文件、后缀为 nci 的刀位文件以及后缀为 mc9 的图形数据文件。

5.1.3 设置

在绘图时要对绘图平面、绘图的颜色、图素所在的层以及绘图平面深度进行设置。

1. 设置绘图面深度

绘图面是指当前绘图所在的平面,绘图面深度是指绘图面的 Z 轴坐标值,如设置了绘图平面是"TOP",当 $Z=0$,即在 XY 平面上绘图;若 $Z=20$,则 XY 绘图平面平移至 $Z=20$ 的平面上。绘二维图时,一般定义绘图深度 $Z=0$。

2. 绘图颜色

用一个颜色号或从色板中用鼠标选取颜色,定义所绘图素的颜色。

3. 图层管理

MasterCAM 的点、线、圆等图素都有其对应的图层,图层相当于许多透明的绘图纸叠加在一起,有不同的名称、颜色和线型。绘图时,把图素放在不同的图层上,有利于以后图形的编辑。

4. 坐标系

MasterCAM 采用两种坐标系统:一种是世界坐标系(绝对坐标系);一种是工作坐标系(相对坐标系)。

1) 世界坐标系

世界坐标系如图 5.2 所示,用右手定则确定坐标系的方向,即拇指、食指、中指相互垂直,拇指所指的方向是 X 轴正方向;食指所指的方向是 Y 轴正方向;中指所指的方向是 Z 轴正方向。世界坐标系原点也称系统原点(system origin),该原点是固定的,一般绘图和编程的原点与系统原点一致。MasterCAM 软件是第三角投影,所以"Top"视图(俯视图)是面

对 Z 轴正方向投影到 XY 平面；“Front”视图(前视图或主视图)是面对 Y 轴负方向投影到 XZ 平面；“Side”视图(右视图)是面对 X 轴正方向投影到 YZ 平面。由于绘图者习惯在第一象限平面绘图，所以引进了工作坐标系。

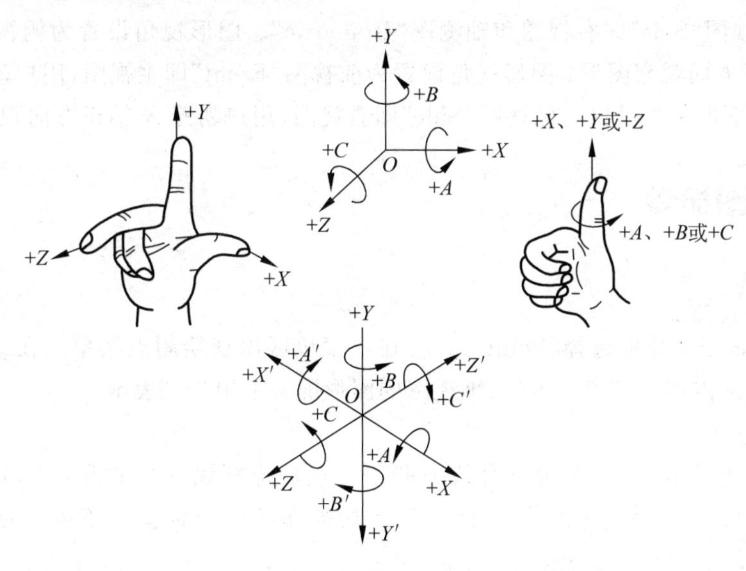

图 5.2 世界坐标系

2) 工作坐标系

该坐标系根据绘图的要求确定空间的位置。工作坐标系原点，也称为绘图原点(construction origin)，在绘图时也可以自定义一个不同于系统原点的坐标原点。如设置 WCS 为“Front”视图，绘图面设置为“Top”视图，则工作坐标系的 XY 面是“Front”视图，绘图面在工作坐标系的 XY 平面上。

5. 设置刀具面“Tplane：”

刀具平面是产生刀具轨迹的二维平面，表示 CNC 机床的 XY 轴和原点。当刀具平面关闭时，MasterCAM 在俯视图“Top”产生刀具轨迹。在二维绘图和编程时，一般将刀具面设置成 OFF(关)或与绘图面一致(＝Cplane)。

6. 绘图平面

绘图面的设置在三维造型时非常重要，绘图平面永远是 XY 平面，且 X 轴正向朝右，Y 轴正向朝上，Z 轴正向朝绘图者，这就是为什么绘图面的深度是由 Z 坐标的值决定的原因。绘图平面可以根据需要设置在三维空间的任何位置，设置绘图平面以后，所绘制的图形就出现在该平面上。绘图平面实际上只确定了绘图的平面方向，如设置绘图平面为俯视图“Top”，则表示其绘图平面平行于世界坐标系的 XY 平面，但具体的位置即绘图平面与原点的距离由绘图面深度决定，所以绘图位置受绘图平面和绘图面深度的影响。注意设置了绘图平面后，从键盘上输入的三维坐标只有 X、Y 有效，Z 坐标由绘图面深度决定。如果要求 Z 坐标，必须将绘图平面设置为“3D”选项。在新的构绘平面建立后，如有必要按“Alt＋O”键确定新的坐标原点。二维绘图时，一般定俯视图“Top”为绘图平面。

7. 图形视角

图形视角表示目前在屏幕上观察图形的角度，常用的是俯视图“Top”、前视图“Front”即主视图、侧视图“Side”即右视图和轴测图“Isometric”。图形视角设置为俯视图“Top”，用户朝着 Z 轴正方向观察图形；图形视角设置为前视图“Front”即主视图，用户朝着 Y 轴负方向观察图形；图形视角设置为侧视图“Side”即右视图，用户朝着 X 轴正方向观察图形。

5.1.4 绘图命令

1. 绘制点

在“Create”子菜单中选择“Point”命令，在主菜单区出现绘制点菜单。在二维视图的图形屏幕上产生的点用“+”表示，在三维视图的图形屏幕上用“*”表示。

1) 指定位置绘点

点是图素的基本单位，点构成直线或曲线。点的坐标输入格式是：X,Y,Z，如 $X25$，$Y-18$，$Z9$ 或 25，-18，9。系统是严格按照上述顺序接受坐标值。还可以定图素的特殊点，如：

(1) 将点定在原点“Origin”上；

(2) 将点定在圆心“Center”上；

(3) 将点定在端点“Endpoint”上；

(4) 将点定在交点“Intersec”上；

(5) 将点定在中点“Midpoint”上；

(6) 将点定在任意位置“Sketch”上。

2) 绘等分点

绘等分点是在指定图素上绘制一系列等距离的点，图素可以是直线、圆、圆弧、Spline 曲线等。

3) 沿图素指定长度绘点

在所选择的直线、圆弧或 Spline 曲线上，在离端点一定距离处绘制一个点。

2. 绘制直线

在主菜单(Main menu)依次选择“Create”/“Line”，弹出“Line”子菜单。

1) 绘制水平线

单击“Horizontal”选项，弹出“Point Entry”子菜单，在屏幕上定义两点 P_1 和 P_2，按回车键接受默认的 Y 坐标值；或在信息提示区输入 Y 坐标值，按回车键。按“Esc”键结束指令并回到上级菜单。绘制的水平线如图 5.3 所示。

2) 绘制垂直线

单击“Vertical”选项，弹出“Point Entry”子菜单，在屏幕上定义两点 P_1 和 P_2。按回车键接受默认的 X 坐标值；或在信息提示区输入 X 坐标值，按回车键。按“Esc”键结束指令并回到上级菜单。绘制的垂直线如图 5.4 所示。

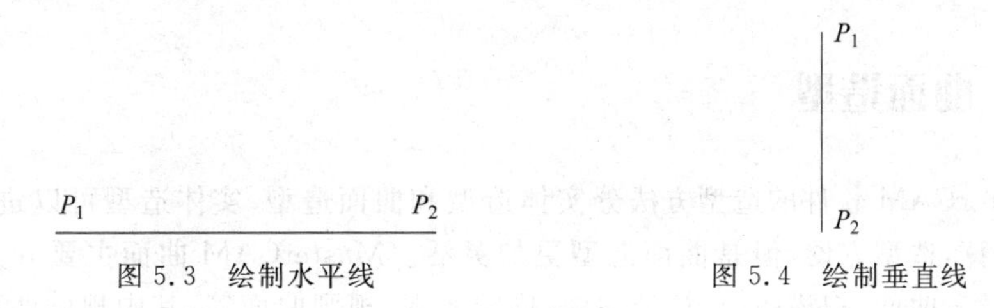

图 5.3 绘制水平线　　图 5.4 绘制垂直线

3) 两端点绘制线段

单击“Endpoints”选项，弹出“Point Entry”子菜单，在屏幕上定义两点 P_1 和 P_2，绘制出以 P_1 和 P_2 为端点的线段。系统提示继续绘制另一线段。按“Esc”键结束指令并回到上级菜单。绘制的两端点线段如图 5.5 所示。

4) 绘连续线段

单击“Multi”选项，弹出“Point Entry”子菜单，在屏幕上定义多点 P_1、P_2、P_3、P_4、P_5。按“Esc”键结束指令并回到上级菜单。绘制的连续线段如图 5.6 所示。

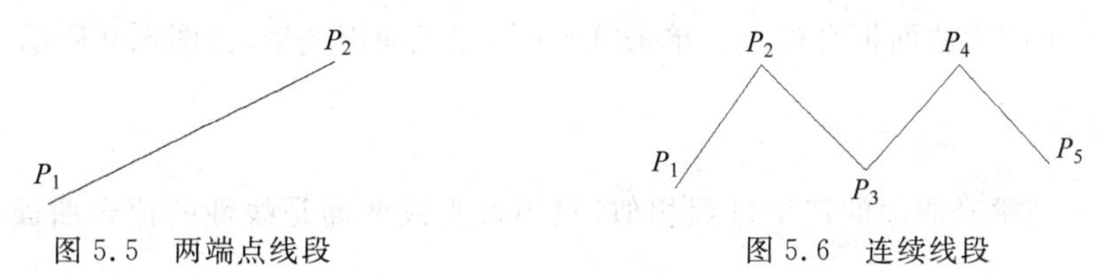

图 5.5 两端点线段　　图 5.6 连续线段

5) 绘制切线

在“Line”子菜单中选择“Tangent”命令，在主菜单区弹出“Tangent line”子菜单，有 3 个切线类型。

(1) “Angle”：选取圆弧或 Spline 曲线，此时在屏幕绘图区出现两个满足条件的切线，用鼠标选取需要保留的切线，另一切线系统会自动删除。

(2) “2 arcs”：分别选取两个圆弧或 Spline 曲线，在选择点处产生与两个圆弧或 Spline 曲线相切的切线。

(3) “Point”：选取圆弧或 Spline 曲线，在屏幕上定义一点 P_1，输入切线的长度(默认的长度是 P_1 点到切点的距离)。

3. 绘制圆弧

在主菜单(Main menu)依次选择“Create”/“Arc”，弹出“Arc”子菜单。

(1) 3 点绘弧：单击“Arc”子菜单中的“3 points”选项，用鼠标依次在屏幕绘图区选取 P_1、P_2、P_3 点，如图 5.7 所示，P_1 点是圆弧的起点，P_3 点是圆弧的终点。按“Esc”键结束指令并回到上级菜单。

(2) 圆心、半径画圆：输入圆的半径，选取圆心点 P_1，在屏幕绘图区出现以 P_1 点为圆心的圆。

(3) 圆心、直径画圆：输入圆的直径，选取圆心点 P_1，在屏幕绘图区出现以 P_1 点为圆心的圆。

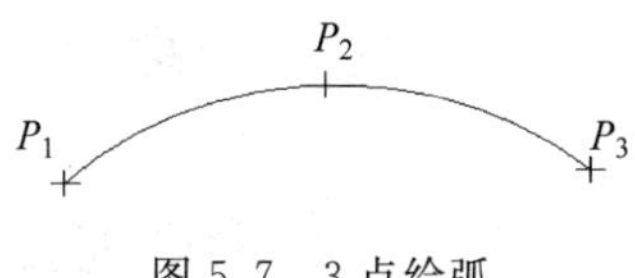

图 5.7 3 点绘弧

(4) 圆心、过圆上一点画圆：选取圆心点 P_1，再选取过圆上一点 P_2，在屏幕绘图区出现以 P_1 点为圆心过圆上一点 P_2 的圆。

5.1.5 曲面造型

MasterCAM 软件的造型方法分实体造型和曲面造型,实体造型可以进行基本几何体的布尔运算,造型方便,但是曲面造型更加灵活。MasterCAM 曲面主要分为昆氏曲面、直纹曲面、举升曲面、扫描曲面、拉伸曲面、旋转曲面、规则曲面等,其中规则曲面如圆柱面、球面、环面、立方面、圆锥面等。

1. 举升曲面

举升曲面是拟合一组由线、圆弧、3D 曲线构成的横截面曲线而形成的曲面。在主菜单"Main Menu"选择"Create"/"Surface"/"Loft",依次选横截面曲线 P_1、P_2、P_3,如图 5.8 所示。注意串连方向一致,否则产生的曲面发生扭曲。选择"Done",在曲面类型中有 3 个选项:"P"为参数型曲面;"N"为 NURBS 曲面;"C"为曲线定义型曲面。选"N"产生 NURBS 曲面,"Tolerance"为曲面拟合误差。单击"Do it",完成曲面造型,如图 5.9 所示。

2. 直纹曲面

直纹曲面与举升曲面的造型过程相似,只不过直纹曲面是线性的拟合曲面,如图 5.10 所示。

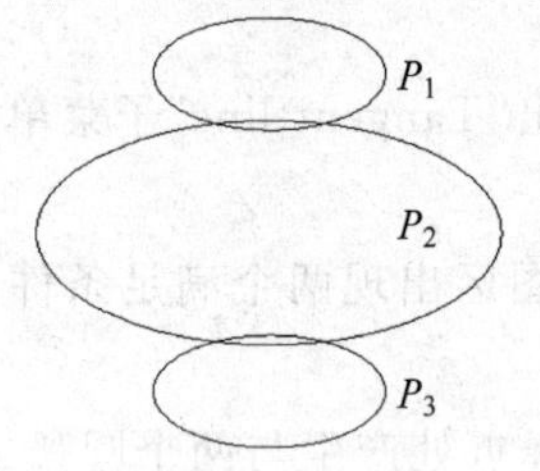

图 5.8 横截面曲线

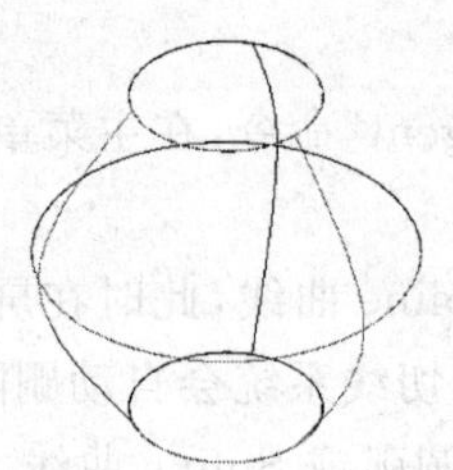
图 5.9 举升曲面

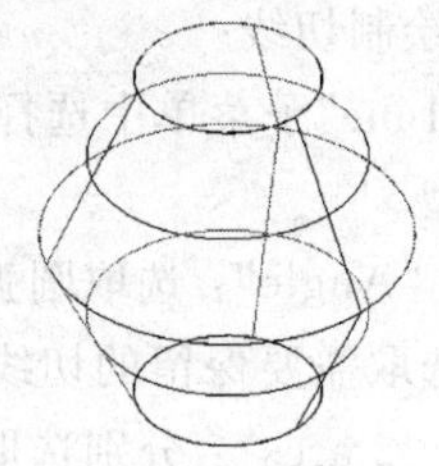
图 5.10 直纹曲面

3. 扫描曲面

在主菜单"Main Menu"选择"Create"/"Surface"/"Sweep",首先选择横截面曲线 P_2,选择"Done",然后依次选择导向路径 P_1、P_3,曲面类型选"N"。单击"Do it",完成曲面造型,如图 5.11 所示。扫描曲面的形成过程是选择一组横截面曲线沿着一个导向路径扫描或一个横截面曲线沿着两个导向路径扫描而形成的曲面,如图 5.12 所示。

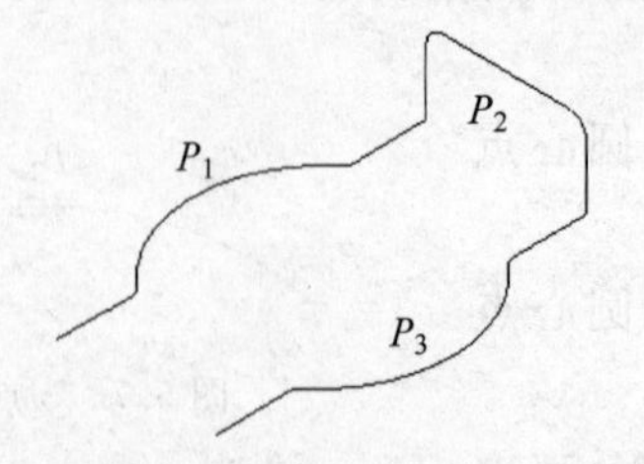

图 5.11 横截面曲线沿着两个导向路径

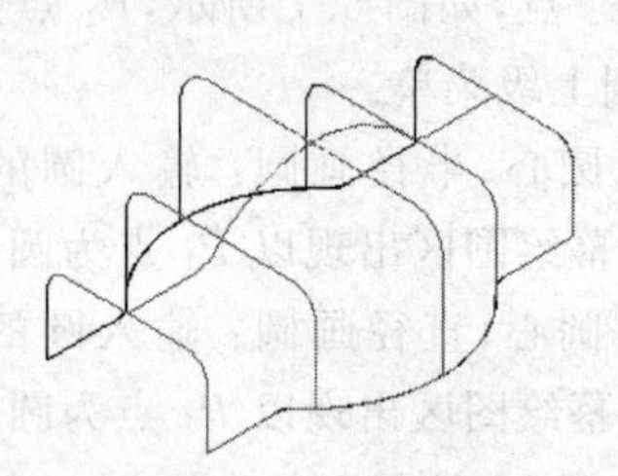
图 5.12 扫描曲面

4. 拉伸曲面

在主菜单“Main Menu”选择“Create”/“Surface”/“Draft”，选择横截面曲线，选择“Done”，接着根据菜单的提示，拉伸距离“Length”输入“－30”，“Angle”输入“15”，曲面类型选“N”，单击“Do it”，完成曲面造型，如图 5.13 所示。拉伸曲面是将一条横截面曲线沿着一个角度拉伸一段距离形成的曲面，拉伸曲面可用于有拔模斜度的零件，如图 5.14 所示。

5. 旋转曲面

单击“Create”/“Surface”/“Revolve”选项，根据菜单提示，选择母线 P_2，单击“Done”，然后选择轴线 P_1，此时用户可以选择子菜单中的旋转起始角度“Start angle”及终止角度“End angle”，如图 5.15 所示，起始角度为 0°，终止角度为 180°。旋转曲面是由一条母线绕轴线旋转而形成的曲面，如图 5.16 所示。

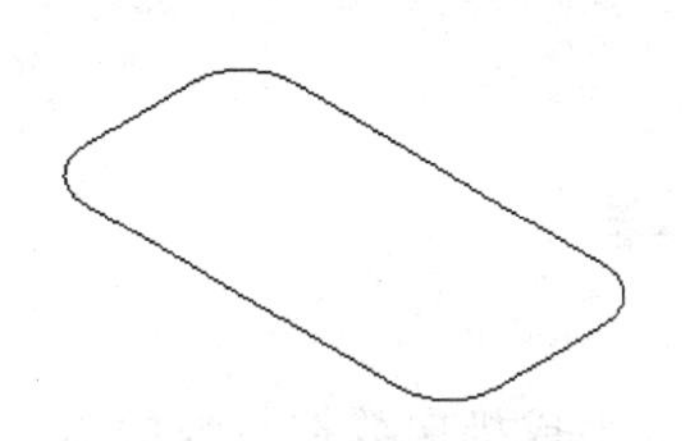

图 5.13 横截面曲线

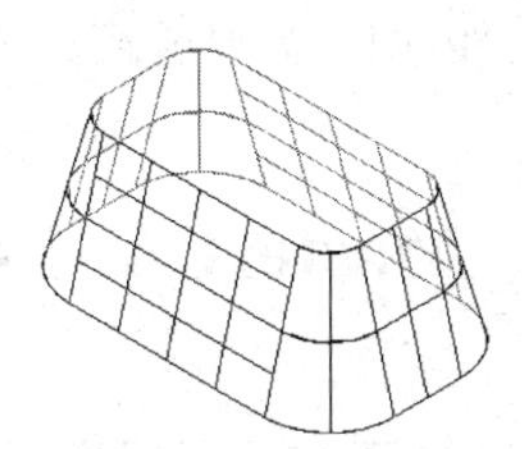

图 5.14 拉伸曲面

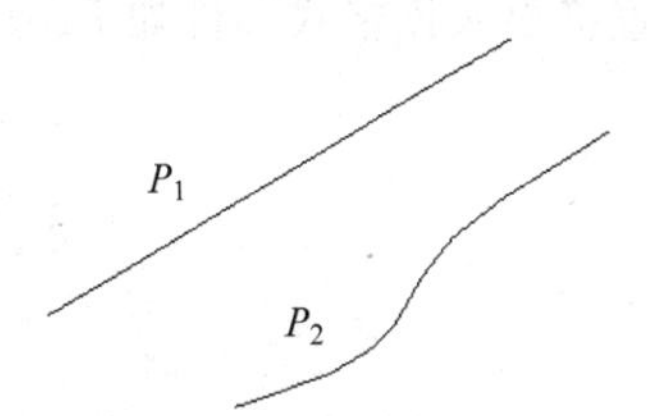

图 5.15 母线与轴线

6. 昆氏曲面

单击“Create”/“Surface”/“Coons”选项，屏幕弹出对话框，单击“Yes”，自动选择昆氏曲面的曲线；若单击“No”，则用手动选择昆氏曲面的曲线。在单击“Yes”后，先选择左上角相交的曲线 P_1、P_3，然后选择右下角的曲线 P_2，系统自动串连 P_1、P_2、P_3、P_4。在曲面类型“Type”中选择“N”，熔接方式“Blending”选择“L”为线性熔接，单击“Do it”，昆氏曲面的曲线如图 5.17 所示。昆氏曲面是由首尾相连的 4 条曲线生成的不规则曲面，昆氏曲面如图 5.18 所示。

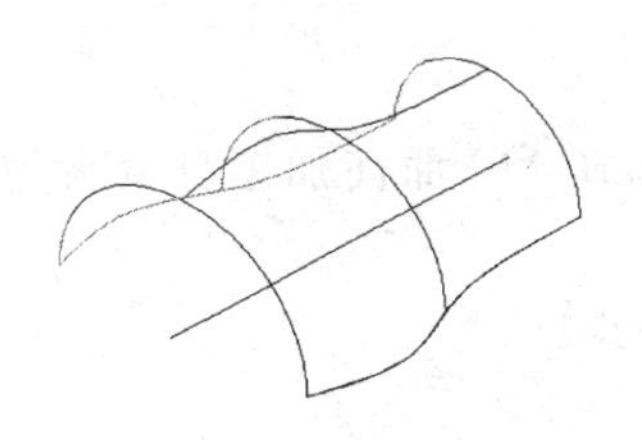

图 5.16 旋转曲面

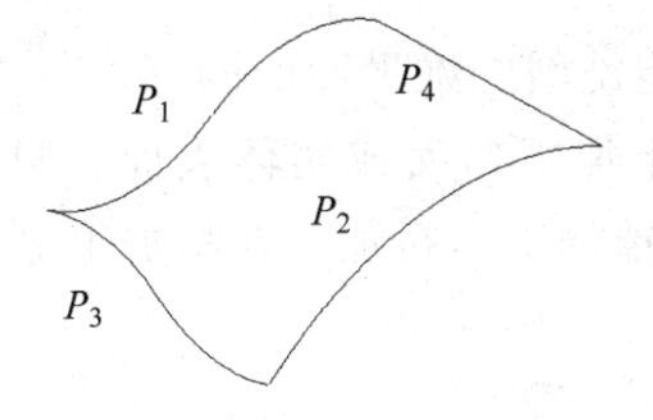

图 5.17 昆氏曲面的曲线

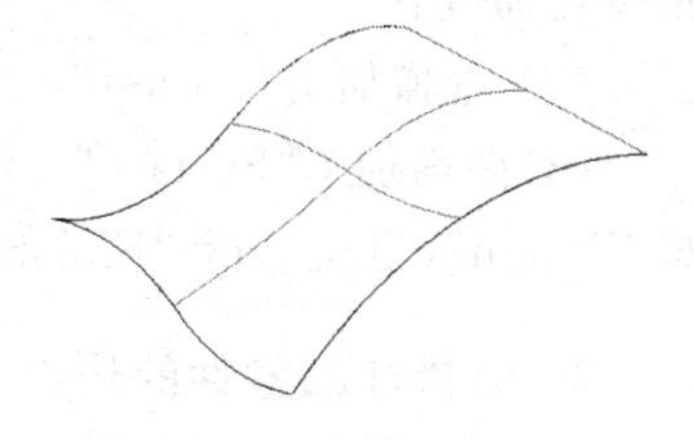

图 5.18 昆氏曲面

5.1.6 图形文件交换

MasterCAM 除了本身能进行 CAD 设计外，还可以读、写 IGES、STEP、Parasolid、Autodesk (DWG)、SAT、STL、VDA 和 ASCII 文件，MasterCAM 的 V9 版本增加了直接导

入 Pro/E 模型的功能，如利用 Pro/E、UG、SolidWork 等 CAD 功能较强的 CAD 软件进行零件的三维设计，然后转换成 IGES、STEP 等格式的文件在 MasterCAM 中编程，或者由 MasterCAM 通过专用的数据接口直接导入 AutoCAD、Pro/E 等 CAD 软件的图形文件。

单击“File”/“Converters”选项，选择要读、写的文件格式如 IGES、STEP、Parasolid、Autodesk (DWG)、SAT、STL、VDA、ASCII、Pro/E 文件，再选择读入该格式的文件“Read file”：一次可以读入一个该格式文件到当前图形中；选择写该格式的文件“Write file”：可以将当前图形转换为该格式的文件，并保存在指定的目录下；“Read dir”是将指定目录下的该格式的文件转换成 MasterCAM 文件格式(后缀是 MC9 的图形数据文件)；“Write dir”是将指定目录下的 MasterCAM 格式文件转换成该格式的文件。

经常用到的文件格式是 IGES、STEP 图形文件，在 CAD 软件三维造型后，若是线框或面模型则经常转换成 IGES 格式或 STEP 格式，若是实体模型则经常转换成 STEP 格式，然后选择读入该格式的文件“Read file”，在 MasterCAM 进行数控编程。如果 MasterCAM 能够直接导入该格式文件如 Pro/E 文件，则不需要转换。

5.2 MasterCAM 编程

MasterCAM 与一般的 CAD/CAM 系统采用同样的办法生成机床数控系统的 NC 代码，即当 CAD 完成零件的几何形状后，由 CAM 根据零件的外形及设置的工艺参数生成刀位文件即后缀为 NCI 的文件，该文件包含了刀具的路径坐标，以及加工信息如进给速度、主轴转速、切削深度等。再通过后置处理将 NCI 文件转换成数控系统能够识别的数控指令即后缀为 NC 的文件。

MasterCAM 编程步骤如下所述。

1. 选择加工方法

(1) 外形加工“Contour”：用于加工零件的外形轮廓，加工二维工件轮廓时，在每个切削层，其铣削刀具路径的切削深度不变，即 Z 轴不做进给运动，而二维刀具路径随轮廓外形的变化而变化。

(2) 挖槽加工“Pocket”：只能铣削二维平面的凹槽。

(3)曲面加工“Surface”：用于加工曲面或实体表面。MasterCAM 曲面加工分两大类即“Rough”(粗加工)和“Finish”(精加工)，粗加工在精加工之前。

2. 选择加工零件的边界

选择边界，如图 5.19 所示，箭头所示为刀具的加工方向及加工起点。对于三维加工要选择零件的实体或曲面。

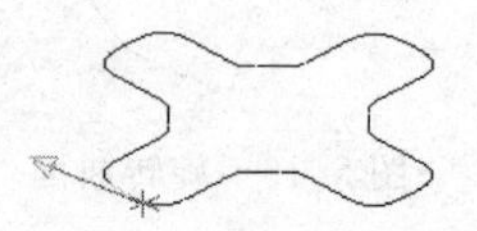

图 5.19 选择外形边界

3. 选择加工类型

如果是曲面要选择加工类型。

(1) 平行加工“Parallel”：适合粗加工和精加工，生成与特定方向成一定角度的相互平行的刀具路径。平行加工常用于加工单一的凸体或凹体，最好用于曲面变化不大的矩形零件。

（2）流线加工“Flowline”：适合粗加工和精加工，沿曲面流线方向生成刀具路径。

（3）等高外形加工“Contour”：适合粗加工和精加工，沿曲面外形生成刀具路径，其特点是加工路径产生在相同的等高线的轮廓上。

（4）残料加工“Restmill”：适合粗加工，清除因粗加工或刀具直径较大而残留在加工表面的材料。

（5）挖槽加工“Pocket”：适合粗加工，加工几何外形封闭的轮廓槽，也可以粗加工工件的外轮廓。

（6）交线清角“Pencil”：适合精加工，清除曲面间的交线处遗留的残余材料。

（7）清除残料“Leftover”：适合精加工，清除在以前加工中因刀具直径较大所遗留的残余材料。

4. 刀具参数设置

（1）刀具编号“Tool＃”。刀具在数控机床刀具库中的编号，数控机床的换刀指令要用到该编号。

（2）刀具半径补偿号“Dia”。MasterCAM 刀具半径补偿有两种方法，计算机补偿和控制器补偿，计算机补偿是由 MasterCAM 计算刀具的中心轨迹。当由控制器补偿时，刀位轨迹在编程时不考虑刀具半径，加工前将刀具半径输入到数控机床的寄存器中，每个寄存器都有一个号码，该号码就是 Dia 的值。

（3）刀具长度补偿“Len”。在数控加工时，可能要用到几把刀具，刀具长度补偿就是在编程时，只考虑其中一把刀具的长度作为标准长度进行编程，其他刀具的长度与标准长度进行比较，其差值输入到数控机床的长度寄存器中，每个寄存器都有一个号码，该号码就是 Len 的值。

（4）*XY* 平面进给率“Freed rate”：单位是 mm/min。

（5）*Z* 方向刀具进给率 Plunge：单位是 mm/min。

（6）提刀速度“Retract”：单位是 mm/min。

（7）刀具直径“Tool dia”：单位是 mm。

5. 加工参数设置

（1）安全高度“Clearance”：在加工时，刀具快速移动到安全高度。分两种方法定义安全高度：Absolute（绝对高度）和 Incremental（增量高度）。绝对高度是按照工件坐标系设置安全高度，而增量高度是根据零件表面的相对高度设置安全高度。

（2）参考高度“Retract”：刀具在进行下一道路径加工时，刀具提刀到参考高度。

（3）下刀位置“Feed plane”：刀具从安全高度快速 G00 移动到下刀位置，然后用 G01 下刀逼近零件表面。

（4）零件表面的高度“Top of stock”。

（5）切削深度“Depth”。

（6）刀具半径补偿类型“Compensation type”：计算机补偿还是控制器补偿。

(7) 刀具半径补偿方向“Compensation direction”：左补还是右补。

(8) “XY stock to leave”：加工完成后，在 *XY* 面上为下道工序留下的加工余量，即零件的实际外形是理论轮廓加上该加工余量。

(9) “Z stock to leave”：加工完成后，在 *Z* 方向上为下道工序留下的加工余量，即实际切削深度是“Depth”的值减去“Z stock to leave”的值。

6. 切削方式

(1) 双向切削“Zigzag”：刀具路径的方向由“Roughing”输入的角度决定。切削角度是从正 *X* 轴测量，逆时针为正，如图 5.20 所示。

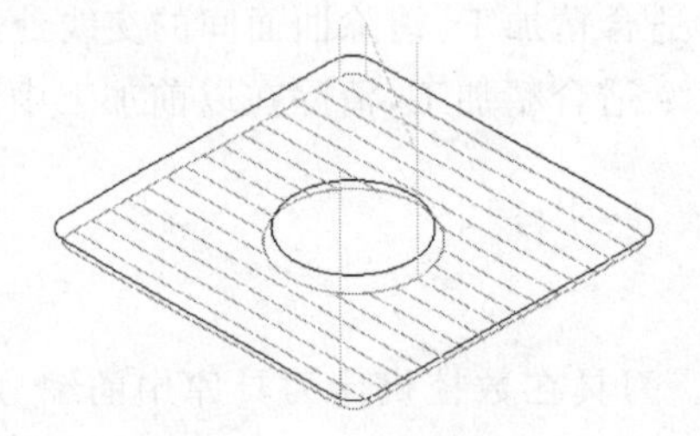

图 5.20　双向切削

(2) 等距环切“Constant Overlap Spiral”：以等距切削的螺旋式产生刀具路径，如图 5.21 所示。

(3) 环绕切削“Parallel Spiral”：以平行螺旋式产生刀具路径，如图 5.22 所示。

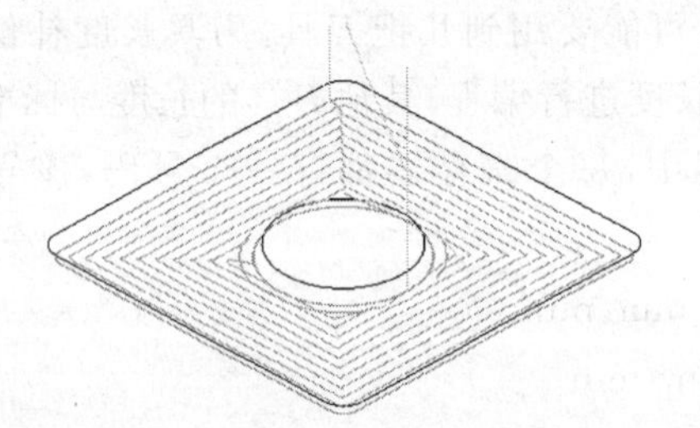

图 5.21　等距环切

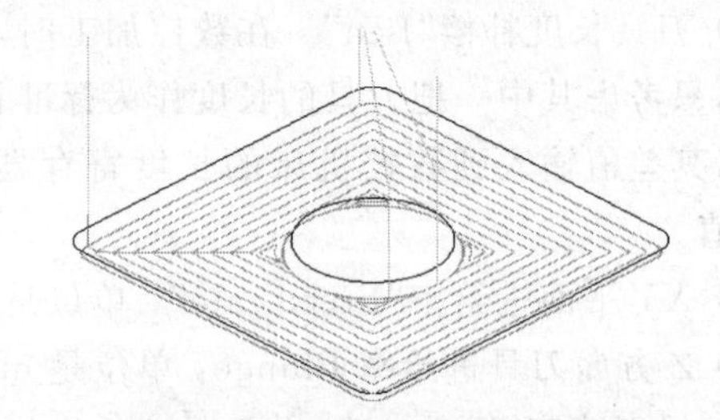

图 5.22　环绕切削

(4) 外形环绕切削“Morph Spiral”：根据岛屿的外形，以螺旋的方式产生刀具路径，如图 5.23 所示。

(5) 单向切削“One Way”：刀具路径如图 5.24 所示。

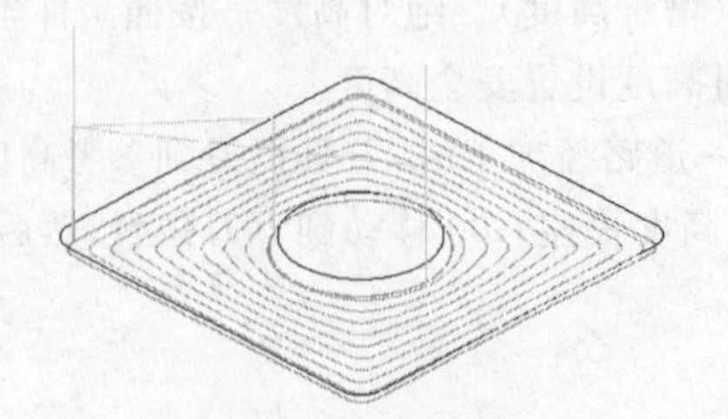

图 5.23　外形环绕切削

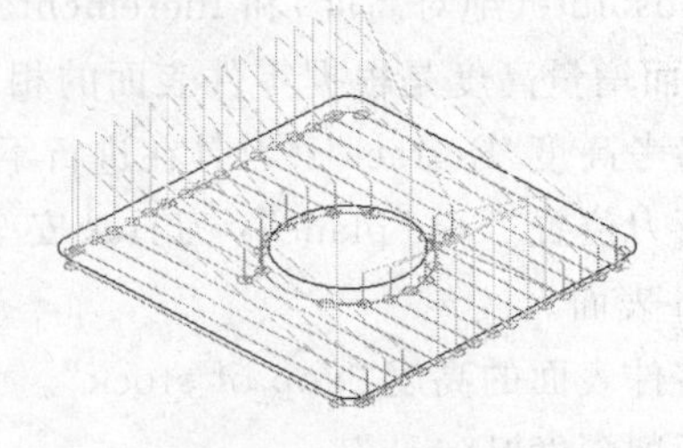

图 5.24　单向切削

7. 后置处理

针对具体的数控机床控制系统选择相应的后置处理文件(后缀为 pst 的文件),对 CAM 系统产生的刀位文件(NCI 文件)进行后置处理,形成数控程序文件(NC 文件),将 NC 文件输入到数控机床进行数控加工。

5.3 MasterCAM 编程实例

本节以槽轮机构为例,说明 MasterCAM 的编程应用,槽轮机构由槽轮和拨盘组成,三维模型见图 5.25。工艺规划是选择零件的加工定位基准,选择切削用量如主轴转速、切削深度和进给量,选择加工刀具,规划走刀的轨迹、进刀的安全平面、进刀平面、进刀方式和退刀平面等参数。CAM 编程是选择加工方式和刀具,选择编程原点和加工边界,输入相应的工艺参数,形成刀位文件,仿真模拟,检验刀具的轨迹,经后处理转化成 NC 指令。

图 5.25 槽轮机构三维模型

5.3.1 槽轮 CAM 编程

1. 槽轮设计图纸(见图 5.26)

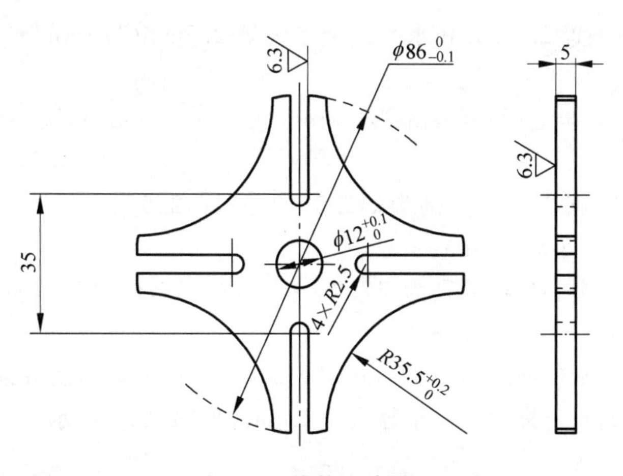

图 5.26 槽轮设计图纸

2. 槽轮 CAD 操作

(1) 进入 MasterCAM 界面，选择绘图/直线/水平线（“Create”/“Line”/“Horizontal”），分别在绘图区域左右单击两点，然后输入 Y 方向坐标值 0，回车。

(2) 同样绘制垂直线（“Create”/“Line”/“Veritical”），输入 X 方向坐标值 0，回车。如图 5.27 所示。

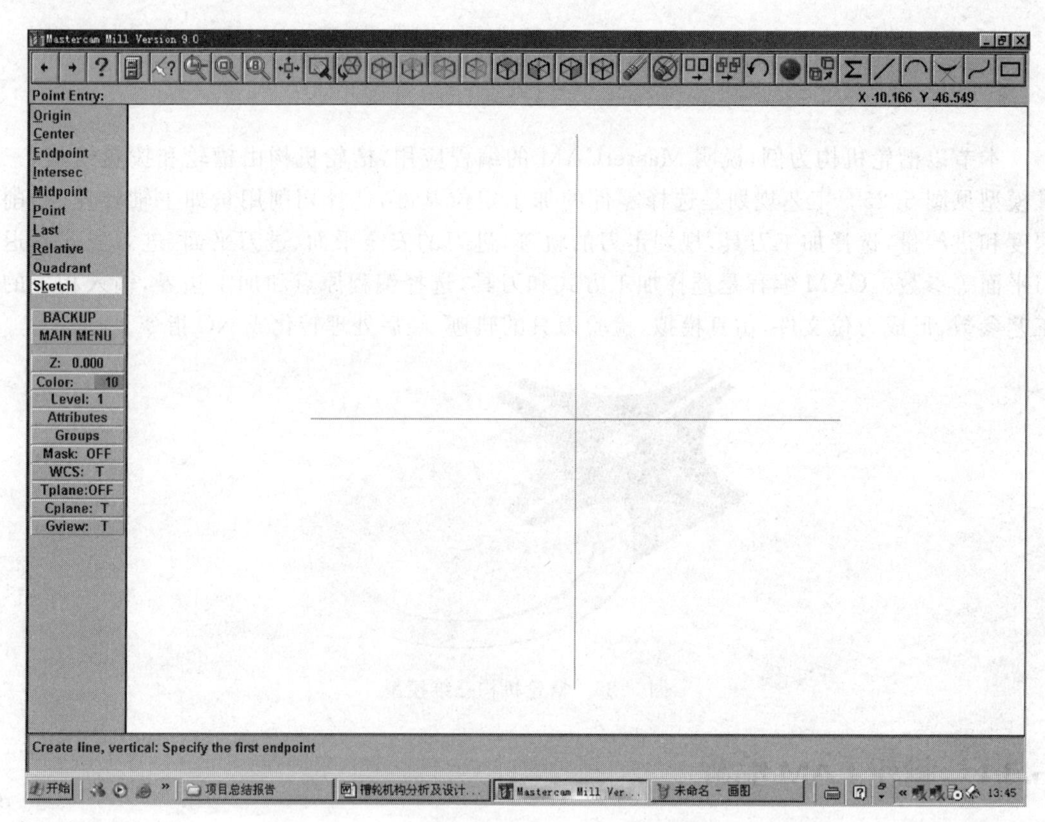

图 5.27　画中心线

(3) 垂直线左右偏置 2.5mm 和水平线上下偏置 2.5mm（“xForm”/“Offset”），如图 5.28 所示。

(4) 绘图/圆弧/点半径圆（“Create”/“Arc”/“Circ pt＋rad”），圆心坐标（0,0），半径大小 43mm。

(5) 绘制 4 个圆，圆心坐标分别为（42.5,42.5），（42.5,－42.5），（－42.5,－42.5），（－42.5,42.5），半径大小 35.5mm。

(6) 绘制 4 个圆，圆心坐标分别为（17.5,0），（0,17.5），（－17.5,0），（0,－17.5），半径大小 2.5mm，结果如图 5.29 所示。

(7) 选择修整/打断（“Modify”/“Trim”，“Modify”/“Break”），然后删除多余的部分。

(8) 绘制圆弧，圆心坐标（0,0），半径大小 6mm。如图 5.30 所示。

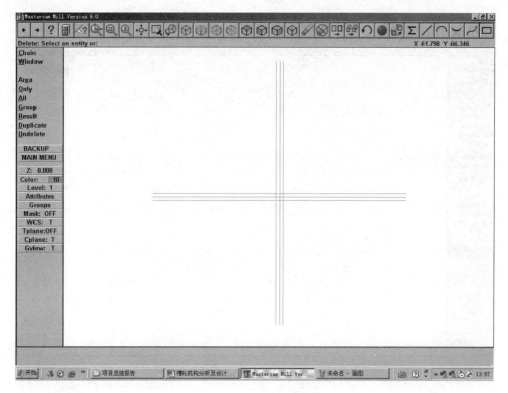

图 5.28 偏置中心线

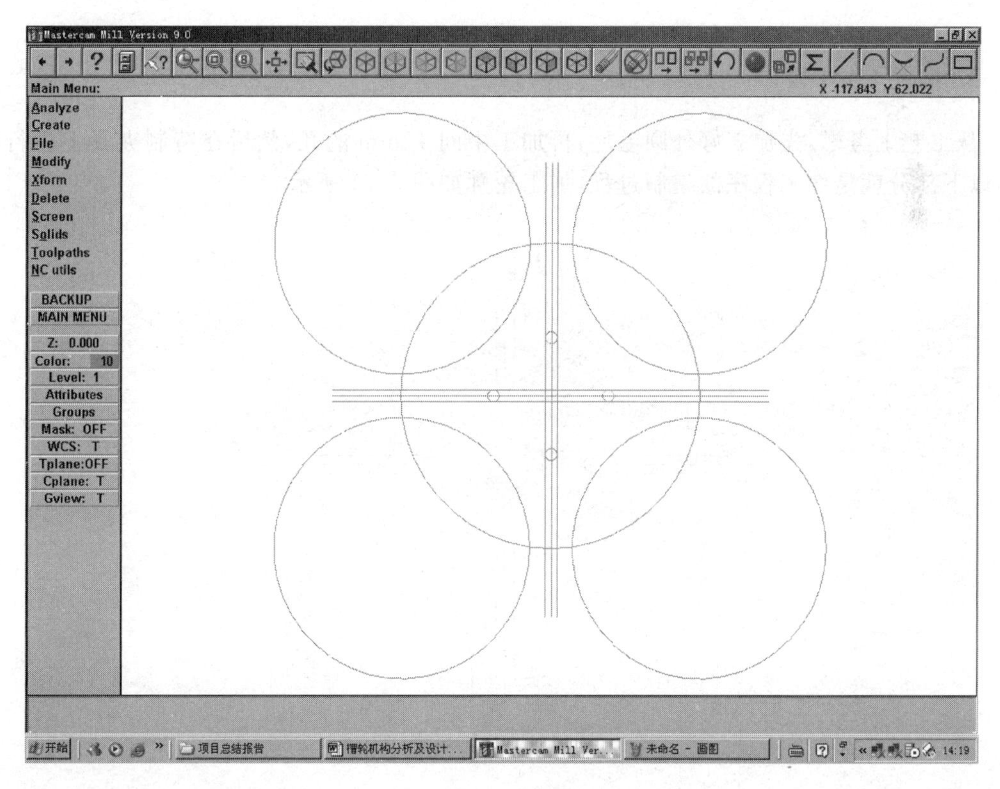

图 5.29 绘圆

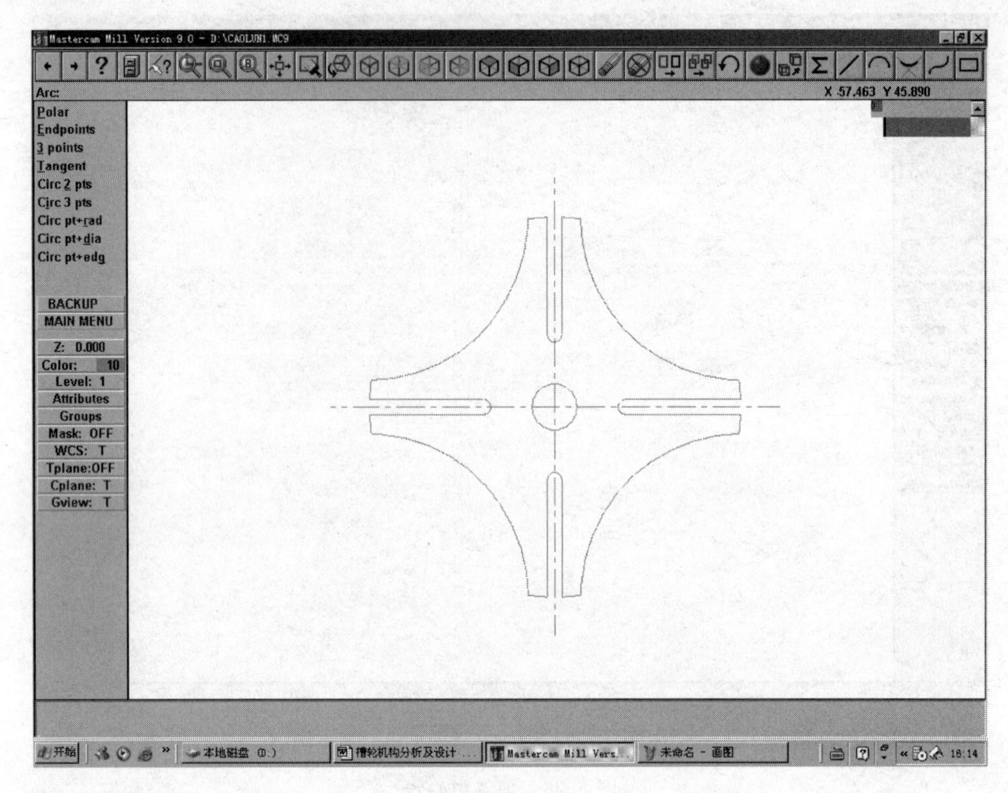

图 5.30　槽轮

3. 槽轮 CAM 操作

从工艺上考虑，先加工好外圆毛坯，再加工中间 12mm 的孔，然后在特制夹具上进行加工，以下部分就是加工程序的编制过程，加工轮廓如图 5.31 所示。

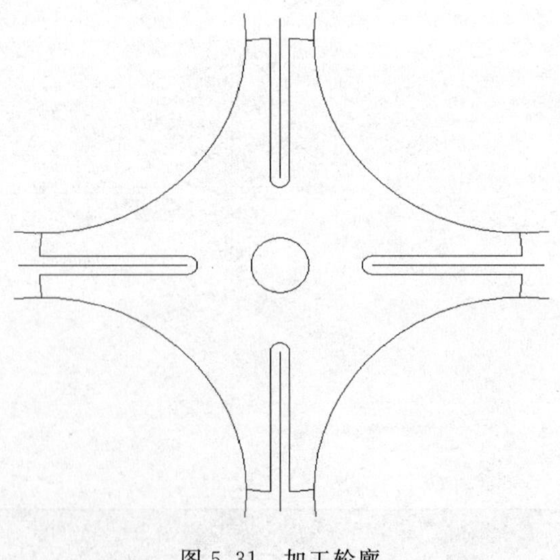

图 5.31　加工轮廓

(1) 刀具路径/外形铣削，选取要加工的外形，4 段圆弧，然后选择执行。

(2) 进入参数对话框，选取 12mm 立铣刀，刀具和切削参数如图 5.32 和图 5.33 所示。

(3) 设定完成后，选择确定。

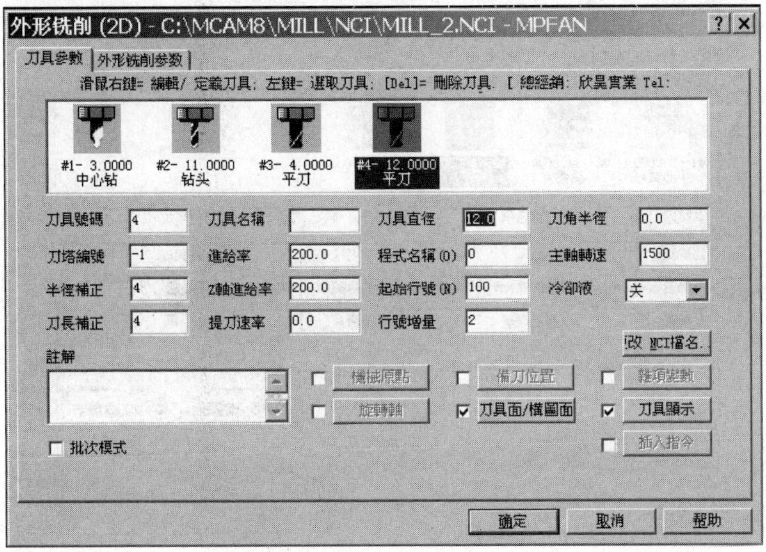

外形铣削 (2D) - C:\MCAM8\MILL\NCI\MILL_2.NCI - MPFAN
刀具參數
外形铣削参数
滑鼠右鍵= 編輯/ 定義刀具; 左鍵= 選取刀具; [Del]= 刪除刀具. [總經銷: 欣昊實業 Tel:
#1- 3.0000 中心钻
#2- 11.0000 钻头
#3- 4.0000 平刀
#4- 12.0000 平刀
刀具號碼 4
刀具名稱
刀具直徑 12.0
刀角半徑 0.0
刀塔編號 -1
進給率 200.0
程式名稱 (0) 0
主軸轉速 1500
半徑補正 4
Z軸進給率 200.0
起始行號 (N) 100
冷卻液 关
刀長補正 4
提刀速率 0.0
行號增量 2
改 NCI檔名.
註解
機械原點
備刀位置
雜項變數
旋轉軸
刀具面/構圖面
刀具顯示
插入指令
批次模式
確定
取消
幫助

图 5.32 选择刀具参数

外形铣削 (2D) - C:\MCAM8\MILL\NCI\MILL_2.NCI - MPFAN
刀具參數
外形铣削参数
安全高度... 100.0
絕對座標 增量座標
參考高度 50.0
進給下刀位置 10.0
快速提刀
要加工的表面 0.0
-7.0
補正位置 電腦 右补正
補正位置 控制器 不补偿
刀具路徑適度化
校刀長位置 刀尖
刀具走圓弧 在轉角處 <135度
尋找相交性
曲線打成線段 誤差值 0.025
曲線之最大深度 誤差 0.05
XY 方向 預留量 0.0
Z 方向 預留量 0.0
外形型式: 2D
成形刀路
漸降斜插
殘料加工
XY分次銑削
進/退刀向量
Z軸分層銑深
程式過濾...
確定
取消
幫助

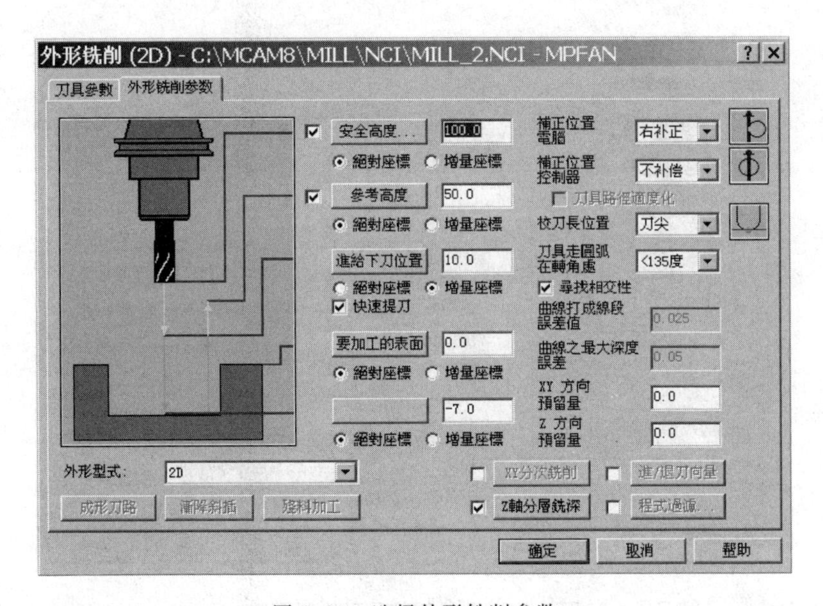

图 5.33 选择外形铣削参数

(4) 同样选择刀具路径/外形铣削，选取要加工的外形，4 段直线，然后选择执行。

(5) 加工参数如图 5.34 和图 5.35 所示，选取 4mm 立铣刀。

(6) 加工模拟结果如图 5.36 所示。

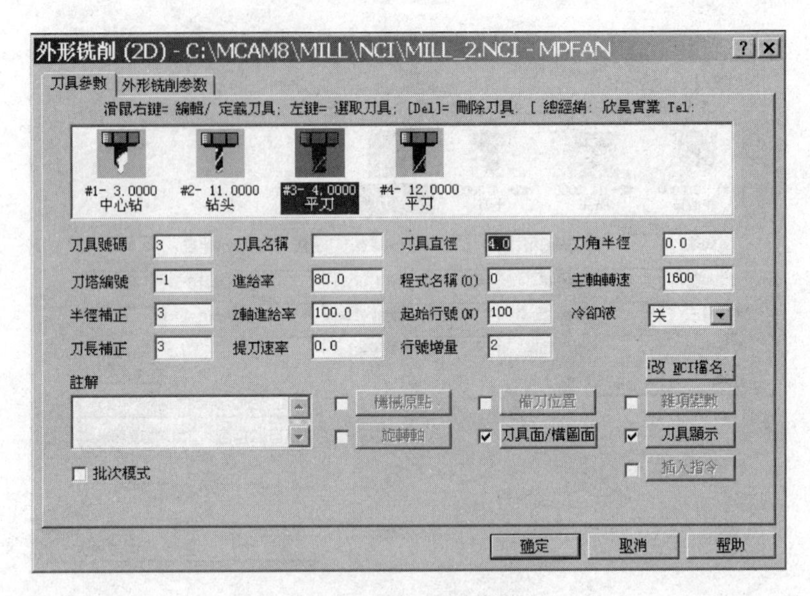

图 5.34 选择铣槽刀具参数

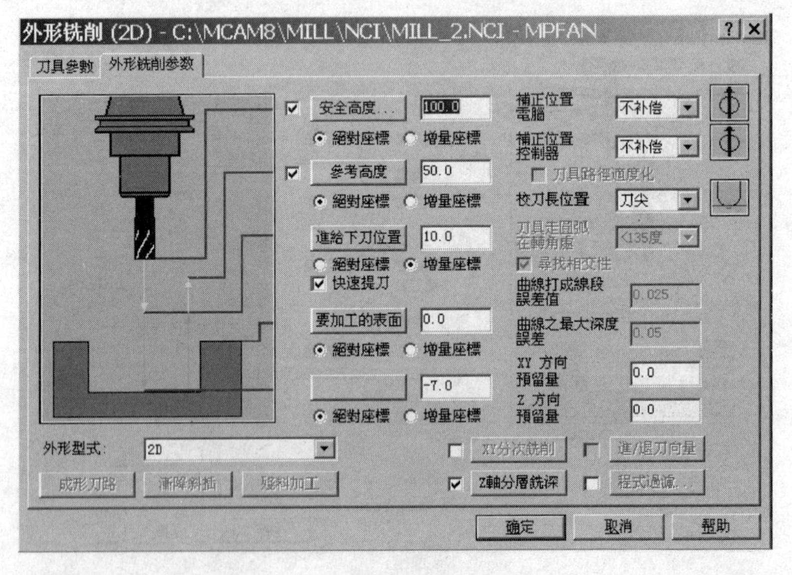

图 5.35 选择铣槽外形铣削参数

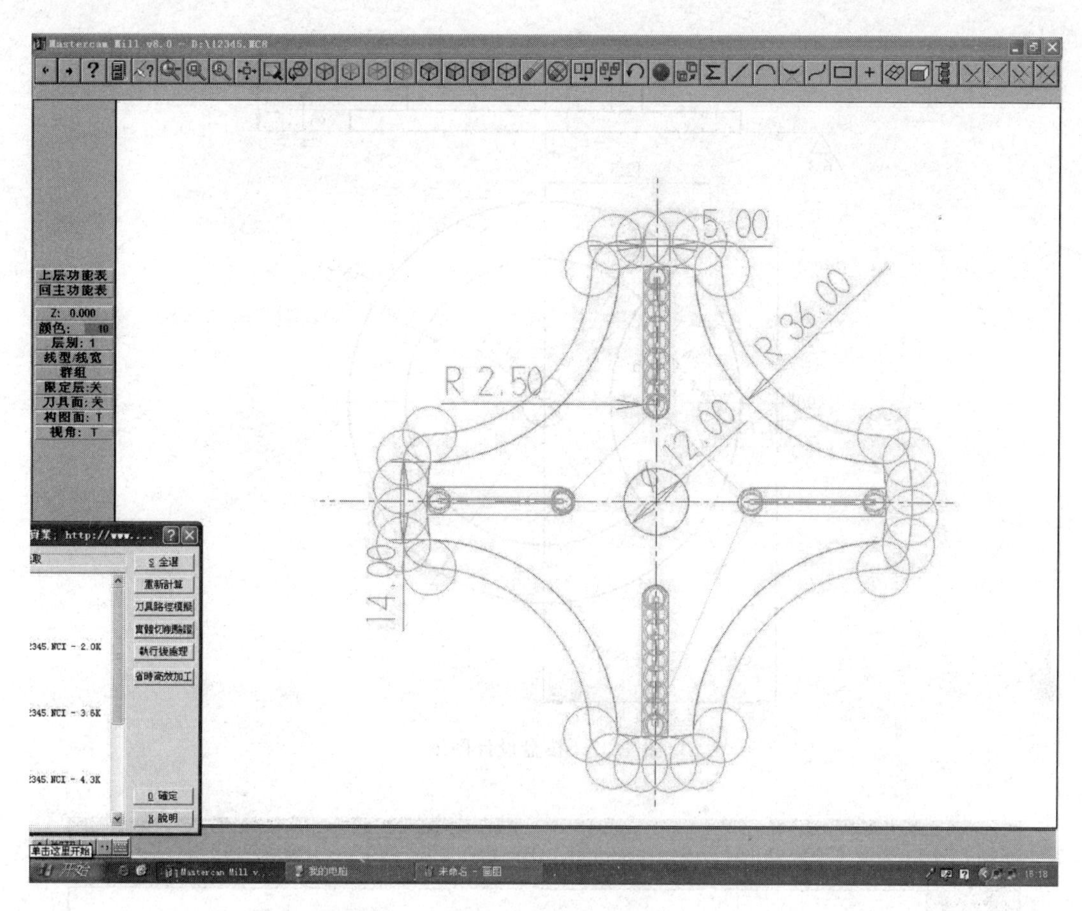

图 5.36 加工模拟

5.3.2 拨盘CAM编程

1. 拨盘设计图纸(见图 5.37)

2. 拨盘CAD操作

(1) 进入MasterCAM8.0界面,选择绘图/直线/水平线,分别在绘图区域左右点击两点,然后输入 Y 方向坐标值0,回车;同样绘制垂直线,输入 X 方向坐标值0,回车。

(2) 选择绘图/圆弧/点半径圆/,圆心坐标(0,0),直径大小100mm。

(3) 绘制圆,圆心坐标圆心坐标(0,0),半径大小35mm。

(4) 绘制圆,圆心坐标圆心坐标(0,0),直径大小12mm。

(5) 绘制圆,圆心坐标圆心坐标(−60,0),半径大小43mm。

(6) 绘制圆,圆心坐标圆心坐标(−42.5,0),直径大小4mm。如图5.38所示。

(7) 修剪,如图5.39所示。

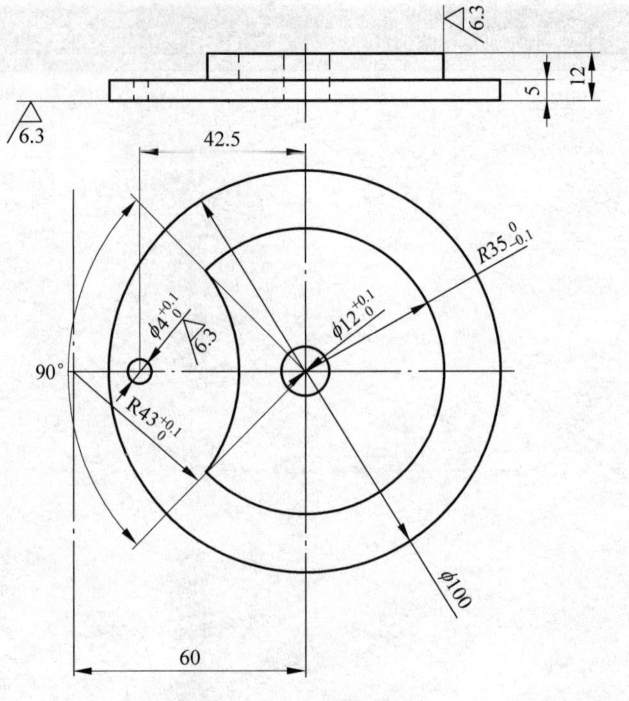

图 5.37 拨盘设计图纸

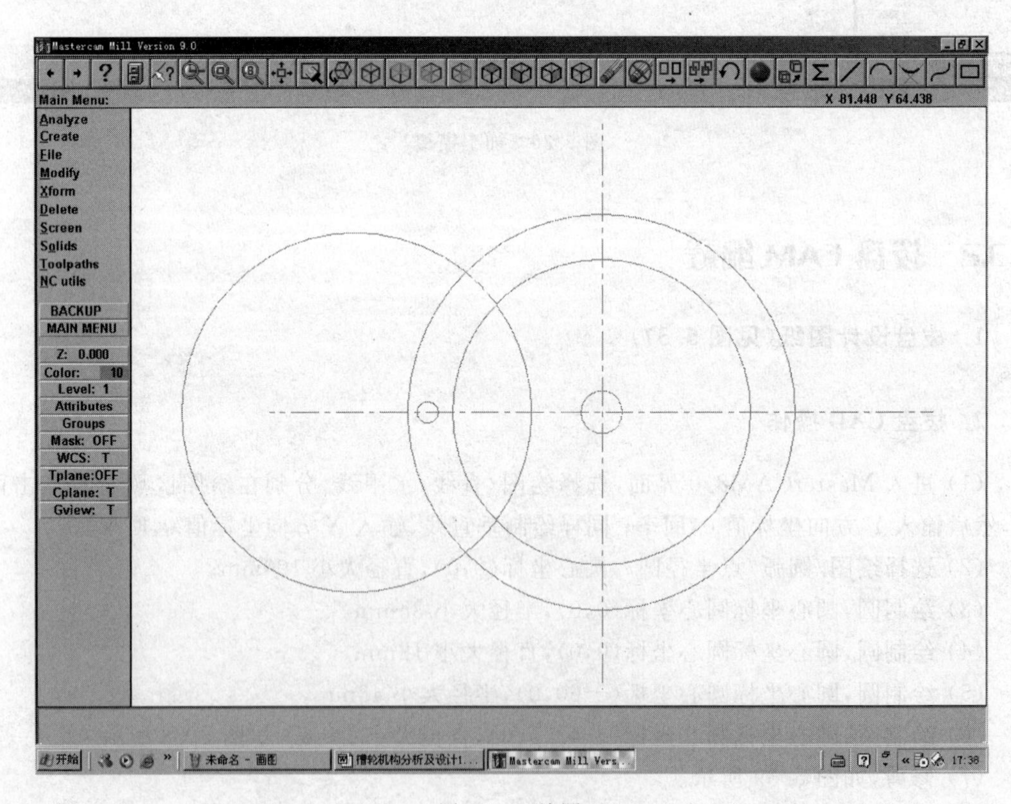

图 5.38 绘圆

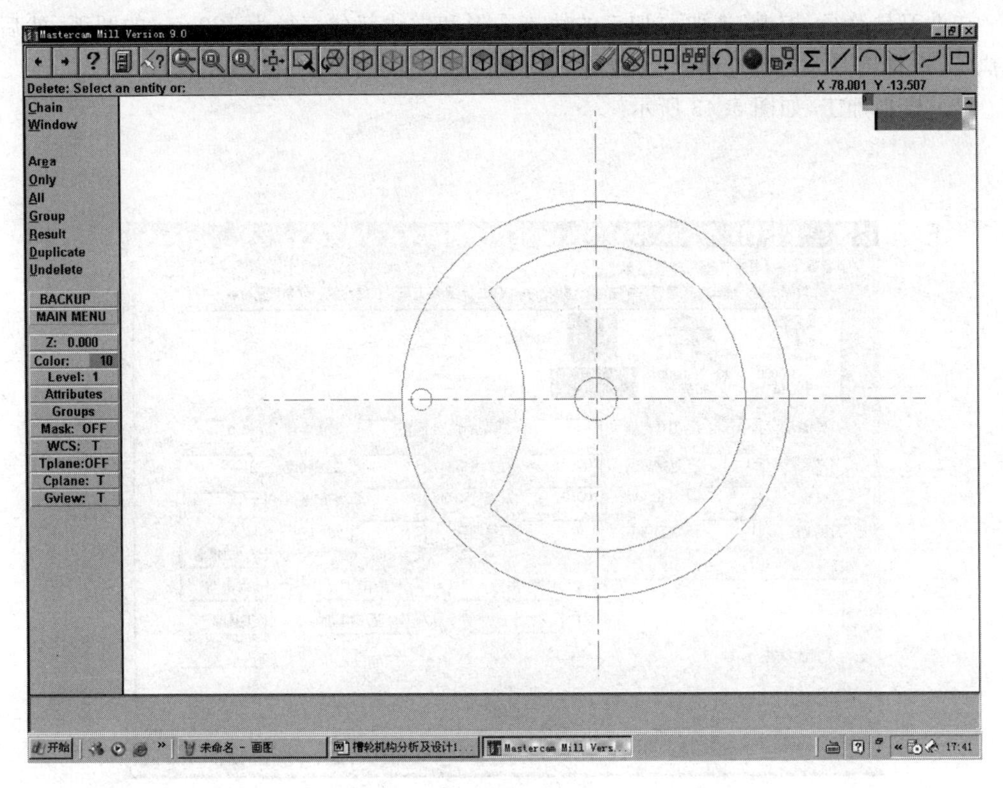

图 5.39 拨盘

3. 拨盘 CAM 操作

以下是主要刀具路径编辑过程，从工艺上考虑，先加工好外圆毛坯，然后在三爪自定心卡盘上进行加工，以下部分就是加工程序的编制过程，加工轮廓如图 5.40 所示。

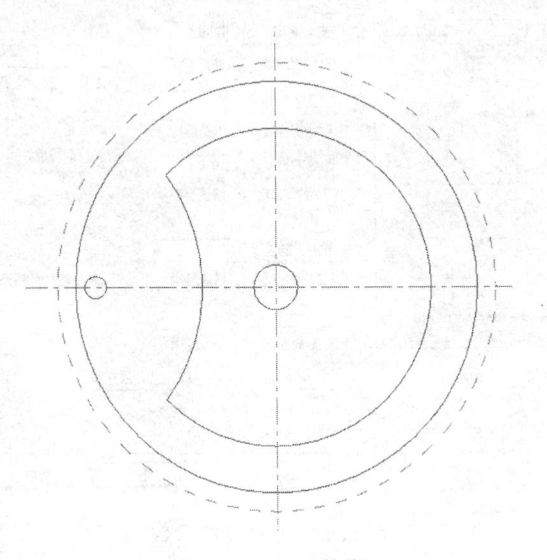

图 5.40 加工轮廓

(1) 刀具路径/挖槽,选取要加工的轨迹图形和虚线部分直径为 120mm 的圆弧,然后选择执行,选择刀具及选择挖槽参数,如图 5.41 和图 5.42 所示。

(2) 模拟加工,如图 5.43 所示。

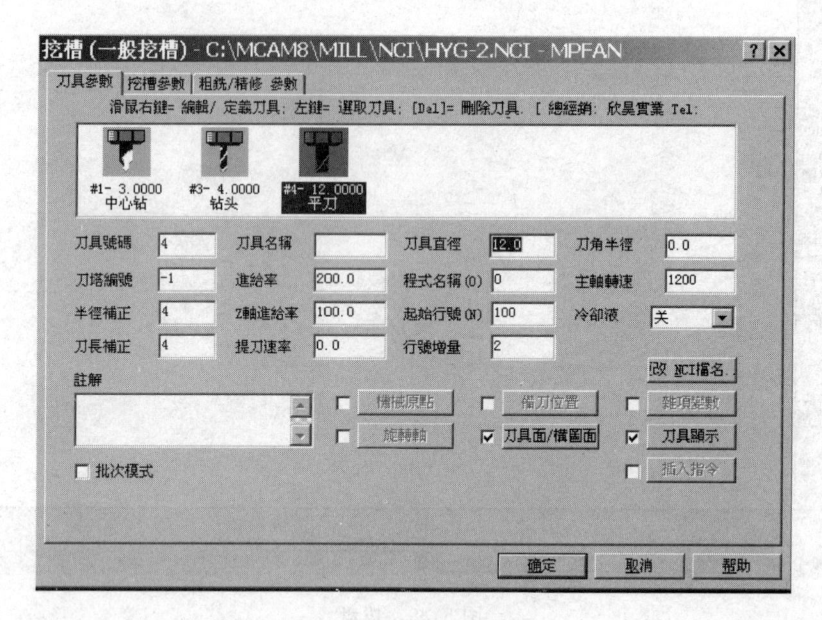

图 5.41 选择刀具参数

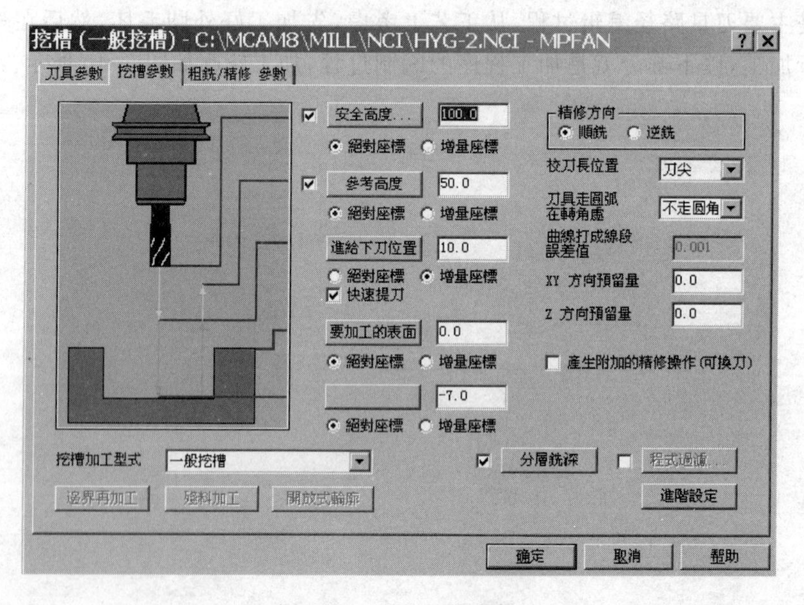

图 5.42 选择挖槽参数

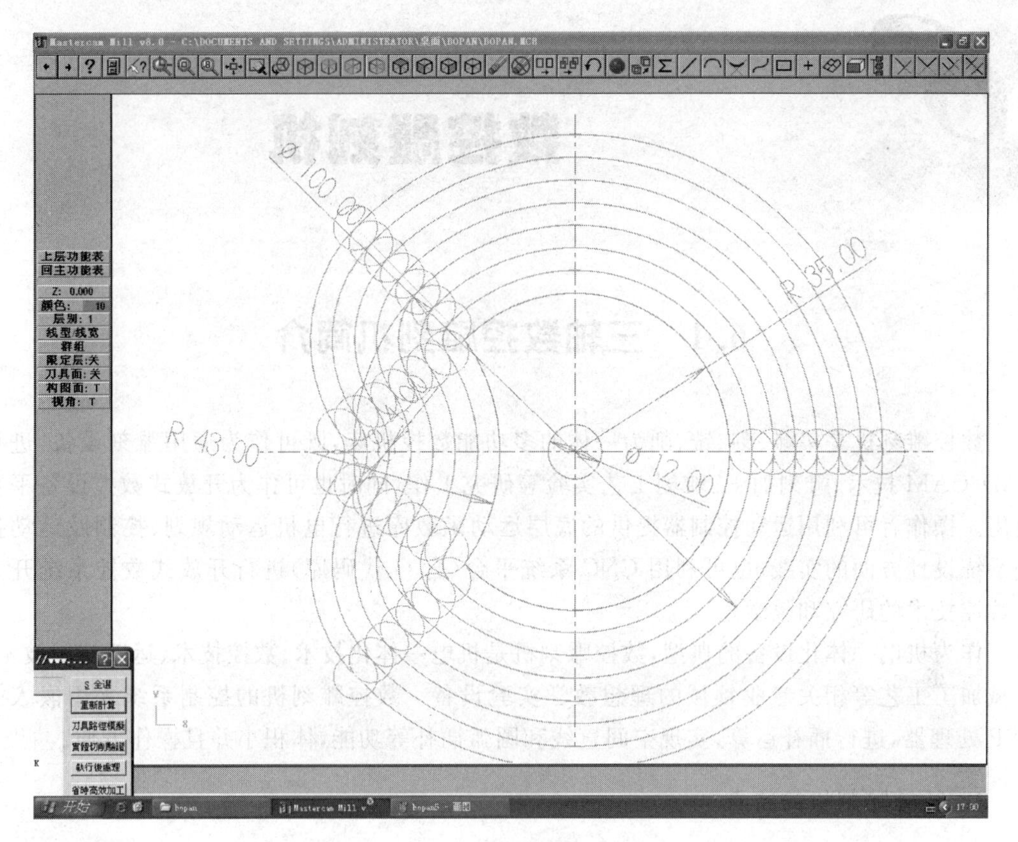

图 5.43　模拟加工

复习思考题

1. 什么是绘图平面，什么是 Z 轴深度？
2. 什么是刀位文件，文件的后缀是什么？
3. 什么是 NC 文件，如何产生？
4. 图形视角的含义是什么？
5. 为什么要用不同图层绘制图形？
6. MasterCAM 采用几种坐标系统，如何定义坐标的方向？
7. 说明安全高度、退刀高度、进刀高度的含义及作用。
8. 简述 MasterCAM 数控编程的大体过程。
9. MasterCAM 刀具半径补偿有几种方法？
10. 为什么要进行刀具长度补偿？

数控雕刻机

6.1 三轴数控雕刻机简介

数控雕刻机是集雕、刻、铣、削为一体的多功能数控机床，既可作为通用雕刻设备，进行CAD/CAM技术、雕刻加工、雕刻工艺实验等研究工作，同时也可作为开放式数控设备平台使用。操作者可利用运动控制器提供的底层运动函数库进行电机运动规划、控制及运动控制系统设计方面的实践，也可利用CNC系统平台(含G代码库)进行开放式数控系统开发及数控技术的研究和教学。

作为机电一体化设备的典型，数控雕刻机是机电一体化技术、数控技术、运动控制技术、机械加工工艺等相关专业领域的理想教学实验设备。数控雕刻机的控制系统采用嵌入式DSP处理器，进行插补运算，实现空间直线和圆弧插补等功能，体积小并且操作方便。

1. 数控雕刻机的特点

数控雕刻机与计算机结合组成一套图文雕刻系统，集绘图、扫描、排版、雕刻于一体，能快速、方便地雕刻出各种精美的二维与三维图案及各种文字字体，广泛应用于广告、美术、装潢、模具及电子仪表等行业，能雕刻有机玻璃、硬PVC板、ABS板、木板、铝、玻璃、大理石、不锈钢等材料。

数控雕刻机具有以下特点：

(1) 具有软限位和硬限位的双重保护，避免因误操作和其他故障引发的飞车事故，安全可靠。

(2) 使用基于Windows平台的控制软件，提供丰富的信息和图形功能。

(3) 控制软件支持超长文件加工，支持标准NC(G代码)等文件格式输入。

(4) 三轴等比或不等比缩放功能。

(5) 图形加工前的三维仿真和加工过程中的动态显示。

(6) 可任意段加工，也可在加工过程中的任意位置暂停和继续加工。

(7) 手动控制下的单轴运动和多轴直线、圆弧插补。

(8) 支持Type3等软件自动编程。

(9) 各种错误实时中文提示。

2. 数控雕刻机的组成

数控雕刻机一般由机床主体和控制器两大部分组成，如图6.1所示。

机床主体包括床身、工作台、装夹工具(三爪自定心卡盘、机用虎钳、压板、平口钳等)、主

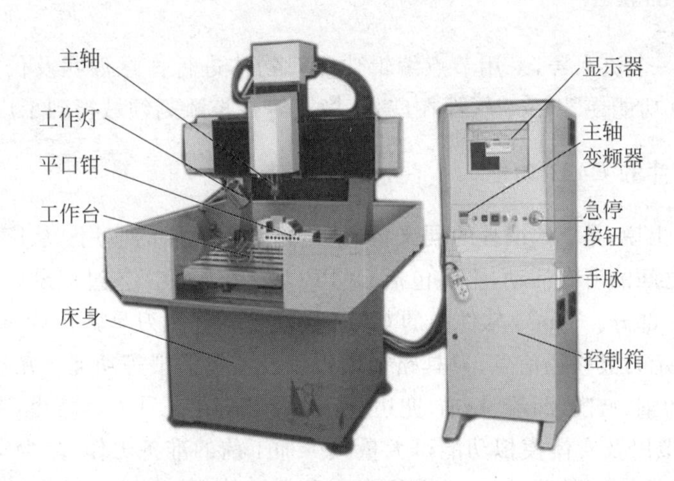

图 6.1 数控雕刻机的主要组成部分

轴以及附件(工作灯、手摇脉冲发生器等)。

雕刻机的控制器一般有两种类型:工业控制计算机和嵌入式 DSP 控制系统。工业控制计算机具有良好的扩充性(可与其他的雕刻机和计算机联网)、强大的计算处理能力等优点;而嵌入式 DSP 控制系统具有体积小、操作简便等特点。

6.2 三轴数控雕刻机的加工工艺

啄木鸟 MEⅡ-4525 型数控三轴雕刻机的最大雕刻尺寸是 450mm×250mm×120mm,使用基于 Windows 的 Type3 软件作控制软件,此软件可利用自身的造型功能(Typeart),计算所使用的刀具路径,通过后置处理程序驱动雕刻机进行雕刻。

Type3 是法国 Vision Numeric 公司研制的一款运用于广告、模具、首饰等行业的专业三维立体浮雕 CAD、CAM 软件。它主要包括 CAD 模块、CAM 模块、浮雕模块三大部分,主要功能有图形的创建与操作、文字的创建与操作、几何曲面的创建与操作、浮雕曲面的创建与操作、刀具路径的生成与加工等。该软件运行在 Microsoft Windows 系统下,具有极佳的图形设计软件包,并与数控加工过程紧密结合。此套软件解决了从简单的字符到复杂的徽章模具制作工艺复杂的问题,也具有解决所有专业雕刻难题的强大功能和灵活性,是一套创意与雕刻加工的全能软件。

6.2.1 Type3 软件的功能

1. Type3 软件的 CAD 功能

CAD/CAM 是计算机辅助设计和计算机辅助制造的简称,指的是以人为本、以计算机为主要辅助手段进行产品的设计,并对制造过程进行管理和控制。Type3 软件中的 CAD 模块与其他的 CAD 软件如 AutoCAD、CAXA、SolidWorks 等相比,除了具备绘制几何形状,对所创建的物体进行定位、删除、复制、移动等编辑,建立文本以及文本编辑等这些基本功能外,还有其独特的功能,如采用特效工具把需创建的物体或文本放置在信封内,采用变量文本自动建立一个流水号，采用节点编辑功能对物体进行任意形状及位置的修改。正是这些独特的CAD功能使Type3软件在广告、模具等数控雕刻领域得到了广泛的应用。

2. Type3 软件的CAM功能

CAM从狭义上说，是NC编程的同义词，就是指数控机床的应用；从广义上讲是从产品设计到加工制造之间的所有活动，主要包括CAPP(计算机辅助工艺过程设计)、NC编程、MRP(制造资源计划)三部分。Type3软件中的CAM模块包括优化刀具路径计算、创建刀具路径、刀具路径管理、显示刀具路径信息、刀具路径模拟以及实体模拟等功能。在这一模块下，可以创建绘图、雕刻、切割、铣削、凹雕、扫描、兜边、精雕、浮雕等十几种刀具路径，满足不同的需求。

刀具路径模拟以及实体模拟功能可大量减少加工前的准备工作、减少实际加工误差、省去试加工过程、预估加工所需时间、减少编程人员的工作量、降低材料消耗、提高加工效率。该软件可与机床直接通信，将程序传送到数控雕刻机的控制部分，减少了程序的输入工作量，同时Type3软件适用的机床范围很广，配有多种数控雕刻机的后置处理程序。

3. Type3 软件的浮雕功能

浮雕模块能迅速有效地将简单二维图形、照片转化成浮雕曲面。浮雕模块不仅可以简单地定义各种复杂曲面，而且可以通过使用浮雕中的特效工具做多种处理，从而得到艺术般的浮雕效果，还可以将已完成的浮雕曲面投影或包络到各种复杂形面上。曲面可以调用其他CAD/CAM软件(如Pro/E、UG、CATIA、MasterCAM等)创建的文件或通过三坐标扫描仪输入。利用浮雕模块提供矢量和位图编辑、照片修饰、贴图及上色等工具，可以快速产生凹凸模和优化加工等专业功能，也可按照设计人员的创意，设计出更复杂的浮雕形态。在模拟加工以后，还可以以高精度照片格式输出所设计的浮雕，从而对其有更感性直观的认识，令设计更趋合理和完美。

6.2.2 Type3软件在数控雕刻机中的应用

1. 工作流程

Type3软件是一个完全集成的CAD/CAM软件，能利用其自身的造型功能，计算出所使用刀具的刀具路径，通过后置处理器驱动雕刻机进行雕刻，能辅助工程师从概念设计到功能分析再到制造的整个产品开发过程，其在数控雕刻机中应用的工作流程如图6.2所示。根据需求进行建模后，创建刀具路径、进行仿真加工模拟，必要时修改造型或加工参数，最后通过后置处理生成NC程序，应用于数控雕刻机。

2. 注意事项

(1) 在CAD模块下建模时，显示的可雕刻页面的左下角为生成后置处理程序的原点。建模前要先考虑雕刻工件时建立工件坐标系的坐标原点位置，此位置应绘在可雕刻页面的左下角。

(2) 对文本进行镜像操作前要先把文本转化成曲线，否则无法完成镜像操作。

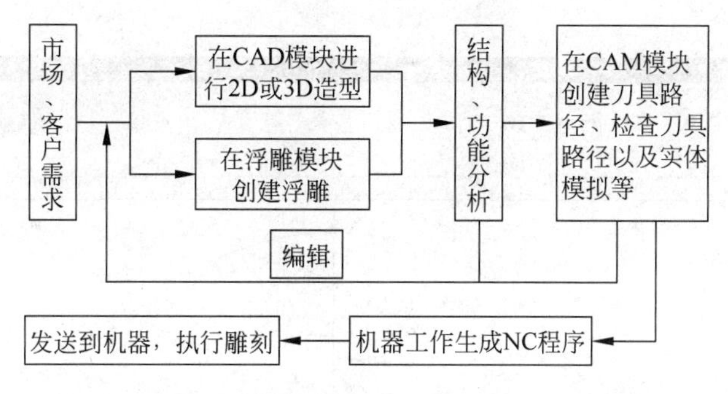

图 6.2 Type3 软件在数控雕刻机中应用的工作流程

(3) Type3 软件可在后处理器中加入多台机器，因此在使用机床工作功能生成 NC 程序前，要先选择与机床对应的机器名称，否则将无法完成实际的零件雕刻。

(4) 浮雕文件进行后置处理生成 NC 程序前，最好将机床工作中的 Z 最大值参数设为 0，这样在对刀时可把工件表面直接设为零，便于机床操作。

3. 加工工艺

(1) 零件建模：进入 Type3 软件的 CAD 模块，使用绘图工具、文本模式、插入图片等功能进行所需雕刻零件的建模操作。

(2) 创建刀具路径：进入 CAM 模块，选择需雕刻的物体，单击创建刀具路径图标，选择一种雕刻方式，双击此雕刻方式，进入创建刀具路径对话框，在此对话框中可完成选择雕刻刀具或创建一把新的刀具以及雕刻参数的设置等操作。

(3) 管理刀具路径：单击刀具路径一览表图标，屏幕上将显示所创建的所有刀具路径，右击某一刀具路径可进行删除、编辑、修改、路径模拟以及刀具路径实体模拟等操作。

(4) NC 程序的生成：在刀具路径表中，鼠标右击创建好的刀具路径，在出现的下拉菜单中选择机器工作选项，在相应的加工窗口中选择机器，再选择文件输出方式，最后单击执行操作，即可自动生成机床加工时所需的 NC 程序。

(5) 零件装夹：回转型零件可装夹在三爪自定心卡盘上，形状规则的零件可装夹在机用虎钳上，形状不规则的零件可用压板压紧。

(6) 零件雕刻：开机后先进行原点回归操作，再调用需加工的程序，模拟加工无误后，完成零件的工件坐标系原点设置操作，即可在自动运行方式下完成零件的雕刻操作。

6.2.3 操作实例

例 1 制作徽章。

(1) 初步建模

进入 Type3 软件的 CAD 模块，使用绘图工具、文本模式进行基本建模，如图 6.3 所示。其中以所绘圆的圆心为工件坐标系的原点，圆是使用绘图工具中的画圆命令绘制的，文字及字母是采用文本命令建立的。

(2) 整体建模

使用图案库命令调用图片插入到圆中心，将整体模型选中，使用变形工具中的垂直镜像命令将模型以自身为轴进行镜像，如图 6.4 所示。

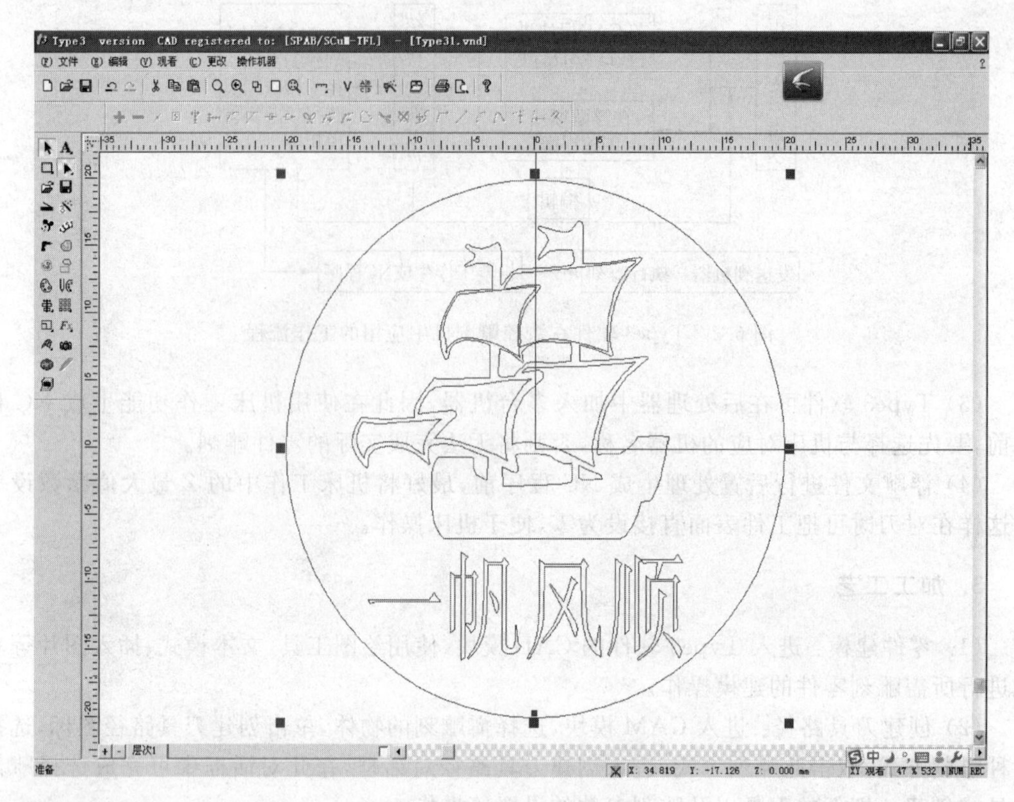

图 6.3 徽章的初步建模

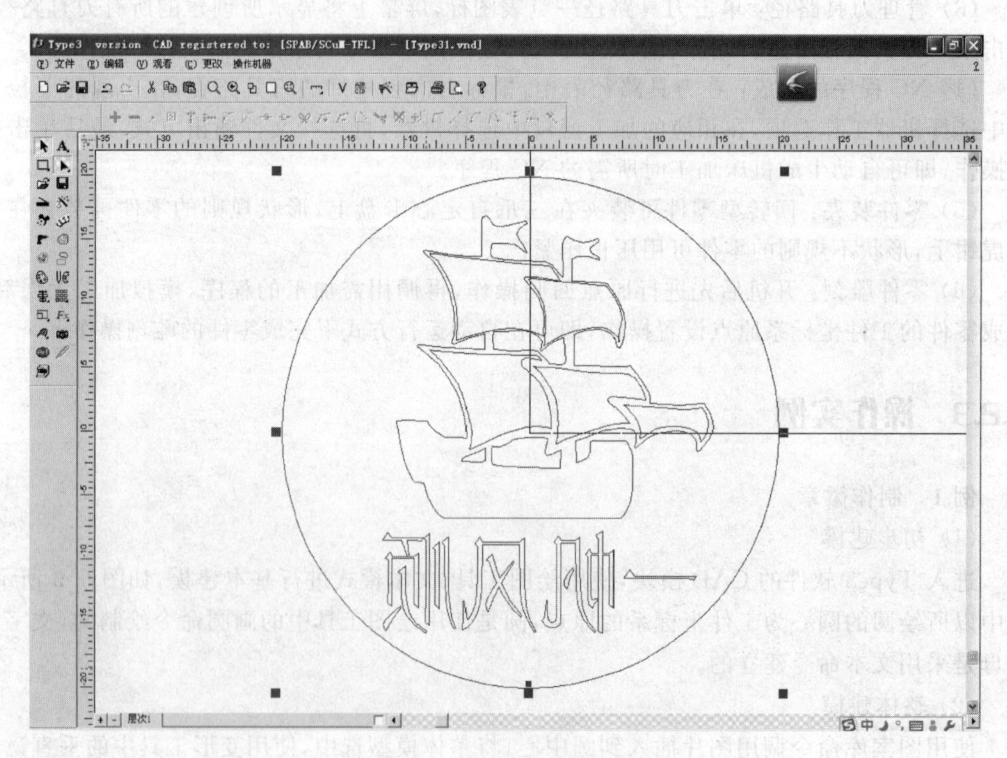

图 6.4 徽章的整体建模

(3) 创建刀具路径

进入 CAM 模块,左键双击选用扫描方式创建刀具路径,如图 6.5 所示:采用刀尖半径为 0.2mm,锥角为 40°的硬质合金锥刀;选用扫描雕刻角度为 45°,雕刻深度为 0.2mm;扫描方式:来回;兜边方式:之后。结果如图 6.6 所示。

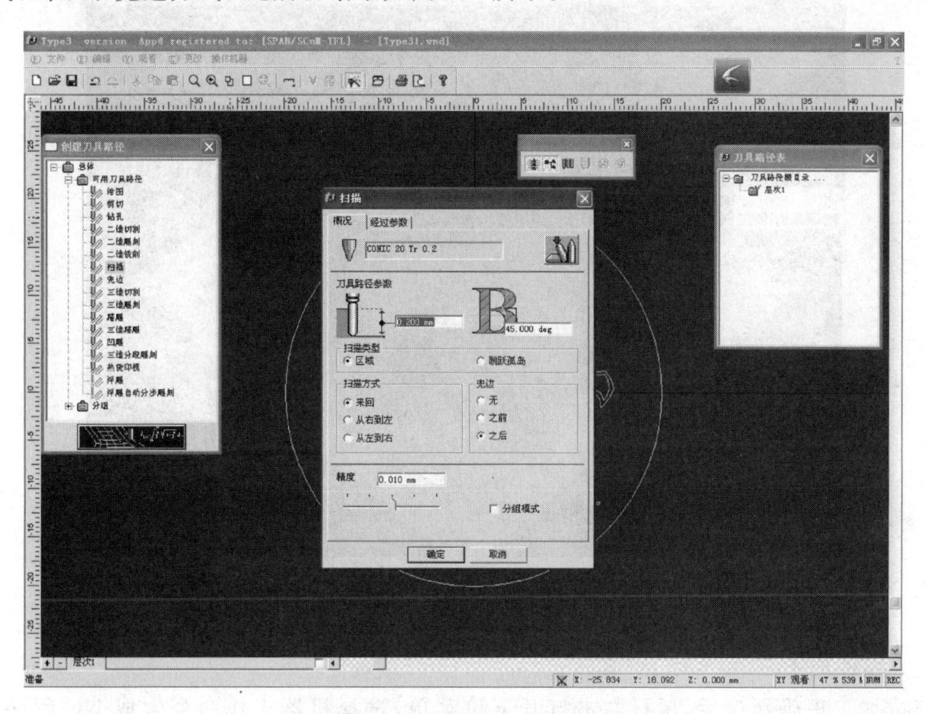

图 6.5 扫描雕刻方式对话框

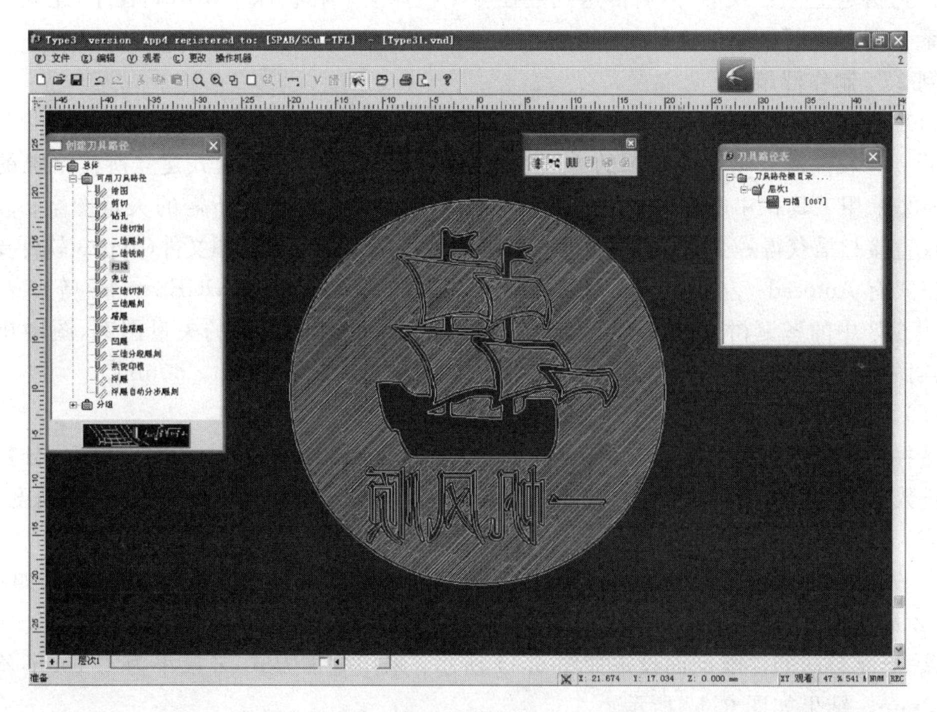

图 6.6 创建扫描雕刻刀具路径

(4) 实体模拟加工

刀具路径创建好以后,鼠标右击打开下拉菜单,选刀具路径实体模拟功能,进行实体仿真模拟加工,如图 6.7 所示。

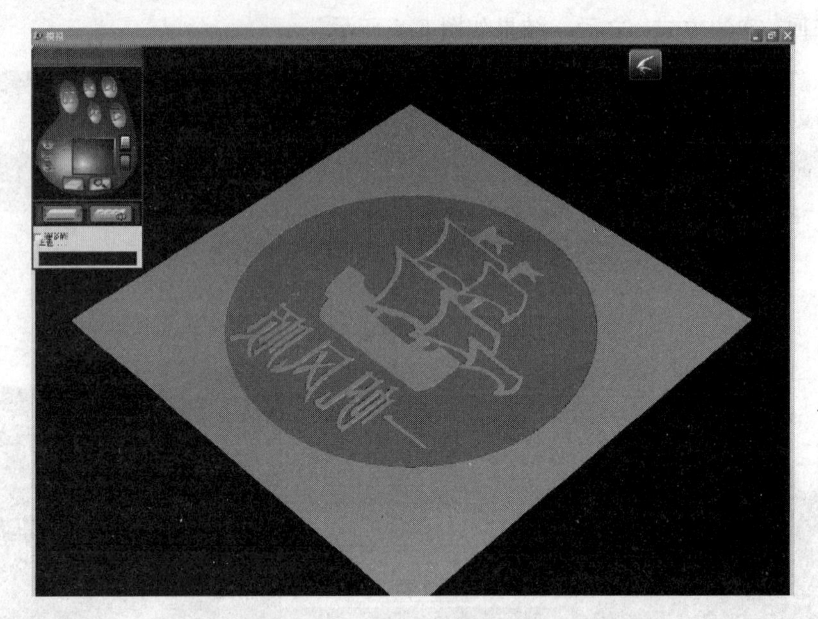

图 6.7 刀具路径实体模拟

(5) 零件加工

模拟加工正确无误后,鼠标右击打开下拉菜单,选择机器工作命令生成 NC 程序,将程序保存到指定文件目录下,然后传送到数控雕刻机床上。在机床上调用此程序,建立好工件坐标系后即可进行徽章的实体加工。

例 2 制作浮雕。

(1) 建立矢量图

Type3 软件建立物体矢量图的方法有很多种,如:①在 CAD 模式建立所作浮雕的二维图形;②采用工具栏中图案库命令直接从软件系统图案库中输入所需的矢量图案;③采用扫描仪直接扫描获得一个矢量图像;④直接输入软件所支持的矢量图文件(Type3 软件支持的矢量格式有 Autocad *. dxf, Adobe IIlustratort *. ai, PostScript *. eps, IGES *. igs 等)。

图 6.8 中的圣诞树二维线框图形为直接调用系统软件图库中的矢量图案,图中矩形是使用绘图工具中的绘矩形命令所得,以左下角为基准,尺寸为 30mm×50mm。

(2) 创建浮雕区域

选择所要创建的浮雕物体,运行浮雕模块,建立一个 15mm×15mm 的浮雕框,分辨率为 0.1,线数 X、Y 为 500×500,即将 15mm×15mm 的浮雕框分为密度为 500×500 个,精度 0.1。

(3) 创建浮雕剖面

① 先选择圣诞树的外部轮廓,然后在浮雕剖面对话框中设定浮雕剖面的形状,如图 6.9 所示,Z 最小为 0,Z 最大为 1.1mm。观看浮雕结果如图 6.10 所示。

② 圣诞彩球的浮雕剖面设定如图 6.11 所示:采用叠加方式,Z 最小为 1.1mm,Z 最大为 1.3mm。结果如图 6.12 所示。

图 6.8 建立圣诞树的矢量图

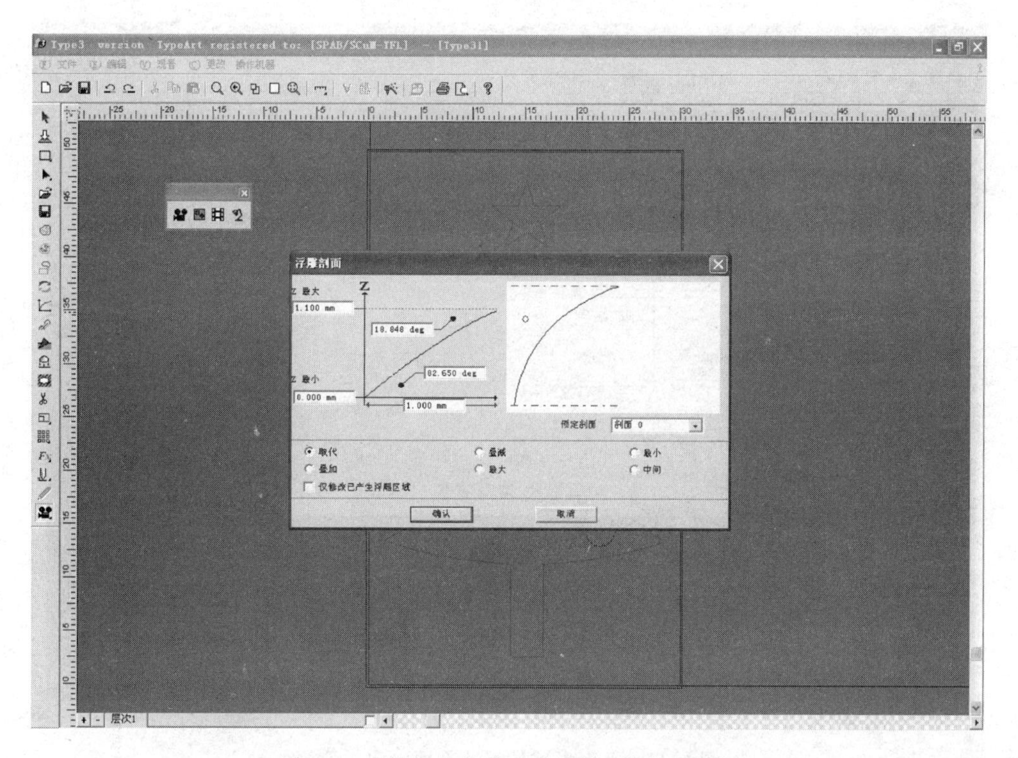

图 6.9 圣诞树外部轮廓浮雕剖面设定对话框

图 6.10　圣诞树外部轮廓浮雕

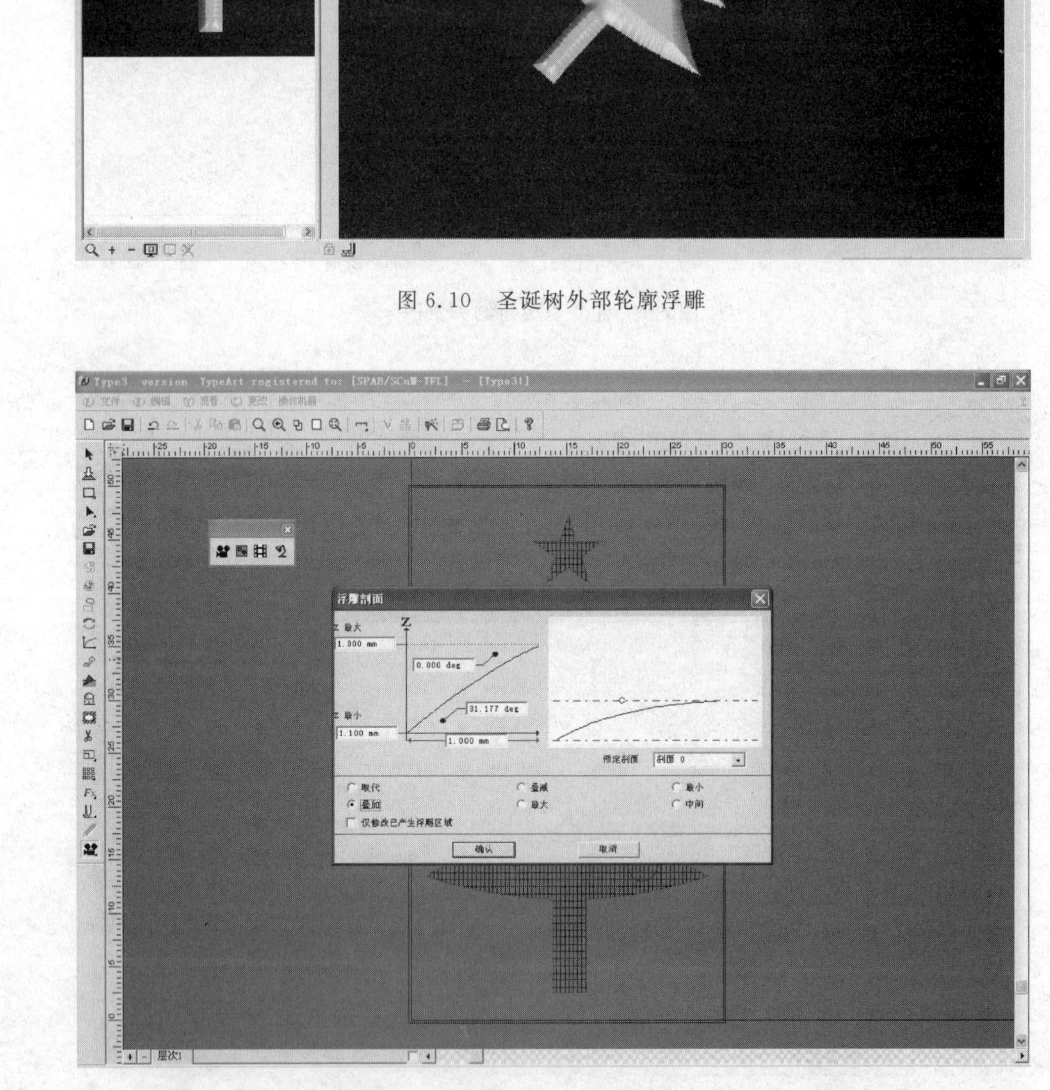

图 6.11　圣诞彩球的浮雕剖面设定对话框

图 6.12 圣诞树整体浮雕

(4) 计算浮雕的刀具路径

从浮雕模式中进入 CAM 模块，选用浮雕模式创建刀具路径。选择所需刀具，设定总深度、覆盖率、扫描角度及加工方式等参数。图 6.13 为浮雕刀具路径设置对话框：采用的是半径为 0.4mm 的球刀，总深度 0.5mm，覆盖率为 50%，加工方式为扫描，扫描角度为 0°。图 6.14 为浮雕刀具路径建好后的实体模拟效果。

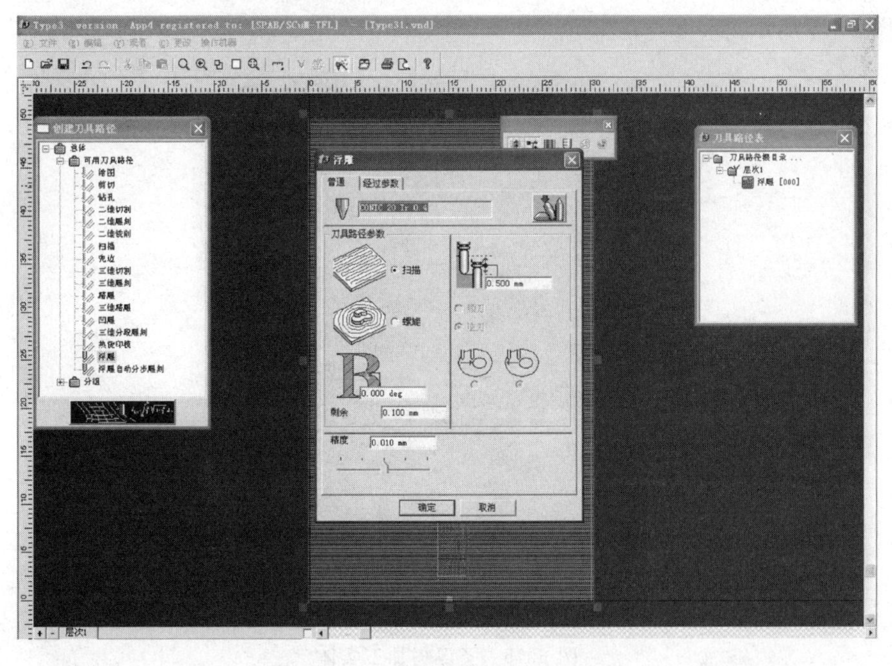

图 6.13 浮雕刀具路径设置对话框

图 6.14　浮雕刀具路径实体模拟

(5) 浮雕物体的加工

如所创建的刀具路径不需修改，则用鼠标右键选择创建好的浮雕刀具路径打开下拉菜单，选择机器工作命令，此时需要将 Z 轴最高点设为 0，便于加工浮雕物体前的对刀操作。生成加工浮雕物体所需的 NC 程序，然后在指定的文件目录下将程序传送到数控雕刻机机床上，对所需的雕刻刀具设定好工件坐标系后，选择此程序即可进行浮雕物体的加工。加工实体如图 6.15 所示。

图 6.15　圣诞树加工实体

6.3 三轴数控雕刻机的操作

数控雕刻机种类繁多，操作方法各异，本节以 MEⅡ-4525 型三轴数控雕刻机为例，介绍数控雕刻机的基本操作方法。

6.3.1 基本操作

1. 原点回归

(1) 在键盘上按“Ctrl＋7”，切换到原点回归状态。

(2) 依次按下键盘上的字母“Q”、“W”、“A”键，则机床按 *Z* 轴、*Y* 轴、*X* 轴的顺序回零。机床每次开机、重新启动及紧急停止后必须进行原点回归操作。

2. 载入程序

(1) 从主功能界面按“F2”键，进入程式编辑命令。

(2) 然后按“F8”键，进入档案管理菜单。

(3) 再按“F4”键，选用磁碟机输入方式载入程序。

(4) 按光标上、下移动键，找到所需的程序名，回车确认即可。

3. 主轴旋转

(1) 在键盘上按“Ctrl＋。”，主轴即开始旋转。

(2) 在键盘上按“Alt＋Z”，主轴即停止转动。

(3) 每按一次“Ctrl＋W＋8”，主轴转速升高 10％；每按一次“Ctrl＋X＋8”，主轴转速下降 10％。调节范围在 50％～120％。

4. 进给方式

1) 用手脉进给

(1) 在键盘上按“Ctrl＋6”，切换到手轮状态。

(2) 用手脉上的倍率旋钮选择进给速度。

(3) 选用手脉上的“X”、“Y”、“Z”旋钮选择需进给的轴。

(4) 摇动手脉，即可驱动所选的轴沿正向或负向移动。

2) 手动进给

(1) 在键盘上按“Ctrl＋4”，切换到手动状态。

(2) 选择所需移动的轴向。字母 Q 代表 *Z* 轴正向，字母 Z 代表 *Z* 轴负向；字母 W 代表 *Y* 轴正向，字母 X 代表 *Y* 轴负向；字母 D 代表 *X* 轴正向，字母 A 代表 *X* 轴负向。

(3) 每按一次“Ctrl＋W＋0”，手动进给倍率升高 10％；每按一次“Ctrl＋X＋0”，手动进给倍率下降 10％。调节范围在 10％～200％。

3）增量寸动

（1）在键盘上按“Ctrl＋5”，切换到增量寸动方式。

（2）选择所需移动的轴向。字母Q代表Z轴正向，字母Z代表Z轴负向；字母W代表Y轴正向，字母X代表Y轴负向；字母D代表X轴正向，字母A代表X轴负向。

（3）每按一次键盘上的字母，则相对应的轴移动的距离为0.01mm。

5. 设定工件坐标系原点

（1）在键盘上按“Ctrl＋6”，切换到手轮状态。

（2）使用手摇脉冲发生器，移动X、Y、Z轴到工件坐标系原点的位置，并记下此时的坐标值。

（3）从主功能界面按“F1”键，进入机台状态。

（4）再按“F5”键，进入设定工件坐标系统。

（5）在设定工件坐标系统界面，将工件坐标系原点的坐标值输入并存储到G54寄存器中。

6. 雕刻刀具的装夹

1）雕刻刀具装夹的操作规程（见图6.16）

（1）将夹头套入螺母中，听到“咔嗒”声，表示夹头已正确安装。

（2）将刀具插入夹头。

（3）将装有刀具、夹头的螺母安装到主轴上。

（4）用扳手旋紧螺母（不能太紧，固定住刀具即可）。扳手的旋转方向：假设雕刻机主轴相对静止，则螺母逆时针旋转为紧，顺时针为松。

（5）卸刀具时，用扳手旋松夹头螺母，夹头螺母将把夹头、刀具一起卸去，此时拔去刀具即可。

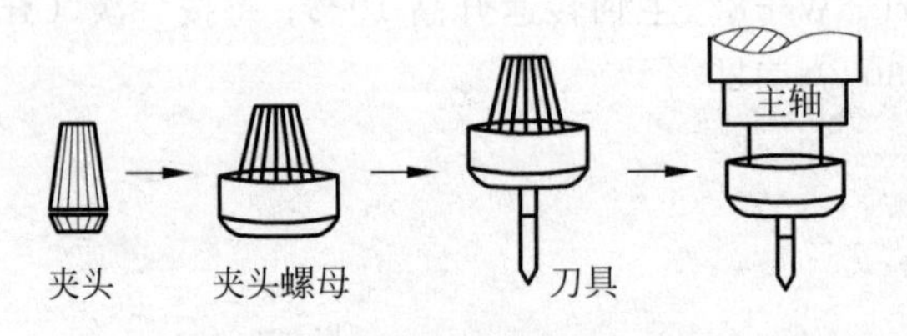

图6.16　雕刻刀具的装夹过程

2）注意事项

各种规格的夹头必须装在相应的夹头螺母中，各种规格的夹头同时也应装相应的雕刻刀具。如$\phi4$的雕刻刀只能装在$\phi4$的弹簧夹头中；$\phi6$的雕刻刀只能装在$\phi6$的弹簧夹头中，否则将造成弹簧夹头的变形、损坏。

3）弹簧夹头的保养

弹簧夹头使用前后需将夹头内的材料屑清除干净，因为弹簧夹头夹紧时，堵塞的材料屑会使弹簧夹头变形。夹头不使用时，应放置在专用工具箱内。

7. 零件加工

(1) 从主功能界面按"F4"键,进入准备执行加工状态。

(2) 然后按"Ctrl+2",切换到自动运行方式下。

(3) 一切准备就绪后,按"Ctrl+N",则自动执行程序,开始零件加工。

(4) 每按一次"Ctrl+W+9",自动执行程序的进给速度升高10%,每按一次"Ctrl+X+9",自动执行程序的进给速度降低10%。调节范围在30%～200%。

6.3.2 数控雕刻机安全使用技术规则

(1) 未了解机床性能及未得到指导教师许可前,不准擅自开动机床。

(2) 严禁刀具未夹紧就启动主轴。

(3) 严禁工件未装夹好就进行雕刻操作。

(4) 严禁用手去接触工作中的工件、刀具及其他加工部分,也不要将身体靠在机床上。

(5) 操作者离开机床时,必须停止主电机的运转。

(6) 当机床遇紧急故障时,须按下急停开关,并及时向指导教师报告。

(7) 机床故障排除后,必须重新启动计算机才能进行雕刻操作,否则雕刻原点会偏移。

(8) 操作要文明,机床导轨及工作台上不得乱放工具、量具及工件等。

(9) 严格遵守工艺操作规程,不得任意修改操作程序。

(10) 工件加工完毕后,必须擦净机床、加油、整理好场地并关掉电源。

(11) 严禁雕刻机移作他用。

6.4 四轴雕刻机

6.4.1 四轴雕刻机的结构特点

ME4242型四轴雕刻机是啄木鸟公司的一款新兴模具雕刻机,该机采用双立柱龙门式结构,整体铸造,直线导轨,刚性好;采用德国进口滚珠丝杠,高速双CPU-CNC控制系统及精密细分驱动系统,配套1.5kW变频主轴,配合手脉,使操作更简便、更快捷。ME4242型雕刻机的主要组成部分如图6.17所示,其最大雕刻尺寸是420mm×420mm×150mm,使用基于Windows的Type3软件作控制软件,此软件可利用自身的造型功能,计算所使用的刀具路径,通过后置处理程序,驱动雕刻机进行雕刻。

4个轴分别为:X轴(水平方向)、Y轴(前后方向)、Z轴(上下方向)及绕X轴的旋转轴A轴。但4个轴不能同时工作,即Y轴与A轴根据需要,通过按钮相互切换。加工平面零件,就选择Y轴工作,A轴不工作;加工回转体零件则选择A轴工作,Y轴不工作。与三轴雕刻机相比,四轴雕刻机适合回转轴零件的雕刻加工,无论是二、三维雕刻还是浮雕雕刻,都能快捷方便完成,广泛适用于市场上滴塑模、烫金模、冷冲模等各种铜模和钢模的制作加工。

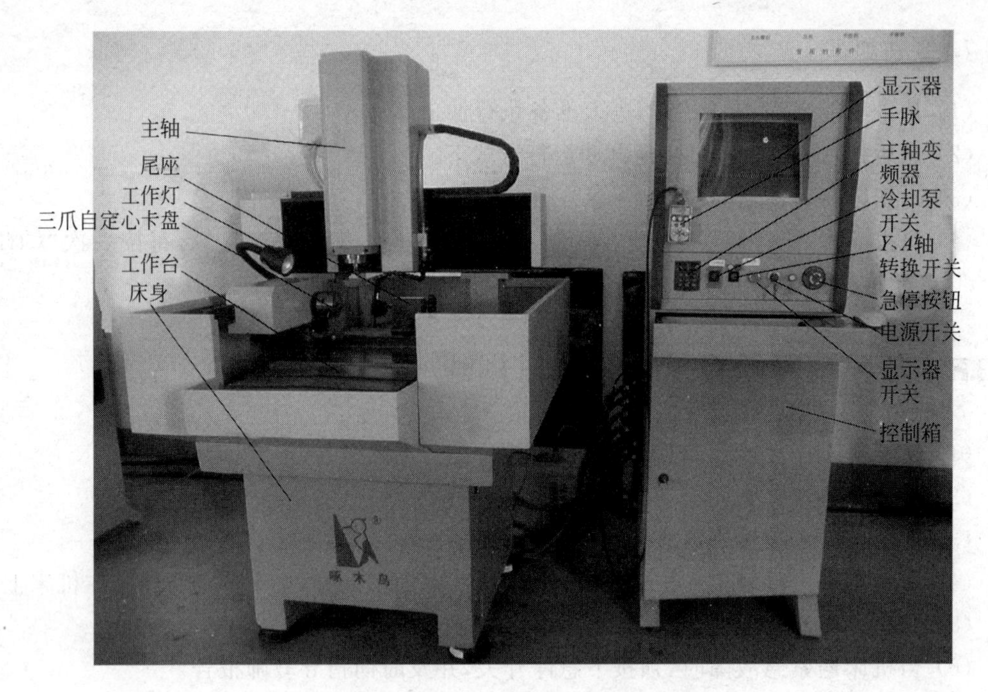

图 6.17 ME4242 型四轴雕刻机的主要组成部分

6.4.2 四轴雕刻机的基本操作

以啄木鸟 ME4242 型四轴雕刻机操作为例。

1. 开机

机床电源开通以后，打开 NcStudio 软件。

2. 机床回零

软件打开以后，会自动跳出一个机床回零界面。如图 6.18 所示选择全部轴回机床原点，则机床 3 个轴以 Z、X、Y 的次序全部回机床原点。

3. 装载加工程序

单击“选择文件”，再选择“打开并装载”选项，选择所要加载的程序名，最后选择“打开”选项，即可将所需加工的程序成功加载到软件中。

4. 设定工件直径

单击“操作”选项，进入“参数”对话框，选择进给轴参数，设置旋转工件直径，如图 6.19 所示。

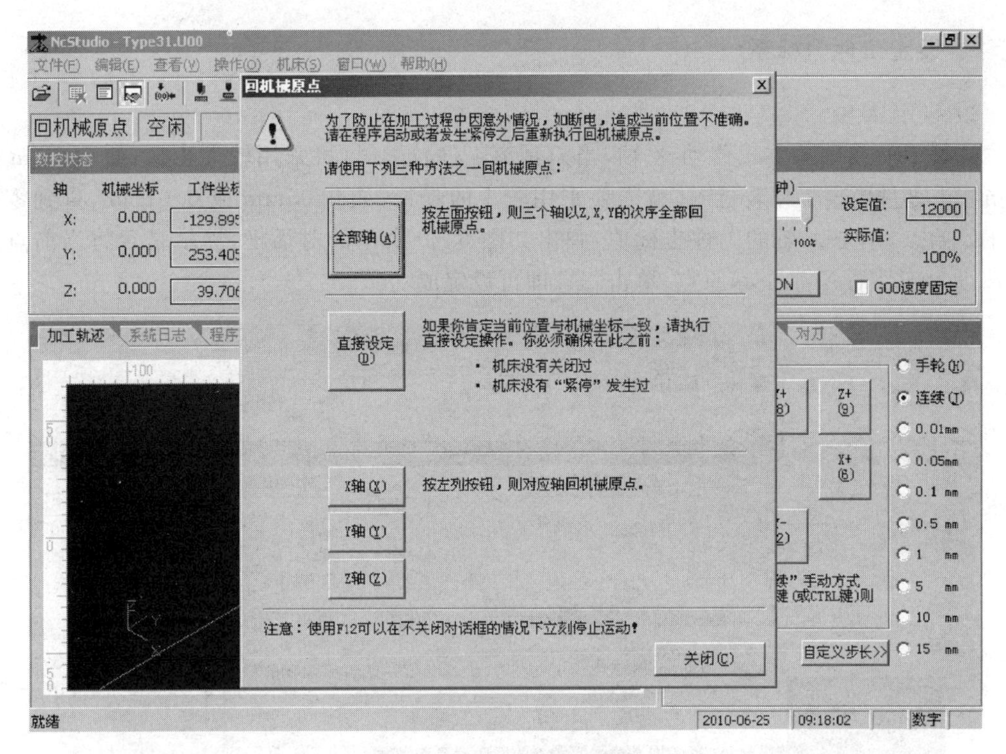

图 6.18　机床回原点对话框

图 6.19　旋转工件直径设定对话框

5. 设定工件坐标系

1）设定 X 轴

选择手轮或手动方式移动 X 轴，当刀具离工件较远时，可采用较大步长，如 0.5mm 或 1mm；当零件距离工件较近时，就需要采用较小的步长，如 0.05mm 或 0.01mm，直到零件加工起始点，单击 X 轴的工件坐标值，弹出如图 6.20 所示的对话框，提示是否将当前点的 X 值设为工件的 X 轴坐标原点，单击“是”即可设定成功。

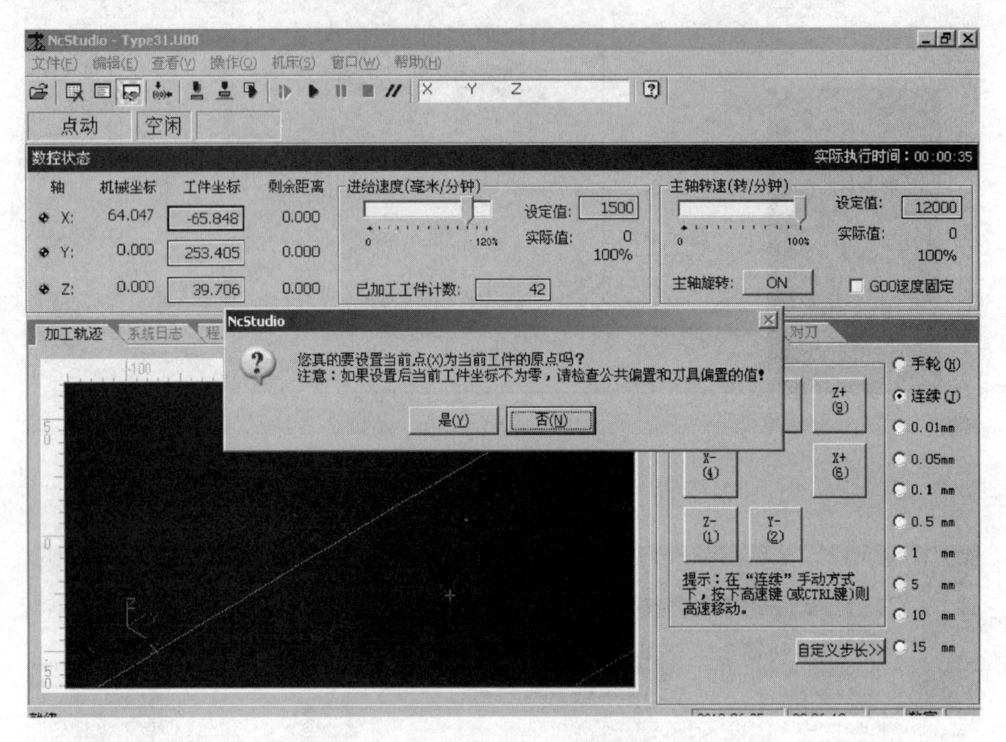

图 6.20 设定 X 轴工件坐标原点对话框

2）设定 Z 轴

选择手轮或手动方式在 Z 方向移动主轴，让刀尖正好接触到工件表面，在此位置设置 Z 轴工件坐标系为零，设定方法同 X 轴。

6. 零件加工

进入自动方式，单击开始即可加工。加工时，可根据需求随时调节进给速度和主轴转速。

6.4.3 操作实例

例 3 在直径为 8mm，长为 80mm 的圆柱体上雕刻兰花。

(1) 在 Type3 软件的 CAD 模式下建模。因要加工的零件直径为 8mm，所以建模时的 Y 轴长度为零件的周长 25.12mm；X 轴要预留 20mm 的装夹余量，因此，X 轴的建模长度为 60mm。建模时，为了便于对刀，一般把右下角定为零位，如图 6.21 所示。

图 6.21 兰花 CAD 建模

(2) 在 Type3 软件的 CAM 模式下创建刀具路径。选用 0.2mm 的锥刀，刀具路径选用雕刻方式，加工深度为 0.2mm，采用单次的加工路径，精度为 0.01mm，如图 6.22 所示。刀具路径设置好以后，进行“机器工作”，后置处理生成加工程序。

(3) 将 Y 轴配置切换到旋转轴模式。开机，再双击打开 NcStudio 软件，进入雕刻机控制系统，系统提示先进行回机床原点操作，选择全部轴即可。

(4) 装夹零件。因零件属于细长轴类零件，采用一夹一顶的方式装夹。

(5) 对刀操作。采用手动方式，将刀具移动到零件右端面的上表面，移动时，可先采用连续方式，再慢慢降低进给速度，如先选 5mm，然后 1mm，再选 0.5mm、0.1mm，最后选择 0.05mm，位置调整好以后，单击 X 轴的工件坐标位置，可将当前点自动设为工件坐标原点。同样的方法设置 Z 轴的工件坐标原点。如图 6.23 所示。

(6) 装载程序，并仿真加工。选择“文件”菜单，再选择“打开并装载”，选择好路径以后，即可将要加工的程序装载到雕刻系统中。单击“仿真”按钮，检查程序正确与否，如图 6.24 所示。

(7) 零件加工。调整好主轴转速与进给速度，在进给轴参数中设置好零件直径值，按“开始”键即可开始零件加工，加工实物如图 6.25 所示。

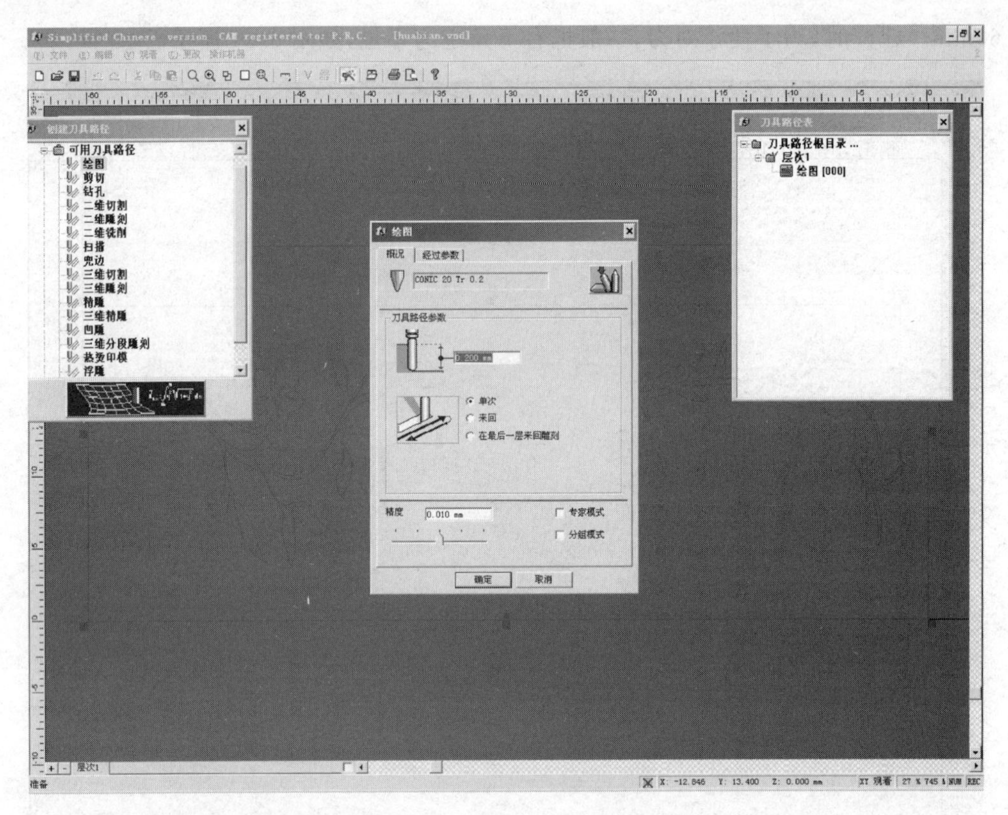

图 6.22 创建兰花刀具路径

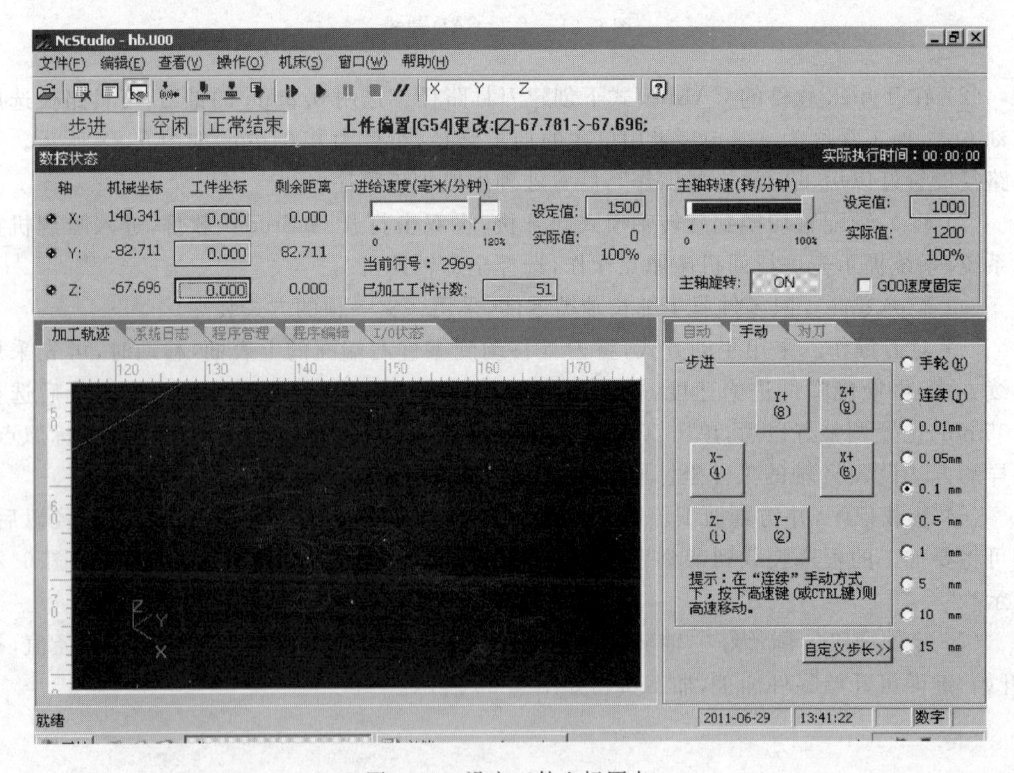

图 6.23 设定工件坐标原点

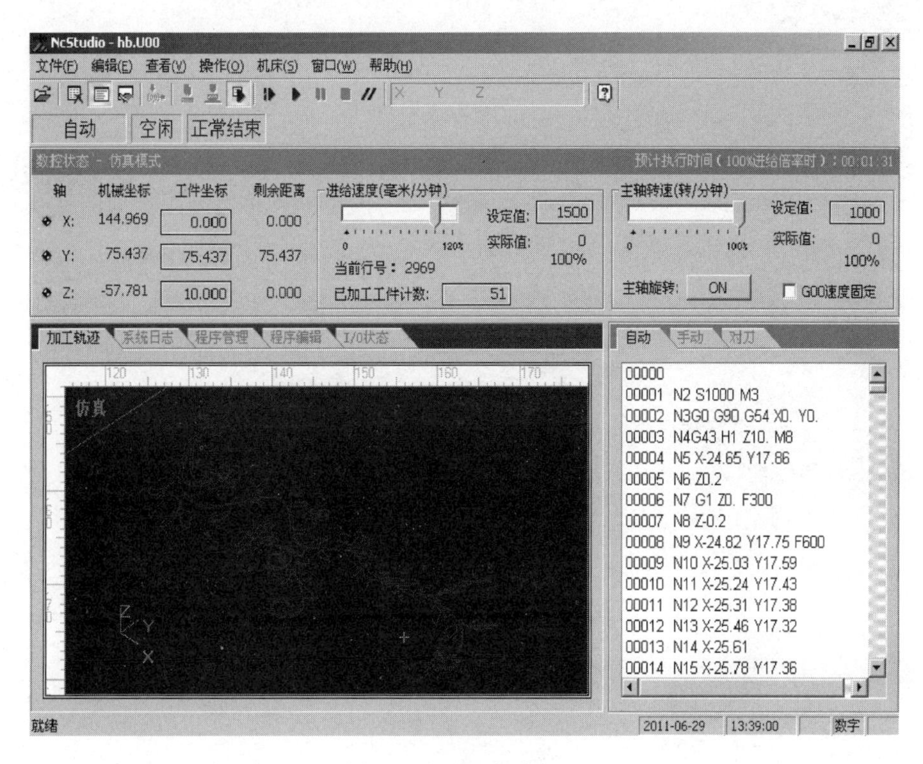

图 6.24 兰花仿真加工

图 6.25 兰花加工实物

复习思考题

1. 数控雕刻系统具有哪些特点?
2. 简述数控雕刻机的加工工艺过程。
3. $\phi 6$ 的雕刻刀能否装在 $\phi 4$ 的弹簧夹头中,为什么?
4. 四轴雕刻机与三轴雕刻机的主要区别是什么?

电火花加工

电火花成形加工

7.1 电火花成形加工的基础知识

1. 电火花成形加工原理

电火花成形加工是利用工具电极和工件间脉冲放电时产生的电腐蚀现象进行加工的。

如图 7.1 所示，当工具电极和工件分别与脉冲电源的正负极（或负正极）相接后，在间隙最小处或绝缘强度最低处将工作液击穿，形成火花放电，工具和工件在瞬时高温下都被蚀除掉一小部分材料，各自形成一个小凹坑，蚀除掉的材料被工作液冲走。每次放电结束后，工作液恢复到绝缘状态。单次放电是工件加热、熔化，然后又回复到原来冷却状态的过程，一秒钟会发生数十万次脉冲放电，放电通道中心的温度可高达 10000℃。电火花成形加工是通过反复的放电进行加工的，无数的小凹坑组成了加工表面，工具电极的形状也就逐渐地复制在工件上。

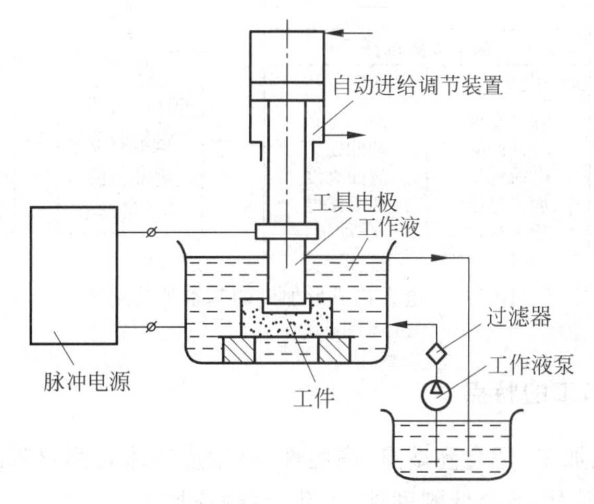

图 7.1　电火花成形加工原理图

实现电火花成形加工的基本条件如下：

(1) 工具电极与工件间合理的放电间隙。放电间隙通常为 0.01～0.5mm，间隙太大，极间电压不能击穿工作液，不能产生火花放电；间隙太小，易造成短路，也不能产生火花放电。工具与工件间的合理放电间隙由机床的自动进给调节装置来保证。

(2) 火花放电必须是短时间的脉冲放电，放电延续一段时间后（10^{-7}～10^{-3}s），必须停歇一段时间，再进行下一次的放电，如图 7.2 所示。其目的是使放电能量集中在很小的范围内，产生的热量来不及传导扩散到其余部分，否则，若形成持续电弧放电，使工件表面大量发热、熔化、烧伤，无法进行尺寸加工。

(3) 火花放电必须在较高绝缘强度的工作液中进行，利于产生脉冲性的火花放电，常用煤油、皂化液或去离子水等。工作液的主要作用是排除电蚀产物、对工具和工件进行冷却及消电离等。

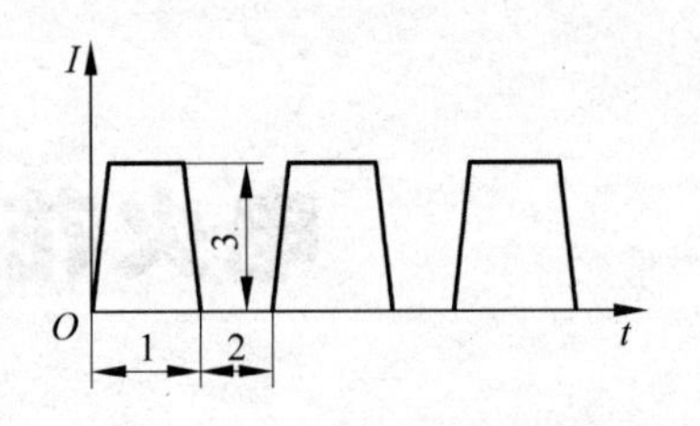

图 7.2 脉冲电流波形
1—脉冲宽度；2—脉冲间隔；3—加工电流

2. 电火花成形加工的基本工艺路线

电火花成形加工的基本工艺包括：电极的准备、电极装夹、工件的准备、工件装夹、电参数的选择和转换等。电火花成形加工的基本工艺路线如图 7.3 所示。

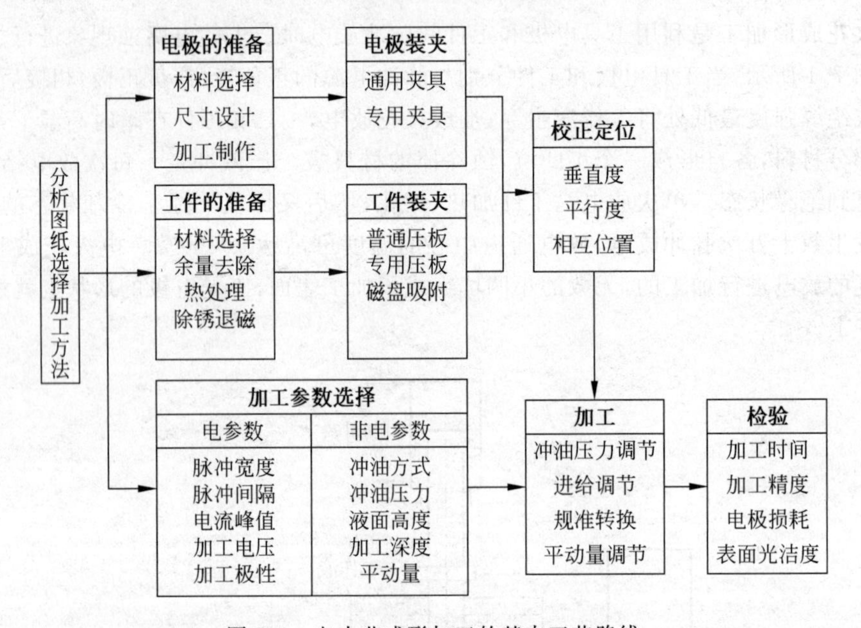

图 7.3 电火花成形加工的基本工艺路线

3. 电火花成形加工的特点

(1) 利用电、热能加工，适合高熔点、高脆性、高硬度等难切削材料的加工。

(2) 加工时无切削力，适合低刚度件、小孔、窄槽的加工。

(3) 加工过程容易实现自动化，并在同一台机床上可以方便地调节脉冲参数连续地进行粗、半精加工及精加工。

(4) 通常只能加工导电的金属材料，不能加工塑料、陶瓷等非导电材料。

(5) 加工速度慢，通常用切削加工切去大部分加工余量，再用电火花进行加工。

(6) 存在电极损耗，影响加工精度。

7.2 工具电极的准备、装夹和校正

电火花成形加工就是把工具电极的形状复制到工件上的过程,工具电极在电火花加工中起着重要的作用。

1. 电极材料应具备的性能

工具电极应具备的性能如下:

(1) 必须是导电材料;

(2) 电极损耗小;

(3) 容易加工成形;

(4) 价格便宜;

(5) 相对密度小,可获得较轻的工具电极;

(6) 有足够的机械强度,加工过程中不易变形。

2. 常用电极材料

常用的电极材料有紫铜、石墨、铸铁、钢、黄铜、铜钨合金、银钨合金等,其性能及其特点如表 7.1 所示。目前应用最多的是纯铜(紫铜)和石墨。

表 7.1 电极材料性能及其特点

电极材料	加工稳定性	电极损耗	机加工性能	特点	材质
紫铜	好	一般	差	磨削困难,不宜作为微细加工用电极	以锻打的铜最好
石墨	较好	较小	较好	机械强度较低,适用于大模型加工用电极	细粒致密,各向同性的高纯石墨
钢	较差	一般	好	常用于冲压模具加工,多以凸模为电极,加工凹模	以锻件为好
铸铁	一般	一般	好	常用于加工冷冲模的电极	优质铸铁
黄铜	好	较大	好	电极损耗太大,用于加工时可进行加工补偿的场合	冷拔或轧制棒或板材
铜钨、银钨合金	好	小	一般	价格偏贵,但对精度微细加工特别适宜	粉末冶金,以粒度细的为好

1) 紫铜

(1) 能制造成各种复杂的电极形状,但磨削加工困难。

(2) 密度大、价格高,不适宜加工大型型腔模,适合较高精度模具的加工,如中、小型型腔、花纹图案、细微部位等的加工。

(3) 材料本身熔点低(1083℃),不宜承受较大的电流密度(不超过 30A),生产率不高。

2) 石墨

(1) 机械加工性能好,容易成形及修正。

(2) 熔点高(3700℃),能承受大的电流密度,在大电流情况下仍能保持电极的低损耗,特别适合蚀除量较大的型腔粗加工。

(3) 密度小,电极可做得较轻,适合制造大型零件或模具加工用工具电极。

(4) 精加工时放电稳定性差,只能选取损耗较大的加工条件来加工,电极损耗比紫铜大,不适宜精加工。

3. 电极的制造

工具电极多采用机械加工成形,其优点是尺寸精度容易控制,可制造复杂形状的工具;其缺点是需要多道工序,周期长,成本高。机械加工后再进行磨削或钳工精修。目前,直接采用电火花线切割加工电极也得到广泛的应用。

1) 制造紫铜电极的常用方法

(1) 机械加工:主要采用车、铣、刨等切削加工方法,机械加工后不宜磨削,而用钳工修整。

(2) 电铸成形:这里所说的电铸,是一种快速电镀方法的应用(快速电镀称为电铸)。利用电铸成形技术制造电极,镀层厚度可达 3mm,可制出用机械加工方法难以完成的细微形状的电极,是一种方便、快捷制造精密复杂形状电极的有效途径。其缺点是成本高,并且电极质地比较疏松,电加工时电极损耗较大。

(3) 锻造成形:利用精锻成形的方法制造电极,尤其在批量制造电极时非常有效。锻造成形电极具有组织致密、损耗小、节约原材料、制造周期短、成本低的优点;其缺点是需要配置专用的锻造模具,工具电极形状不同,必须采用不同的锻造模具。

(4) 数控雕刻:利用雕刻机制造电极。其优点是可多轴联动进行立体雕刻加工,得到复杂形状电极;其缺点是一次性投资大,制造电极费用高。

2) 制造石墨电极的方法

(1) 机械加工:先用车、铣、刨等方法加工,再进行磨削精加工。石墨材料的机械加工性能好,大约比铜提高 5 倍的切削速度,因此,石墨电极的制造主要采用机械加工法。

(2) 振动成形:实质是一种机械振动磨削,适合加工有一定批量的石墨电极,尤其适用于修整用过的石墨电极。

3) 制造钢电极的方法

(1) 机械加工:切削加工后,再进行成形磨削。

(2) 数控线切割:目前很常用的一种电极加工方法,非常适合 2D 电极的制造,另外,对于薄片类电极,用机械加工很难进行,而线切割加工可以获得很高的加工效率和加工精度。

4. 电极的装夹

工具电极的安装目的是把电极牢固地装夹在主轴的电极夹具上,并保证电极轴线与主轴进给轴线一致,使电极与工件垂直。

常用的电极夹具有以下几种。

(1) 标准套筒装夹：适用于圆柱形电极，如图 7.4 所示。

(2) 用钻夹头装夹：适合小直径圆柱电极的装夹，如图 7.5 所示。

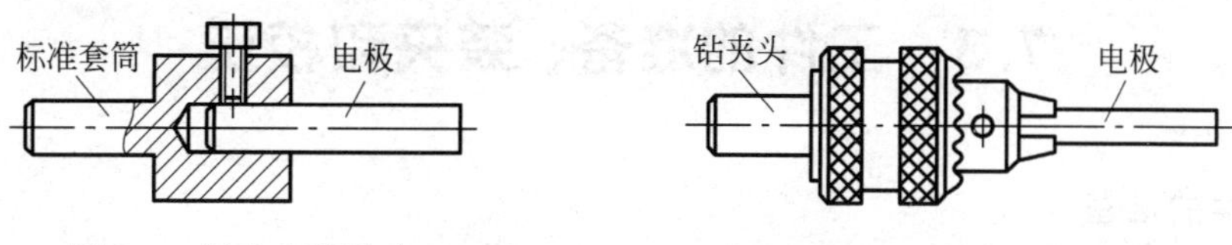

图 7.4 标准套筒装夹

图 7.5 钻夹头装夹

(3) 标准螺丝夹头装夹：适合尺寸较大的电极，如图 7.6 所示。

(4) 用专用夹具装夹工具电极：如可以采用电火花线切割加工出电极扁夹，用于装夹某些尺寸较小的扁状电极。

(5) 对于质量较大电极，及需要多次更换电极才能完成加工任务时，可以使用三爪自定心卡盘装夹，即便多次更换，也能保证电极位置的准确性。

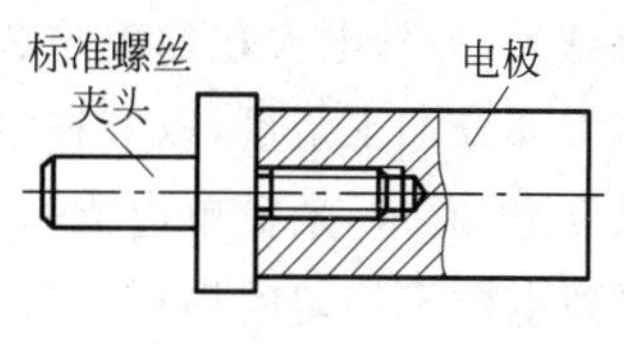

图 7.6 标准螺丝夹头装夹

5. 电极的校正

工具电极装夹后，需要进行校正，其目的是确保电极的轴线与工件保持垂直。

1) 用精密刀口角尺找正

如图 7.7 所示，工具电极下降但与工件保持一定的间隙，停止下降工具电极。在 X 轴方向将精密刀口角尺放在工件上，使角尺的刀口与工具电极轻轻接触，移动照明灯置于精密刀口角尺的后方，观察透光情况来判断工具电极是否垂直，若不垂直，调节主轴夹头球面上方的 X 轴方向的调节螺钉；用类似的方法沿 Y 轴方向进行工具电极的找正。

2) 用百分表找正

找正精度比精密刀口角尺要求高时，采用百分表找正。如图 7.8 所示，先将百分表的测量杆沿 X 轴方向轻轻接触工具电极，然后是主轴上下移动，根据百分表读数变化判断工具电极在 X 轴方向上的倾斜情况，旋转调节螺钉，使工具电极沿 X 轴方向保持与工件垂直，再用类似方法沿 Y 轴方向进行工具电极的找正。

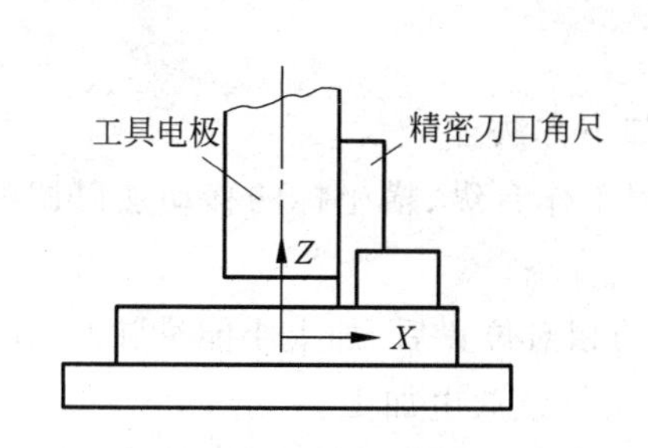

图 7.7 用精密刀口角尺找正工具电极

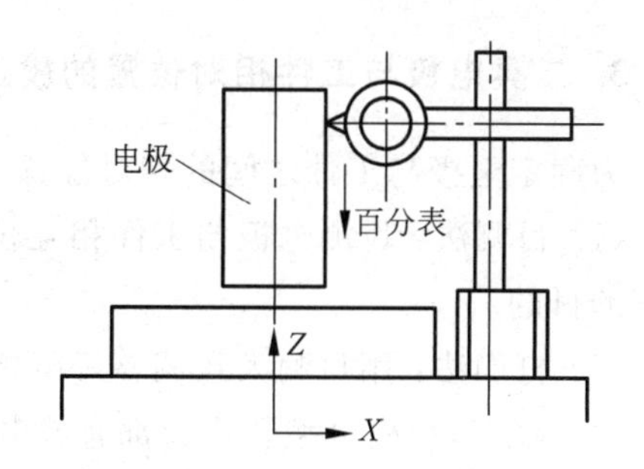

图 7.8 用百分表找正工具电极

3) 用火花放电找正

找正时，将工具下降到一定程度，当工具电极与工件产生放电火花，通过观察电极四周的火花放电情况，来调整主轴上的 X 轴和 Y 轴方向的垂直调节螺钉，使放电火花均匀，以便找正工具电极。

7.3 工件的准备、装夹和校正

1. 工件的准备

工件的准备主要考虑工件的预加工和热处理工序的安排。

(1) 工件的预加工：由于电火花加工时电极损耗是不可避免的，加工量越大，电极损耗就越大，另外电火花加工与金属切削加工相比，加工效率比较低，因此先用切削加工方法去除大部分加工余量，以节省电火花粗加工时间，提高生产效率和加工精度。预加工时注意余量合适，通常，余量单边留 0.3～1.5mm，尽量做到余量均匀，否则会影响型腔表面粗糙度和导致电极不均匀的损耗。余量太小，不易找正定位，甚至加工不出所需的表面粗糙度造成废品；余量太大，加工时间长。对一些复杂的型腔，余量要适当增大，如果预加工困难，可直接进行电火花加工。

(2) 工件的热处理：工件预加工后，即可转入热处理进行淬火，这样可避免热处理变形对型腔加工后的影响。

(3) 其他工序(磨光、除锈、去磁)：工件热处理后，为防止变形，须再磨光两平面；需要块规、角尺定位时，还要磨基准面。另外，工件在电火花加工前还必须除锈去磁，否则在加工中工件吸附铁屑，容易引起拉弧烧伤。

2. 工件的装夹

工件的装夹是电火花加工中的重要环节，工件的装夹常用压板固定或磁性吸盘吸附的方法。

(1) 使用压板装夹工件：将工件放在工作台上，用压板和螺钉压紧工件。

(2) 使用磁性吸盘装夹工件：在机床工作台上安装磁性吸盘，并对磁性吸盘进行校准。其主要用途为吸牢被加工的工件或形状各异的模具等，使用方法简单，吸着力强。

3. 工具电极与工件相对位置的校正

为确定电极与工件之间的相对位置，可采用如下方法。

(1) 目测法：目测电极与工件相互位置，利用工作台纵、横坐标的移动加以调整，达到校正的目的。

(2) 打印法：用目测大致调整好电极与工件的相对位置后，加上小能量脉冲，在工件上加工出一浅印，使模具型孔周边都有放电加工量，再继续放电加工。

(3) 测量法：用量具、块规、卡尺校正。

7.4 电火花成形加工中的常用术语及基本工艺规律

7.4.1 电火花成形加工中的常用术语

1. 极性效应

在电火花加工过程中，无论是正极还是负极，都会受到不同程度的电腐蚀。这种由于正、负极性不同而彼此电蚀量不一样的现象叫做极性效应。通常，将工件接脉冲电源的正极，工具电极接脉冲电源的负极时，称为“正极性”加工；而把工件接脉冲电源的负极，工具电极接脉冲电源的正极称为“负极性”加工。

产生极性效应的原因很复杂，主要是：在电场作用下，通道中的电子奔向阳极，正离子奔向阴极。由于电子质量轻惯性小，在短时间内容易获得较高的运动速度，在击穿放电的初始阶段就有大量的电子奔向正极，把能量传递给阳极表面；而正离子则由于质量和惯性很大，启动和加速较慢，在击穿放电的初始阶段，大量的正离子来不及到达负极表面，到达负极表面并传递能量的只有一小部分正离子。所以，在用短脉冲加工时，负电子对正极的轰击作用大于正离子对负极的轰击作用，所以正极的蚀除速度大于负极的蚀除速度，这时工件应接正极。反之，用长脉冲加工时，正离子对负极的轰击作用大于电子对正极的轰击作用，所以负极的蚀除速度大于正极的蚀除速度，这时工件应接负极。因此，当采用窄脉冲精加工时，应选用正极性加工；当采用长脉冲粗加工时，应采用负极性加工。高生产率和低电极损耗加工时，常采用负极性长脉宽加工。

2. 电规准

电规准是指电加工所用的峰值电流、脉冲宽度、脉冲间隔等电参数，一般分为粗、中、精规准。

（1）粗规准主要用于粗加工阶段，要求蚀除加工余量的大部分，加工速度高，电极损耗小，采用长脉宽（大于 200μs）及大的脉冲电流（10～50A），脉冲越宽，加工表面粗糙度大，生产率高。

（2）中规准是过渡性加工，脉宽中等（20～200μs）、峰值电流适中的参数组合即为中规准，用以减少精加工的加工余量，促进加工稳定性和提高加工速度。中规准要求在保持一定加工速度的情况下，尽量得到低的电极损耗，以利修型。

（3）精规准为达到较小的表面粗糙度，一般选择小电流（小于 10A）和窄脉宽（小于 20μs），且适当增加脉冲间隔和抬刀次数。由于选用了窄脉冲宽度，电极相对损耗比较大，但这时加工余量很小，电极的绝对损耗也是很小的。

3. 覆盖效应

在油类介质中放电加工会分解出负极性的游离碳微粒，在合适的脉宽、脉冲间隔条件下将在放电的正极上覆盖碳微粒，这种现象叫覆盖效应。因为游离碳微粒带负电荷，易覆盖在正极上，因此只有在负极性加工时，才能利用覆盖效应有效降低工具电极损耗。

7.4.2 电火花成形加工基本工艺规律

电火花加工的主要工艺指标有加工速度、电极损耗、表面粗糙度、加工精度等，它们用于对电火花加工过程、加工效果进行综合评价。

1. 影响加工速度的主要因素

电火花成形加工的加工速度，是指在一定的加工规准下，单位时间内工件被蚀除的体积或质量(mm^3/min 或 g/min)。

1）脉冲宽度的影响

单个脉冲能量的大小是影响加工速度的重要因素。通常，脉冲宽度增加，加工速度随之增加，脉冲宽度增加到一定数值时，加工速度最高，此后再继续增加脉冲宽度，蚀除产物增多，使排气排屑条件恶化，间隙消电离时间不足，加工稳定性变差，脉冲能量未能充分利用，加工速度反而下降。最高加工速度对应的脉冲宽度，往往因电极损耗较大，在很多情况不宜使用。粗、中规准加工时，应兼顾电极损耗和加工速度两项指标，选择较大的脉冲宽度。

2）脉冲间隔的影响

在脉冲宽度一定的条件下，脉冲间隔小，加工速度高。但脉冲间隔小于某一数值后，随着脉冲间隔的继续减小，没有足够的时间排除电蚀产物和消电离，加工稳定性差，加工速度反而降低。在脉冲宽度一定的条件下，为了最大限度提高加工速度，应该在保证稳定加工的同时，尽量缩短脉冲间隔时间。

3）电流峰值的影响

当脉冲宽度和脉冲间隔一定时，随着电流峰值的增加，加工速度也增加，但峰值电流很大时，将和脉冲宽度再增大一样，加工速度反而下降。电流峰值增大将使表面粗糙度变差和电极损耗增加，应该综合考虑。

4）排屑条件的影响

在加工过程中，如果气体或切屑不能及时排除，则加工稳定性不好，脉冲利用率低，加工速度降低。

5）工件材料的影响

在同样的加工条件下，如果工件材料熔点、沸点越高，熔化潜热和汽化潜热越大，则为使工件熔化或汽化，需要消耗越多的能量，加工速度越低。对于导热系数很高的工件，虽然熔点、沸点、熔化潜热和汽化潜热不高，但因热传导性好，热量散失快，加工速度也会降低。

2. 影响电极损耗的主要因素

电极损耗在电火花成形加工中是不可避免的，主要分为绝对损耗和相对损耗。绝对损耗包括体积损耗(mm^3/min)、质量损耗(g/min)、长度损耗(mm/min)；相对损耗是指电极的绝对损耗和工件加工速度的百分比。电极损耗是产生加工误差的重要原因，影响电极损耗的因素主要包括以下几方面。

1）脉冲宽度的影响

在峰值电流一定的情况下，脉冲宽度增加，电极损耗减小，如图 7.9 所示。因为两个方面原因，一是脉冲宽度增大，单位时间内脉冲放电次数减少，使放电击穿引起电极损耗的影响减少，同时，极性效应比较明显，负极（工件）承受正离子轰击的机会增多，正极的工具电极损耗小。二是脉冲宽度增大，电极“覆盖效应”增加，也减少了电极损耗，即加工中电蚀产物不断沉积在电极表面，对电极的损耗起了补偿作用。

2）峰值电流的影响

脉冲宽度一定时，加工时峰值电流不同，电极损耗也不同，如图 7.10 所示。如用纯铜电极加工钢时，随着峰值电流的增加，电极损耗也增加，但当脉冲宽度在 1000μs 以上时，峰值电流对电极的损耗影响很小。另外，电极材料不同，电极损耗峰值电流变化的规律也不同。用石墨电极加工钢时，在脉冲宽度相同的情况下，随着峰值电流的增加，电极损耗不是增加而是减少。

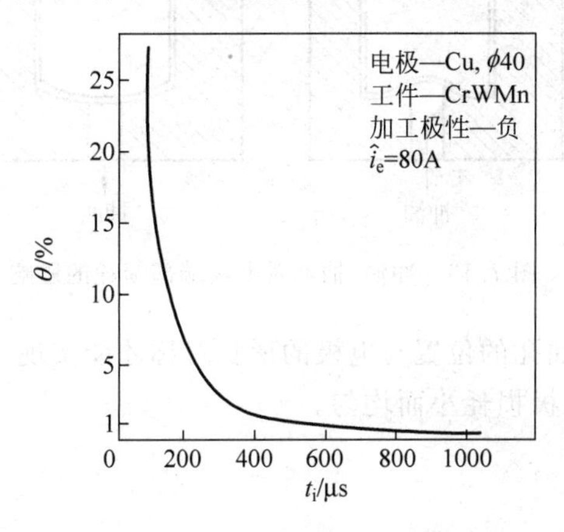

图 7.9　脉冲宽度和电极相对损耗的关系

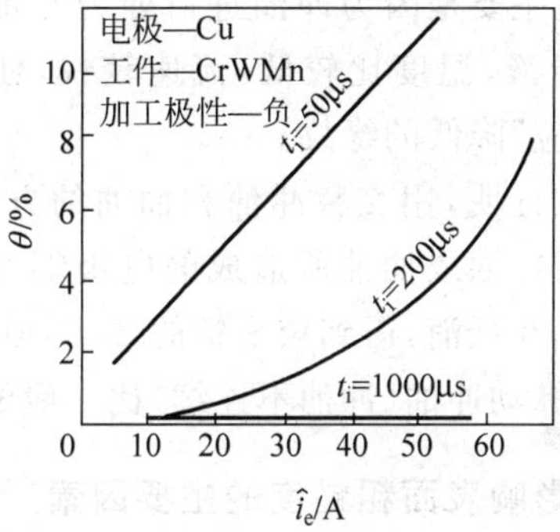

图 7.10　峰值电流对电极相对损耗的影响

脉冲宽度和峰值电流对电极损耗的影响效果是综合的，只有脉冲宽度和峰值电流保持一定的关系，才能实现低损耗加工。

3）脉冲间隔的影响

在脉冲宽度不变时，随着脉冲间隔增加，电极损耗增大，如图 7.11 所示。因为脉冲间隔越大，间隙中介质消电离越充分，“覆盖效应”越少，电极本身因加工造成的损耗得到的补偿越少，所以电极损耗越大。

4）加工极性的影响

在其他加工条件相同的情况下，加工极性不同，电极损耗也不同，如图 7.12 所示。当脉冲宽度小于某一数值时，正极性损耗小于负极性损耗，反之，当脉冲宽度大于该数值时，负极性损耗小于正极性损耗。粗加工时，为提高生产率及减小电极损耗，常用长脉宽负极性加工（如以铜或石墨为电极加工钢）；而精加工时，为提高精度及减小电极损耗，常用短脉冲正极性加工。

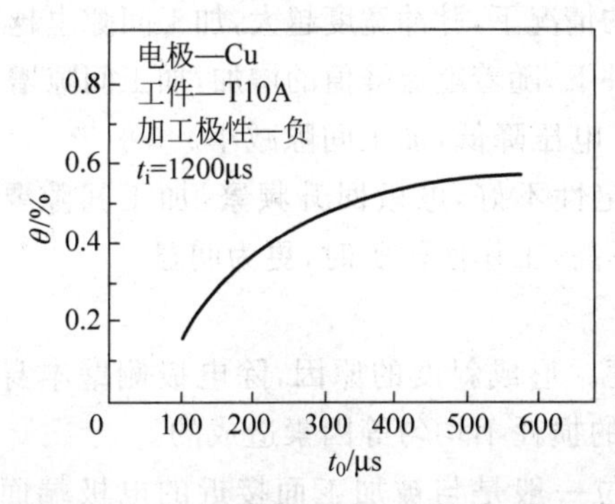

图 7.11　脉冲间隔对电极相对损耗的影响

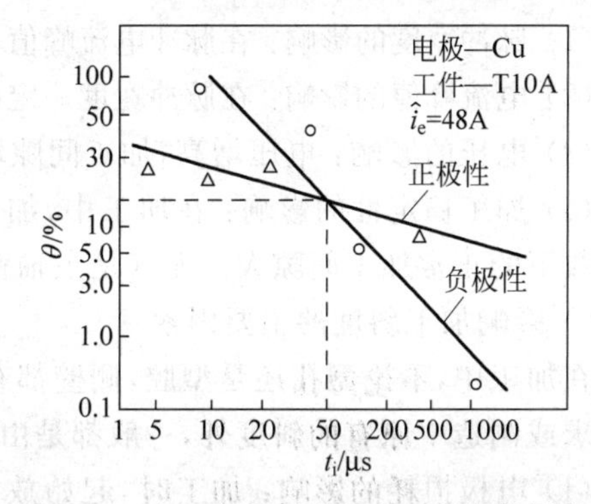

图 7.12　加工极性对电极相对损耗的影响

5）冲油或抽油的影响

在形状复杂、深度较大的型孔和型腔加工中，应采取强迫冲油或抽油的方法进行排气排屑。强迫冲油或抽油促进了加工的稳定性，但却增大了电极的损耗。因为，强迫冲油或抽油使电蚀产物迅速冷却，并被高速流动的工作液冲到放电间隙之外，减弱了电极上的“覆盖效应”。同时，间隙中的工作液由于降温而提高了介电系数，使加工中的消电离加快，也使电极上的“覆盖效应”减弱，因此电极损耗增加。

冲油或抽油对电极损耗无显著影响，但影响电极端面损耗的均匀性。冲油时电极损耗成凹形端面，抽油时则成凸形端面，如图7.13所示。这主要是因为冲油进口处为不带放电产物的新液，温度比较低，流速较快，使该处“覆盖效应”降低的缘故。

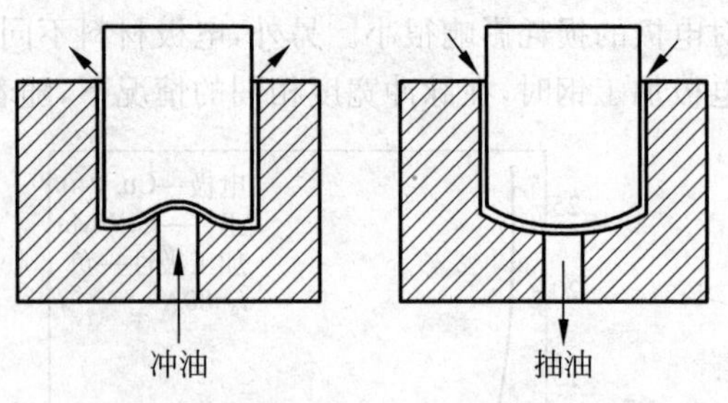

图7.13 冲油、抽油对电极端部损耗的影响

实践证明，用交替冲油和抽油的方法，可使单独用冲油或抽油所造成的电极端面形状的缺陷相互抵消，得到较平整的端面，但必须是油孔的位置与电极的形状对称才能实现。另外，采用脉动冲油（冲油不连续）比一般的冲油电极损耗小而均匀。

3. 影响表面粗糙度的主要因素

（1）脉冲宽度的影响：峰值电流一定时，脉冲宽度越大，单个脉冲的能量就越大，工件表面电腐蚀的小坑大而深，表面粗糙度越差。

（2）峰值电流的影响：在脉冲宽度一定的条件下，随着峰值电流的增加，单个脉冲能量也增加，加工表面粗糙度变差。

（3）加工极性的影响：对同一电极材料，脉冲宽度大，正极性加工比负极性加工表面粗糙度好；而脉冲宽度小，则负极性加工比正极性加工表面粗糙度好。

4. 影响加工精度的主要因素

加工精度是指加工后工件尺寸和图纸尺寸的符合程度，两者不相符合的程度通常用误差大小来衡量，而加工误差主要表现为加工间隙δ_j（见图7.14）、加工斜度、楞角倒圆半径等。

1）影响加工间隙的主要因素

（1）脉冲宽度的影响：在脉冲电流峰值一定的情况下，脉冲宽度越大，加工间隙也越大。

（2）电流峰值的影响：在脉冲宽度一定的条件下，随着电流峰值的增加，加工间隙增大。

（3）电压的影响：电压增高，加工间隙增大；电压降低，加工间隙减小。

（4）加工稳定性的影响：在加工中，加工稳定性不好，电极回升频繁，加工间隙要比同一参数下的正常加工间隙大。尤其是主轴精度不高，工作液较脏时，更为明显。

2）影响加工斜度的主要因素

在加工中，不论型孔还是型腔，侧壁都有斜度。形成斜度的原因，除电极侧壁本身在技术要求或制造中原有的斜度外，一般都是由电极的损耗不均匀等因素造成的。

（1）电极损耗的影响：加工时，起始放电部位一般是与被加工面接近的电极端面。因此，加工造成的工具电极本身的损耗必然从底端、尖角部分往上逐渐减少，即电极由于损耗要形成锥度，这种锥度反映到工件上，就形成了加工斜度，如图 7.15 所示。

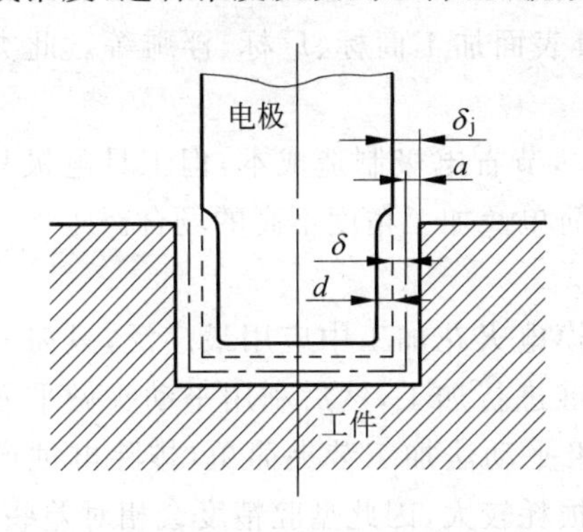

图 7.14　加工间隙

a—单边放电蚀除量；d—电极单边损耗量；

δ—单边起始放电间隙；δ_j—加工间隙

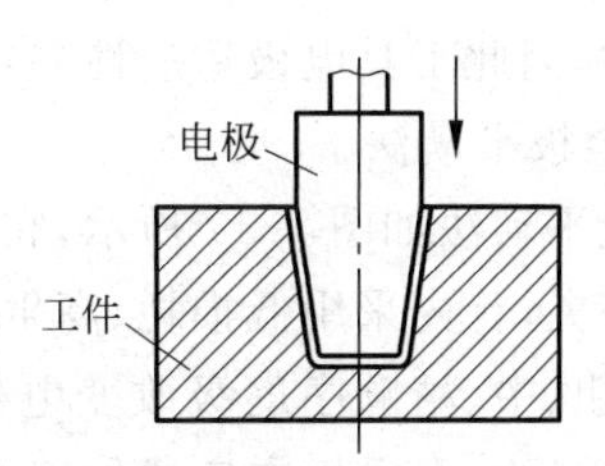

图 7.15　电极损耗对加工斜度的影响

(2) 工作液脏污程度的影响：工作液越脏，"二次放电"(即通常由于电蚀产物排除不畅引起再次放电)会就越多；同时由于间隙状态恶劣，电极回升次数增多，这两种情况都将使加工斜度增大。

(3) 冲油和抽油的影响：采用冲油和抽油对加工斜度的影响是不同的。用冲油加工时，电蚀产物由已加工面流出，增加了"二次放电"的机会，使加工斜度增大，而用抽油加工时，电蚀产物是由抽吸管排出去，干净的工作液从电极周边进入，所以在已加工面出现"二次放电"的机会较少，加工斜度也较小。

(4) 加工深度的影响：随着加工深度的增加，加工斜度也随着增加，当加工深度超过一定数值后，加工斜度不再增加，但必须增加冲油压力，以保证电腐蚀产物顺利排除。

3) 棱角倒圆的影响

电极尖角和棱边的损耗，比端面和侧面的损耗严重，所以随着电极棱角的损耗、棱角倒圆，加工出的工件不可能得到清棱。随着加工深度的增加，电极棱角倒圆的半径增大，但超过一定加工深度，其增大的趋势逐渐缓慢并且不再增大。

除电极的损耗会导致棱角倒圆外，还有一些其他原因也会导致棱角倒圆，如图 7.16 所示，凸尖棱的电极由于尖角放电的等距离性，会使工件产生圆角。

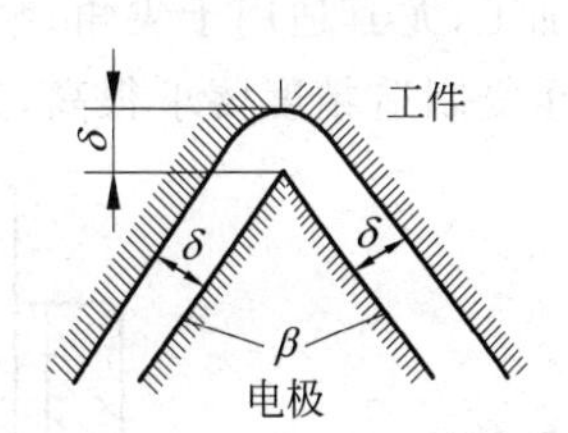

图 7.16　棱角倒圆的起因

7.5　电火花成形加工工艺和应用

1. 电火花成形加工的工艺方法

电火花成形加工工艺方法有很多，常用的有单工具电极直接成形法、单电极平动法、多电极更换法、分解电极法等。

1）单工具电极直接成形法

此方法采用一个电极，沿着 Z 轴方向进行加工，主要用于深度较浅的型腔模具和冲模的加工，如各种纪念章、证章的花纹模压型，在模具表面加工商标、厂标、浮雕等。此类浅型腔花纹模要求花纹清晰，不能采用平动和摇动加工。

此方法操作简单，只需要一个电极且装夹一次，节省电极制造成本，但工具电极只沿 Z 轴方向运动，因此工具电极适应性差，多用于形状简单及加工精度不高的场合。

2）单电极平动法

单电极平动法如图 7.17 所示，它在我国型腔模电火花加工中应用最广泛，只需要一个电极一次装夹，首先采用低损耗、高生产率的粗规准进行加工，然后利用平动头做平面小圆运动，按照粗、中、精顺序逐级改变电规准。单电极平动法加工装夹简单，排除电蚀产物方便，但由于采用一个电极来完成加工全过程，电极损耗较大，因此型腔精度会相对差些。

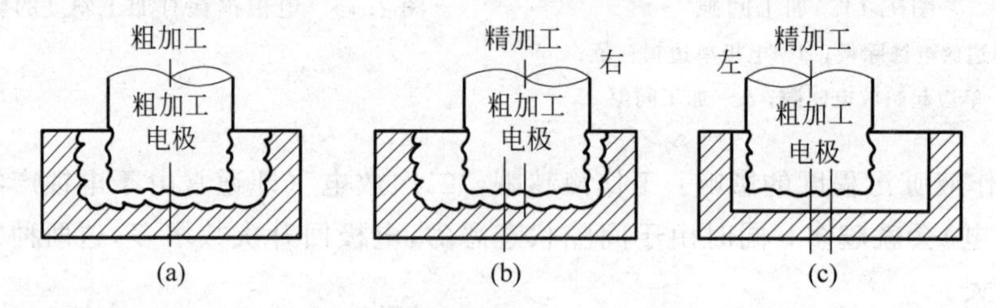

图 7.17　平动加工示意图

3）多电极更换法

多电极更换法采用多个工具电极依次更换加工同一型腔，如图 7.18 所示，每个电极加工时，必须把上一规准的放电痕迹去掉。对于难以机械加工的材料，加工余量大、形状又复杂的工件，往往用若干个形状简单的电极作粗加工或预加工型腔，再用精加工电极加工出所需要的模具型腔，达到加工的目的。此方法的优点是加工精度高，非常适宜精密零件的电火花加工，尤其适用于尖角、窄缝多的型腔模加工。其缺点是需要制造多个电极，并且对电极的重复制造精度要求很高，另外，更换电极时要求定位装夹精度高。

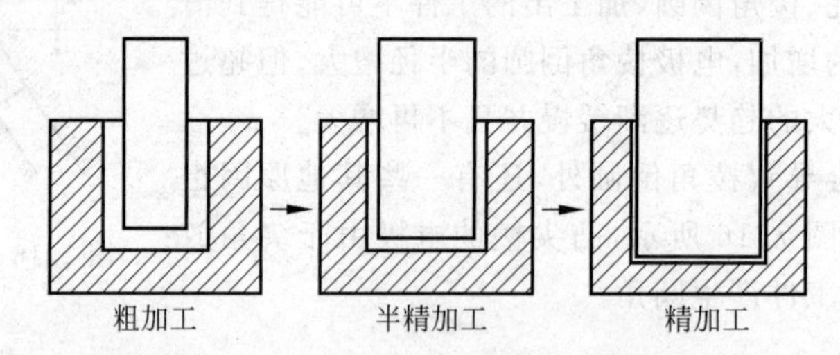

图 7.18　多电极更换法加工示意图

4）分解电极法

分解电极法如图 7.19 所示。此方法把电极分解成主型腔电极和副型腔电极，分别制造和使用。先用主型腔电极加工主型腔；再用副型腔电极加工尖角、窄槽、花纹等部位的副型腔。

分解电极法是单电极直接成形法和多电极更换法的综合应用，非常灵活，精度高，适用于尖角、窄缝、深槽多的复杂型腔模具的加工。应用此方法可以简化电极制造的复杂程度，

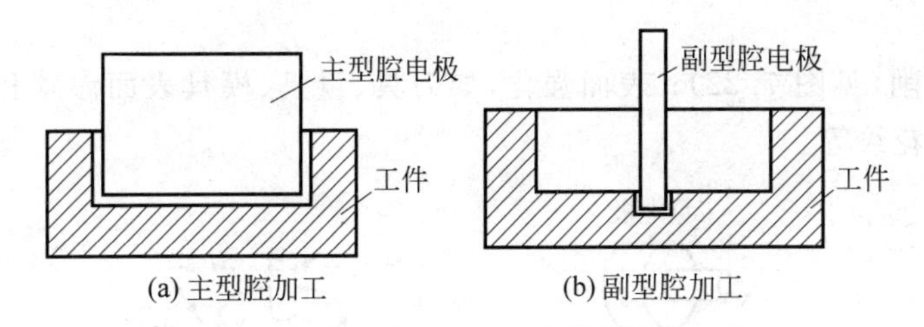

(a) 主型腔加工 (b) 副型腔加工

图 7.19 分解电极法加工示意图

便于修整电极，但在更换电极时，要保证主型腔和副型腔电极之间的位置精度要求。

2. 电火花成形加工的应用

电火花成形加工的应用主要包括三方面：一是穿孔加工，二是型腔加工，三是其他加工。

1）穿孔加工

穿孔加工如图 7.20 所示，属于通孔加工，它是电火花加工中应用最广泛的一种，如冲模、型孔零件、小孔（ϕ0.01～ϕ1mm）的加工。

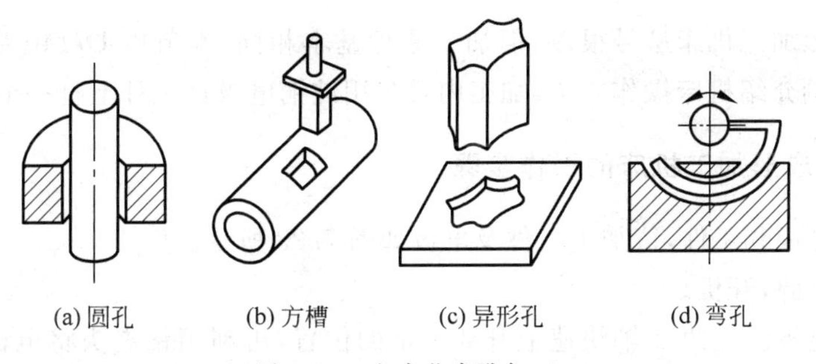
(a) 圆孔 (b) 方槽 (c) 异形孔 (d) 弯孔

图 7.20 电火花穿孔加工

2）型腔加工

如锻模等型腔模及型腔零件的加工，如图 7.21 所示，属于盲孔加工，工作液循环困难，电蚀产物难以排出，型腔各处深浅不一，使得工具电极各处损耗不同，且无法靠进给补偿。为了解决电蚀产物难以排出的问题，工具电极上通常开有冲油孔，用压力油将电蚀产物强迫排出。某些新型的机床可通过工具电极周期性抬起的泵吸作用将电蚀产物排出；为减少工具电极损耗，常选用耐腐蚀性高的石墨、紫铜等电极材料，并采用多电极及不同的电规准进行粗、半精、精加工，使型腔逐步成形。

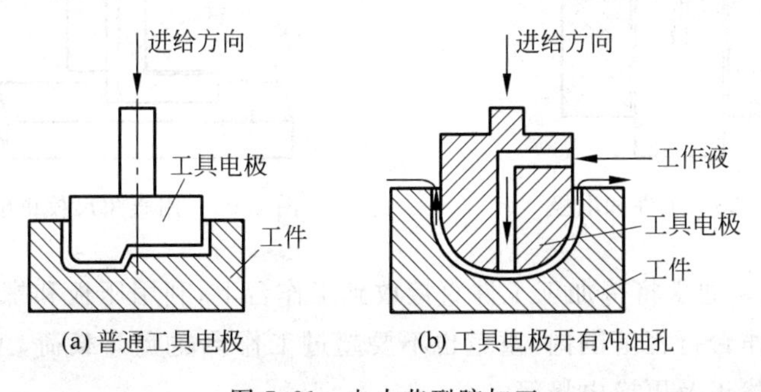

(a) 普通工具电极 (b) 工具电极开有冲油孔

图 7.21 电火花型腔加工

3）其他加工

如电火花磨削（见图 7.22）；表面强化，如刀具、量具、模具表面渗碳和涂覆特殊材料；打印标记和雕刻花纹等。

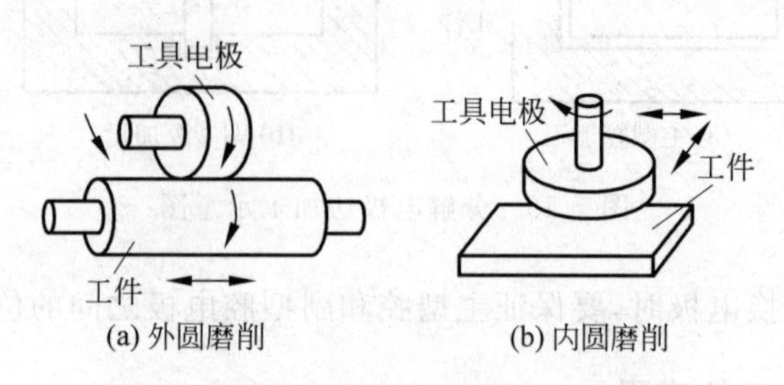

图 7.22 其他电火花成形加工方法

7.6 电火花成形加工机床的操作

电火花成形加工机床型号很多，但加工原理基本相同，本节以 D7140 型数控电火花成形加工机床为例介绍机床操作方法，加工内容为用纯铜电极在工件上打一个通孔。

1. 电火花成形加工机床的操作步骤

（1）准备电极和工件，待加工工件及电极如图 7.23 所示。

（2）接通电源，开机。

（3）装夹电极。先使 Z 轴快速上升到一定的位置，再利用钻夹头将电极装好。在装电极前，要擦干净留在夹具上的油污，保证电极与夹具的接触面没有油膜和灰尘附着。夹紧电极时，注意避免用力过大使电极变形或用力过小装夹不牢。

（4）电极校正。电极装夹好以后，利用直角尺对其进行垂直度的校正，使电极与机床的工作台面垂直，如图 7.24 所示，观察直角尺与电极侧壁的上下间隙是否一致，校正时多换几个位置进行比较以提高校正精度。

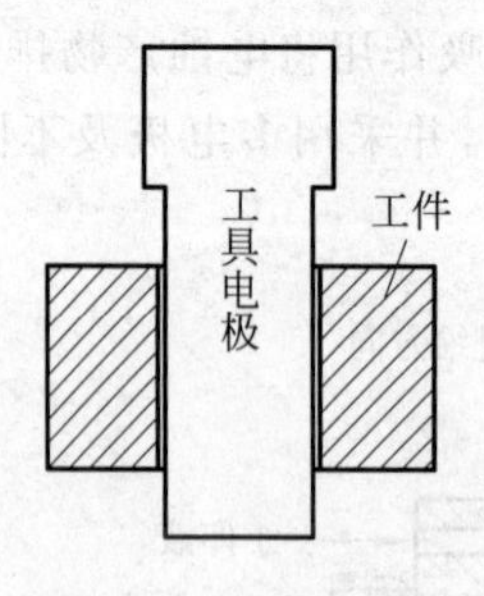

图 7.23 工件和电极

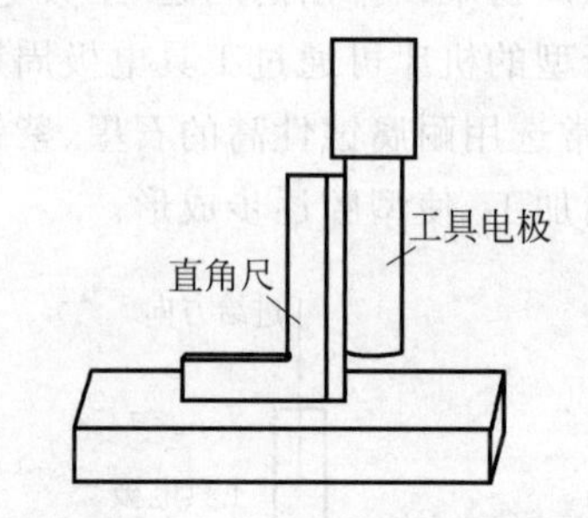

图 7.24 用直角尺校正电极

（5）装夹工件。通常将待加工工件直接放到工作台上，利用压板和螺钉固定，注意工件不能太大，应在工作台行程范围内，重量也不要超过工作台的允许载荷，工件安装时还要考虑是否便于测量、找正及更换电极等。

(6) 加工原点的设定。由于加工精度要求不高,按以下步骤操作:

① 如图7.25所示,将电极移到工件的边缘处,并使电极下到工件表面以下,使电极靠近工件,直到系统发出报警声,此时将显示器上的X、Y轴数值置零。

② 将电极升到工件表面上方,移动Y轴到工件的另一端后再使电极下降到工件表面以下,并移动Y轴使电极与工件相碰发出报警声,记下此时的Y坐标值,然后再移动到Y值的一半处,即为圆心的Y轴坐标。

③ 用相同的方法找出圆心的X轴坐标。

④ 找到X、Y轴的原点位置后,将Z轴慢慢下移,当电极与工件接触时,会听到尖锐的报警声,将此时Z轴的位置设为零位。设好原点以后,再将主轴抬起。

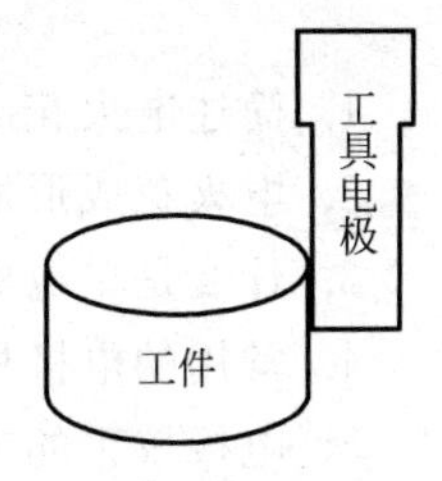

图7.25 定位

(7) 注入工作液。将工作槽门锁紧后,使放油拉杆处于关闭状态,即可启动泵注入工作液。一般要求工作液液面高度要高过工件和电极50～100mm以上。

(8) 程序输入。其任务主要是将加工电流与加工深度编入程序中。

① 打开界面的编辑菜单,选择“新编程序”。

② 选择铜电极库,选择“新编程序”。

③ 进入编辑界面后,输入加工电流,如20A。

④ 输入加工深度。

⑤ 按“ESC”键退回主菜单。

(9) 零件加工。按下主界面的开始加工键,若工作液面未达到设置的深度,则系统会处于自动等待状态。加工完成后,放油。

(10) 零件检测。先目测检查零件形状是否正确,再用游标卡尺等检测零件尺寸,游标卡尺使用过后,擦拭干净,并采取防锈、防损伤措施。

2. 电火花成形加工安全技术操作规范

(1) 熟悉机床结构、加工工艺,按照工艺流程作好加工前的准备工作。

(2) 操作者要穿工作服,女生长发要盘起。

(3) 编写程序后先模拟加工,确保程序准确无误后再正式加工。

(4) 加工过程中不要把身体倚靠在机床上。

(5) 操作人员在机床加工时不得擅离岗位,要注意观察加工状态。

(6) 遇到紧急问题,可按急停按钮。

(7) 加工中禁止用手或手持导电工具同时触摸工具电极和工件,有触电危险。

(8) 加工完成后,先停脉冲电源,再停工作液,最后关断电源,将电极拆下放到工具箱、量具和夹具归类整理。

(9) 加工场所严禁吸烟,并防止其他明火。

(10) 定期进行机床的维护和保养,使机床处于良好状态。

复习思考题

1. 简述电火花成形加工的基本原理。
2. 电火花成形加工中放电间隙太大或太小会引起什么后果？
3. 什么是单电极平动法？
4. 常用的电极材料有哪些？各有什么特点？
5. 电极校正的方法有哪些？
6. 简述脉冲宽度对加工速度的影响。

电火花线切割

8.1 电火花线切割的基础知识

1. 电火花线切割的工作原理

电火花线切割的工作原理如图 8.1 所示，电极丝(如钼丝或铜丝)与脉冲电源的负极相连，工件与脉冲电源的正极相连，两极在绝缘液体介质中靠近，当距离小到一定程度时，工作液介质被击穿，两极间形成瞬时火花放电，放电通道内产生瞬时高温，通道中心温度可达 10000℃，使工件表面金属局部熔化甚至汽化，再加上工作液体介质的冲洗作用，使得金属被蚀除下来，工件装夹在机床的工作台上按预定的轨迹进行加工，得到所需形状的工件。

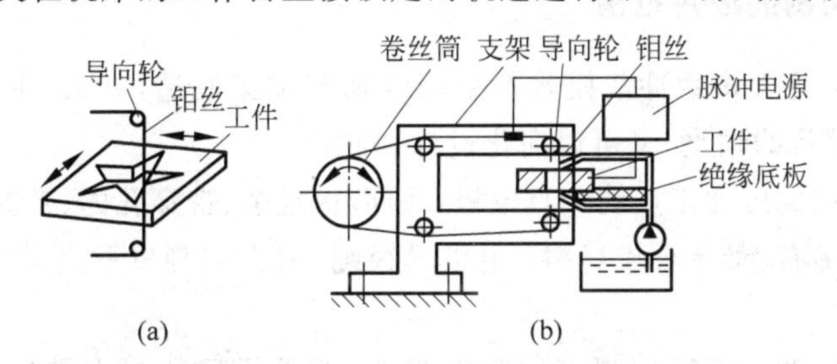

图 8.1　电火花线切割的工作原理

加工时电极丝作往返移动，电极丝绕在卷丝筒上，卷丝筒由电机带动正反向旋转，将电极丝送出，经过导轮，到放电间隙放电后，再绕回到卷丝筒上。

2. 电火花线切割机床的分类

按电极丝移动速度的快慢，电火花线切割机床通常分为两类：一类是高速走丝电火花线切割机床(又称为数控快走丝加工机床)；另一类是低速走丝电火花线切割机床(又称为数控慢走丝加工机床)。

快走丝电火花线切割机床加工时，电极丝高速往复运动，常用钼丝、钨丝和钨钼丝，由于钨丝价格昂贵，用钨丝作电极丝仅在特殊情况使用，如切割窄槽。快走丝机床的走丝速度一般为 8～12m/s，高速移动有利于排屑，电极丝重复使用。这是我国生产和使用的主要机种，它的最大优势是价格比较低，但由于运丝速度快、进给系统的开环控制、电极丝的损耗及加工中工作液导电率的变化等因素的影响，机床的加工精度受到限制。

慢走丝电火花线切割机床加工时，电极丝低速单向运动，走丝速度一般为 0.2m/s，电极丝放电后不再使用，用一次就丢弃掉，常用黄铜丝作电极丝，不需要用高强度的钼丝。它的不足之处是价格昂贵，但采用闭环伺服进给系统，走丝速度慢不易抖动、电极损耗很小、常采用多次切割加工工艺(3～7次)及应用去离子水作工作液介质,因此加工精度高。机床一般具有五轴联动、自动穿丝、自动切换、自动找中心等多种功能,配用的脉冲电源峰值电流很大,切割速度高。

3. 电火花线切割的特点

电火花线切割的特点有:

(1) 以电极丝代替成形电极,省去了成形工具电极的设计和制造费用。

(2) 可加工复杂工件。加工不同的工件只需编制不同的控制程序,很适合小批量形状复杂零件、单件和试制品的加工。

(3) 工作液采用水基乳化液或去离子水,而不是煤油,成本低,不会发生火灾,可昼夜连续工作。

(4) 长电极丝在加工过程中是移动的,基本可以不考虑电极丝的损耗。

(5) 电极丝在加工中不直接接触工件,工件几乎不受切削力。

其缺点是只能进行贯通加工,不能加工盲孔类零件和阶梯表面,另外与一般的切削加工比,生产效率较低,不适合形状简单零件的批量生产。

4. 电火花线切割的应用范围

(1) 加工模具:绝大多数冲裁模具都采用线切割加工制造,如大、中、小型冲模的凸模和凹模,既能保证模具的精度,又可以简化设计和制造。

(2) 加工电火花成形加工用的工具电极:如形状复杂、带穿孔的、带锥度的电极。

(3) 加工各种稀有、贵重金属材料:电极丝很细,用它切割贵重金属可减少很多切缝消耗,减低成本。

(4) 新产品的试制:用线切割直接割出零件,不需要另外制作模具,大大缩短制造周期,降低成本。

8.2 电火花线切割的脉冲电源和工作液

1. 脉冲电源

电火花线切割所用的脉冲电源又称高频电源,由于电火花线切割加工中电极丝直径较细,电极丝允许承载的放电电流比较小,脉冲宽度比较窄(2～60μs),如图8.2所示,属于中、精加工范畴。采用正极性加工方式,通常采用这种中、精加工电规准(即脉冲宽度和峰值电流等较小)一次加工成形,一般不需要中途转换电规准。

要求脉冲电源具有如下性能。

(1) 脉冲峰值电流大小要适当:受机械结构与电极丝恒张力等影响,电极丝不能太粗,允许通过的峰值电流也不可太大,否则易造成断丝;但工件有一定厚度,为了维持稳定放电加工并且具有

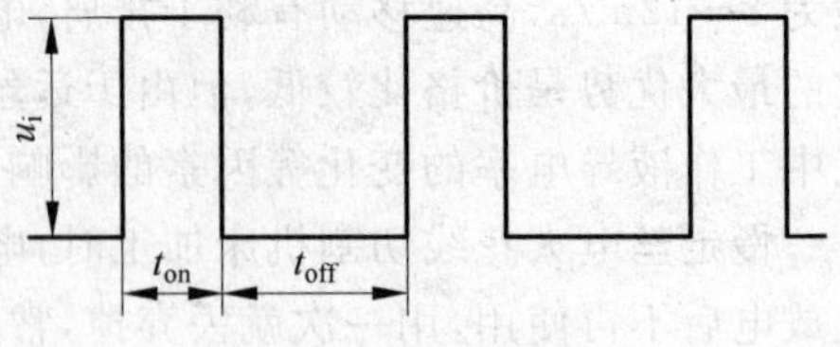

图 8.2 矩形波脉冲

合适的加工速度，峰值电流又不能太小。快走丝线切割加工的峰值电流通常为10～30A，慢走丝线切割加工的峰值电流通常比快走丝的高6～10倍。

(2) 脉冲宽度要窄且可调节：脉冲宽度越窄，热传导损耗小，能量利用率高，且不易烧伤工件，但为保持合适的加工速度，脉冲宽度又不能太窄，通常快走丝线切割脉冲宽度变化范围为0.5～64μs，慢走丝线切割脉冲宽度变化范围可大一些，为0.1～100μs。

(3) 脉冲频率要尽量高：目的为提高加工表面质量及加工速度，但脉冲间隔不能太小，否则放电区域消电离不充分，易产生电弧，烧伤工件或烧断电极丝，一般脉冲频率在5～500kHz范围内。

(4) 对于快走丝机床来说，由于电极丝反复使用，其损耗直接影响加工精度，电极丝损耗大小是评价快走丝脉冲的重要指标，为了充分利用极性效应、减少电极丝损耗要求脉冲电源必须是单向直流脉冲。慢走丝机床电极丝为一次性使用，电极丝损耗很小，所以没有特别要求必须输出单向直流脉冲。

(5) 脉冲参数有较大的调节范围：目的是适应不同工件、材料及加工规范的需要。通常，脉冲宽度的调节范围为0.5～64μs，脉冲间隔5～50μs，开路电压为60～100V，峰值电流为10～30A。慢走丝机床的脉冲参数调节范围远大于上述范围。

2. 工作液

工作液应具备的性能为具有一定的绝缘性、有较好的洗涤作用和冷却作用等。线切割加工的工作液种类很多(如蒸馏水、去离子水、煤油、乳化液等)，应该根据具体的加工条件选择。目前，慢走丝电火花线切割机床多采用去离子水和皂化液(可以不必担心发生火灾，有利于实现无人化连续加工)，只有在特殊精加工时才采用绝缘性能较高的煤油；快走丝线切割机床的工作液则多采用乳化液。

当采用快走丝方式、矩形波脉冲电源时，工作液对工艺指标的影响如下所述。

(1) 自来水、蒸馏水、去离子水等水类工作液：冷却效果好，但切割速度低，容易断丝。因为水的冷却能力强，电极丝忽冷忽热，容易变脆断丝，另外，水类工作液洗涤作用差，对电蚀产物的排除不利，放电间隙状态差，加工速度低。

(2) 煤油：切削速度低，但不容易断丝。因为煤油的介电强度高，间隙消耗放电能量多，分配到两极的能量少；同时，同样电压下放电间隙小，排屑困难，导致切割速度低，但煤油润滑性好，电极丝磨损小，因此不易断丝。

(3) 水中加入少量洗涤剂、皂片等：切割速度成倍增长，因为洗涤作用变好，利于排屑，切削速度提高。

(4) 乳化型工作液：切割速度比非乳化工作液高，因为乳化液的介电强度比水高比煤油低，冷却能力比水差比煤油好，洗涤性比水和煤油都好，所以切割速度高。

8.3 工件的装夹、工件和电极丝的校正

1. 工件常用的装夹方式

(1) 悬臂支撑式，如图8.3所示。此方式通用性好，装夹方便，单工件单端压紧，另一端

悬空，位置容易变动，适合质量轻、精度要求不高、悬臂短的工件装夹。

(2) 两端支撑式，如图 8.4 所示，工件的两端都固定在夹具上。其方式装夹方便、稳定性好，避免了悬臂支撑式的缺点，但不适合装夹小型零件。

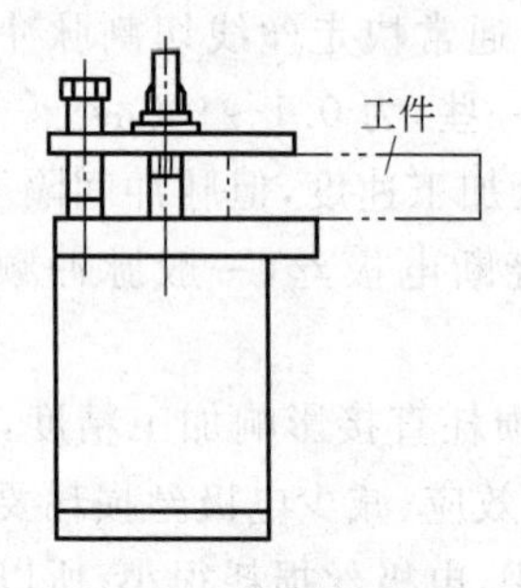

图 8.3　悬臂支撑式

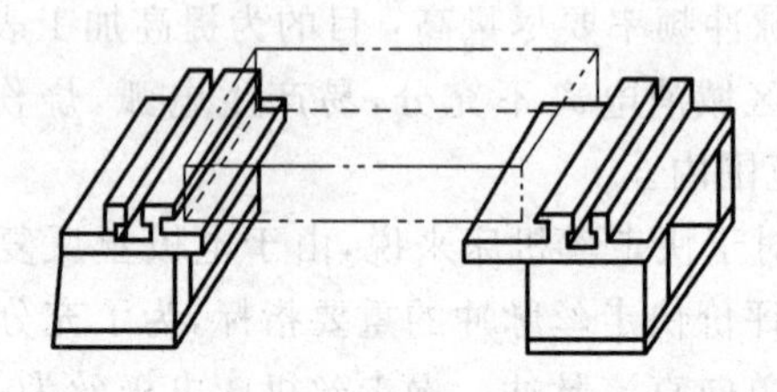

图 8.4　两端支撑式

(3) 桥式支撑式，如图 8.5 所示，用两块支撑垫块架在两端夹具上。此方式通用性强、装夹方便，适合大、中、小型的工件。

(4) 板式支撑式，如图 8.6 所示，可根据零件的尺寸和形状要求，制成具有矩形或圆形孔的支撑板夹具，增加了 X 和 Y 方向的定位基准。此方式装夹精度高，适合批量生产。

(5) 复合支撑式，如图 8.7 所示。此方式是在桥式夹具上，再装专用夹具，具有装夹方便、精度高的特点，提高了生产率，又保证了工件加工的一致性，特别适合批量生产。

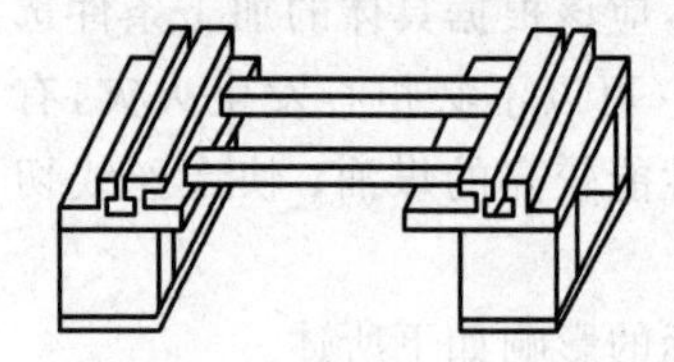

图 8.5　桥式支撑式

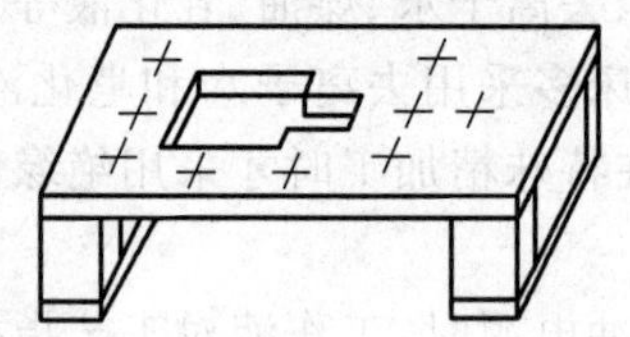

图 8.6　板式支撑式

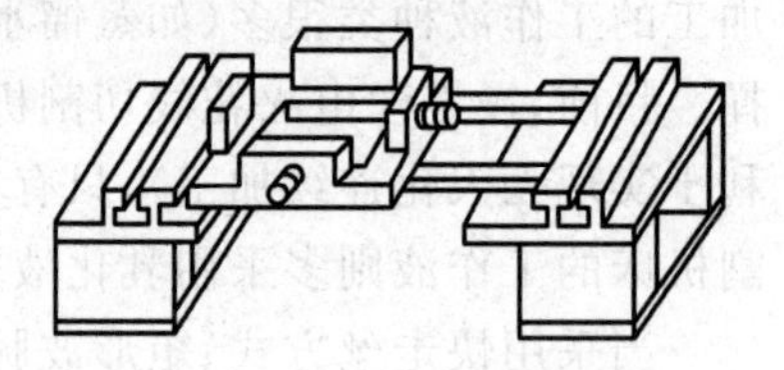

图 8.7　复合支撑式

2. 工件的校正

工件安装到工作台上，在夹紧前，要进行工件的校正，常用的校正方法有以下几种。

(1) 百分表法：工件先不必夹得太紧，只要保证工件不移动即可。将百分表固定在机床丝架上或其他部位，使百分表的触头接触工件的基准面，反复移动 X、Y 工作台，根据百分表的读数调整工件。校正应在 3 个方向，即上表面和两个垂直侧面进行，如图 8.8 所示。校正好后，将工件夹紧固定。

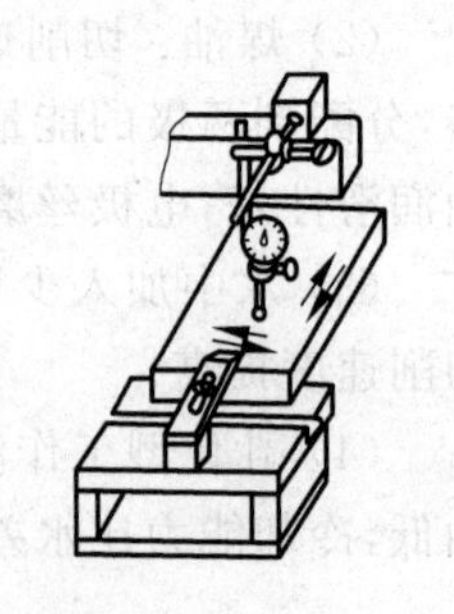

图 8.8　百分表找正

(2) 划线法：工件的待切割图形与定位基准位置精度要求不高时，可采用此法。如图 8.9 所示，划针尖指向工件的基准线或基准面，反复移动 X、Y 工作台，根据目测调整工件进行找正。

(3) 固定基面靠定法：如图 8.10 所示，利用通用或专用夹具的纵横基准面，经一次校正后，保证了基准面与相应坐标方向的一致，于是具有相同加工基准面的工件可以直接靠定，适合多件加工。

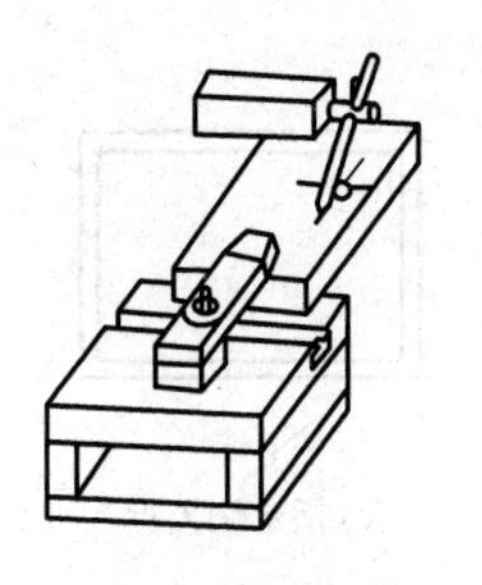

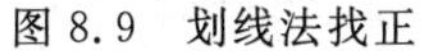
图 8.9 划线法找正

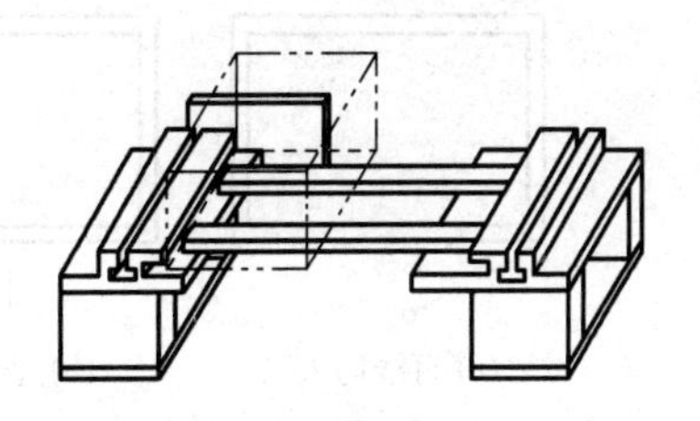

图 8.10 固定基面靠定法校正

3. 电极丝的校正

(1) 垂直校正器校正：如图 8.11 所示，垂直校正器由触点、指示灯等组成，使电极丝与安装在工作台上的校正器的上、下触点接触，若上、下指示灯同时亮，表示电极丝的垂直度符合要求，如果只有一个灯亮，则必须调节电极丝的位置，直到达到要求为止。

(2) 火花法：如图 8.12 所示，缓慢移动工作台，使电极丝和工件靠近，加上小能量脉冲，观察电极丝上下是否同时放电来确定电极丝的垂直度，如果火花放电不均匀，则调整电极丝的位置反复多次进行测试。

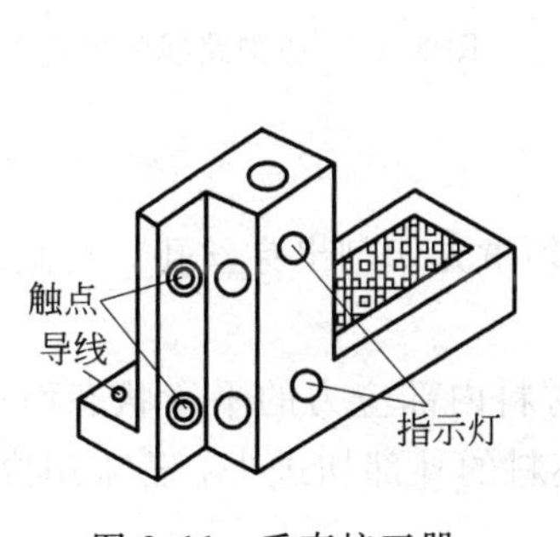

图 8.11 垂直校正器

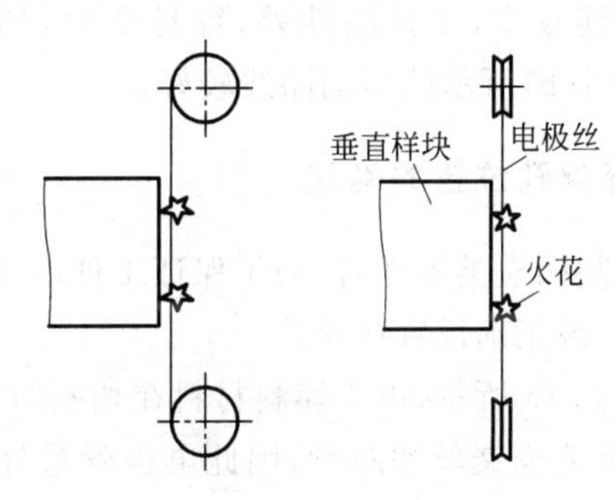

图 8.12 火花校正法

8.4 电火花线切割的加工工艺

1. 切入方式的选择

电极丝从穿丝点或起始点切入工件的切入方式，主要有以下几种(见图 8.13)，常选用垂直切入方式。

(1) 直线切入方式：电极丝直接切入到工件加工的起始点，起始点通常为线段与线段交点。

(2) 垂直切入方式：电极丝垂直切入工件加工起始段。

(3) 指定切入点方式：在加工轨迹上选一点作为加工的切入点，电极丝沿直线走到指定的切入点。

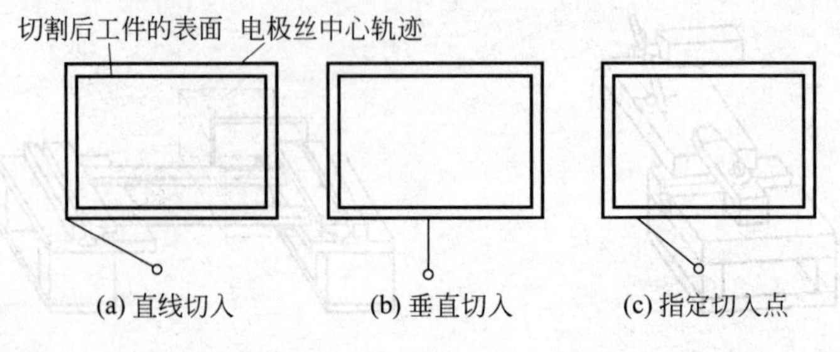

图 8.13 三种切入方式

2. 切割路线的选择

加工程序引入点一般不能与工件上的起点重合，需要有一段引入程序。有时需要预先加工工艺孔以便穿丝，穿丝孔的位置最好选在便于运算的坐标点上，可采用钻、镗进行加工。

起割路线主要以防止或减少材料变形为原则，一般应考虑靠近装夹这一边的图形后切割为宜。如图 8.14 所示，图(a)为错误的切割路线，由于靠近夹持部位先被切割，余下部分与夹持部分相连较少，工件刚性差，容易变形，加工精度低；图(b)所示的切割路线较好。

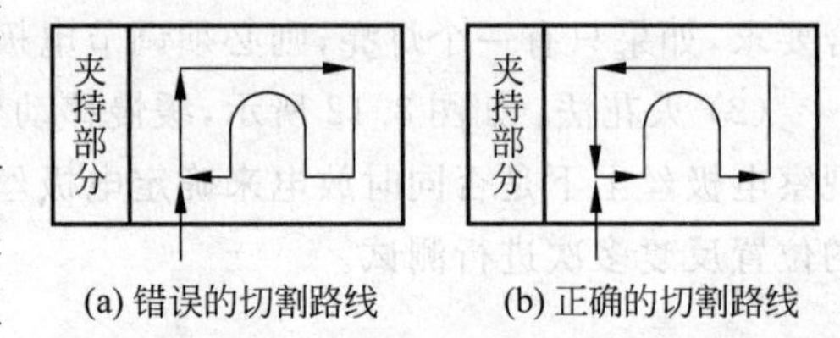

图 8.14 切割路线的确定

3. 穿丝孔位置的确定

在切割凹模类零件时，为了保证工件的完整性，必须事先切割出穿丝孔。切割凸模类零件时，也应该正确设置穿丝孔。

如图 8.15 所示，由于坯料材料在切断时，会破坏材料内部应力的平衡状态而造成材料变形，甚至造成夹丝和断丝，因此电极丝最好不要从坯料的外部切进去；若采用穿丝孔，可使工件材料保持完整，减少变形造成的误差。

4. 取件位置的确定

取件位置合理与否将直接影响切割后的工件精度，如图 8.16 所示，切割 T10 等热处理性能较差的材料时，如果按照图 8.16(a)所示，工件取自坯料的边缘处，工件变形大；而按照图 8.16(b)所示，工件取在靠近夹持部位处，则刚性好，容易保证精度，变形小。

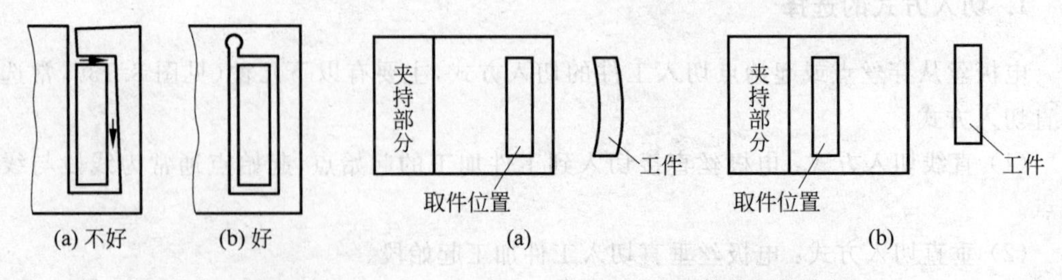

图 8.15 穿丝孔位置的确定

图 8.16 取件位置的确定

8.5 编程方法

我国使用最多的电火花线切割程序格式是3B格式和ISO代码。

8.5.1 3B代码编程

1. 3B代码格式

3B代码格式如表8.1所示。

表8.1 3B程序格式

B	X	B	Y	B	J	G	Z
	X坐标值		Y坐标值		计数长度	计数方向	加工指令

如：B12000B7000B012000G_X L_1

说明：

(1) B为分隔符，将X,Y,J分隔开来。

(2) 加工斜线时，每次均以斜线的起点作为坐标原点，X、Y是斜线终点对起点的坐标值；加工圆弧时，每次均以圆弧的圆心作为坐标原点，X、Y是圆弧起点对圆心的坐标值。X、Y均取绝对值，单位为μm。与坐标轴重合的斜线段，X和Y的数值均不必写出。

(3) 计数方向G的选择如图8.17所示。

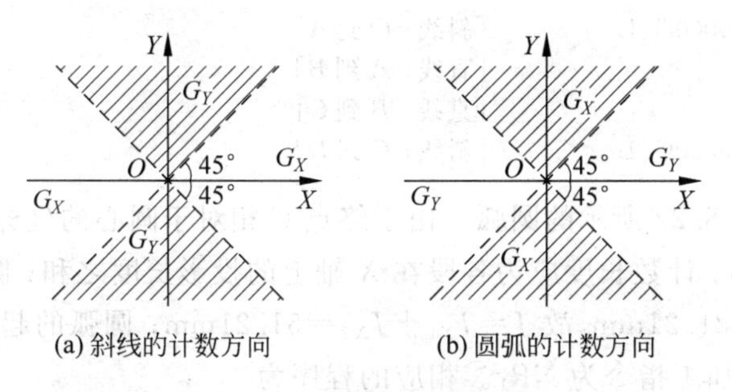

图8.17 计数方向的选择

以45°为界，加工斜线时，坐标原点取在起点，若终点为$A(x_e, y_e)$，当$|x_e|<|y_e|$时，即终点在阴影区域内，计数方向取G_Y；当$|x_e|>|y_e|$时，即终点在阴影区域外，取G_X。加工圆弧时，坐标原点取在圆心，当终点在阴影区域内($|x_e|<|y_e|$)，计数方向取G_X，在阴影区域外($|x_e|>|y_e|$)，取G_Y。

当斜线、圆弧终点在45°线上时，计数方向可以任意选取。

(4) 计数长度J的确定。

当计数方向确定后，计数长度J是被加工的斜线或圆弧在计数方向坐标轴上投影长度绝对值的总和，单位为μm。编程时，一般要写足六位数。

例如加工图 8.18 所示的圆弧$\widehat{AB}$，将坐标原点取在圆心，由于终点 B 的坐标 $|X_B|<|Y_B|$，计数方向应取 G_X，计数长度 $J=J_{X1}+J_{X2}$。

(5) 加工指令 Z。

如图 8.19 所示，当被加工的斜线在Ⅰ、Ⅱ、Ⅲ、Ⅳ象限时，分别用 L_1、L_2、L_3、L_4 表示。当斜线正好沿着 X 正向、Y 正向、X 负向、Y 负向时，分别用 L_1、L_2、L_3、L_4 表示。

如图 8.20 所示，当被加工的圆弧起点在Ⅰ、Ⅱ、Ⅲ、Ⅳ象限，且沿顺时针方向加工时，分别用 SR_1、SR_2、SR_3、SR_4 表示；同理，起点在Ⅰ、Ⅱ、Ⅲ、Ⅳ象限的逆圆弧，分别用 NR_1、NR_2、NR_3、NR_4 表示。

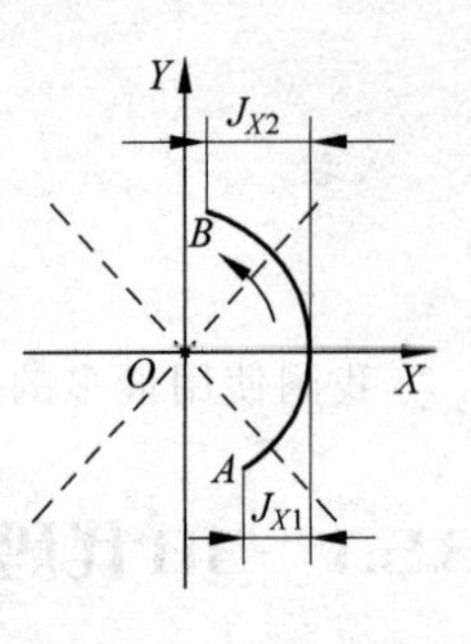

图 8.18 计数长度

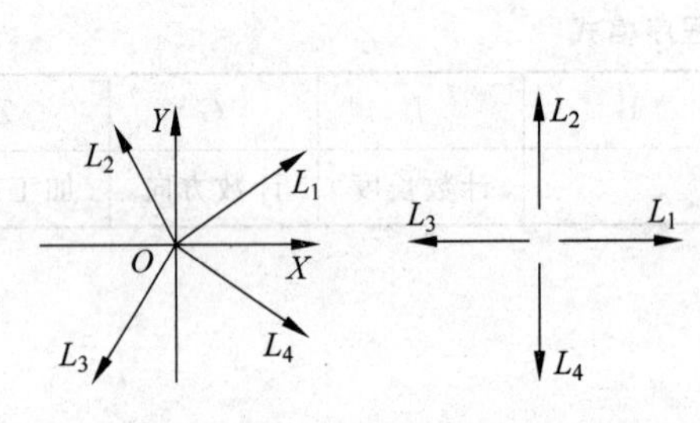

图 8.19 斜线加工指令

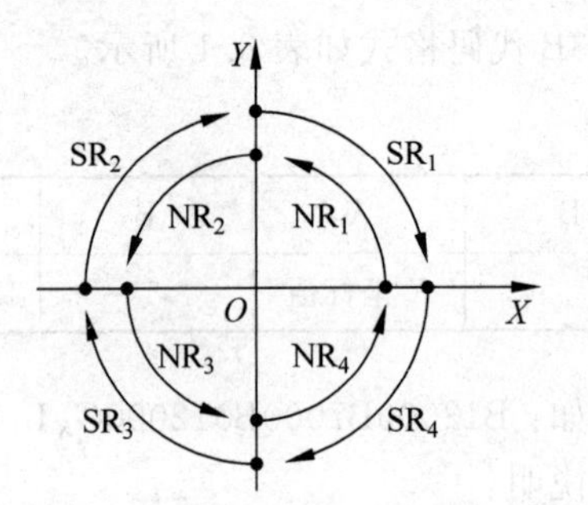

图 8.20 圆弧加工指令

2. 程序编制

例 1 加工如图 8.21 所示直线，相应的程序为

B20000B10000B020000$G_X L_1$ [斜线：O 到 A]
BBB010000$G_X L_1$ [直线：A 到 B]
BBB010000$G_Y L_2$ [直线：B 到 C]
B10000B15000B015000$G_Y L_1$ [斜线：C 到 D]

例 2 加工如图 8.22 所示的圆弧。由于终点 C 相对于圆心的坐标 $|x_C|=|y_C|$，计数方向取 G_X(或 G_Y)；计数长度应为各段在 X 轴上的投影长度之和；圆弧在 X 上的投影分别为 $J_{X1}=30$，$J_{X2}=21.21\text{mm}$，故 $J=J_{X1}+J_{X2}=51.21\text{mm}$；圆弧的起点在 X 轴正方向，且沿逆时针方向加工，加工指令为 NR_1。相应的程序为

B30000BB051210$G_X NR_1$

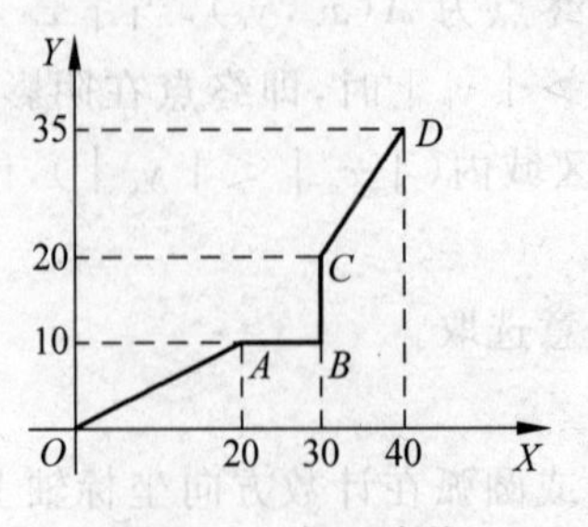

图 8.21 加工直线

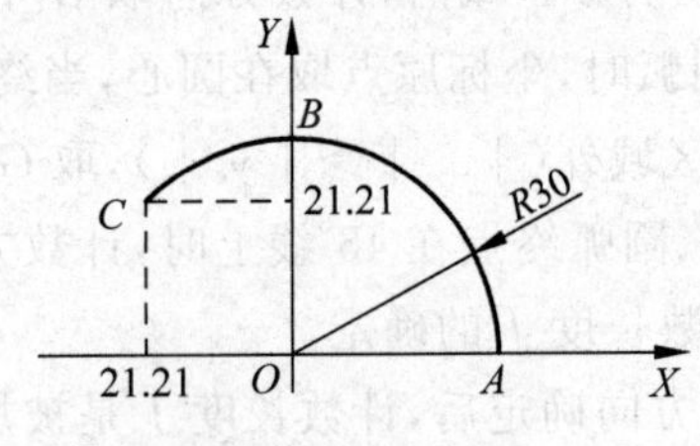

图 8.22 加工圆弧

3. 间隙补偿量

实际编程时，应该编加工时电极丝中心所走轨迹的程序，即还应该考虑电极丝的半径和电极丝与工件间的放电间隙。如图 8.23 所示，虚线是电极丝中心轨迹，工件图形与电极丝中心轨迹的距离在线段的垂直方向等于间隙补偿量 f，即

$$f = r_{丝} + \delta_{电}$$

式中：$r_{丝}$——电极丝半径；

$\delta_{电}$——单边放电间隙。

4. 编程实例

编制如图 8.24 所示型孔的程序，电极丝直径 ϕ 为 0.18mm，单边放电间隙为 0.01mm，则间隙补偿量 f=0.09+0.01=0.1(mm)，电极丝中心轨迹如图中的虚线所示(为使工件完整，切割前在 O 点加工穿丝孔)，确定切割顺序：$O \to A \to B \to C \to D \to E \to F \to A \to O$。加工程序如下：

BBB004900$G_Y L_4$	[直线：O (0,0) → A (0,−4.9)]
BBB024900$G_X L_1$	[直线：A (0,0) → B(24.9,0)]
BBB019900 $G_Y L_2$	[直线：B (0,0) → C(0,19.9)]
B19900B0B039800 $G_Y NR_1$	[圆弧：圆心(0,0)，C (19.9,0) → D (−19.9,0)]
B10100B0B010000 $G_X SR_4$	[圆弧：圆心(0,0)，D (10.1,0) → E (0.1,−10.1)]
BBB009800$G_Y L_4$	[直线：E(0,0) → F (0,−9.8)]
BBB024900$G_X L_1$	[直线：F (0,0) → A (24.9,0)]
BBB004900$G_Y L_2$	[直线：A(0,0) →O (0,4.9)]

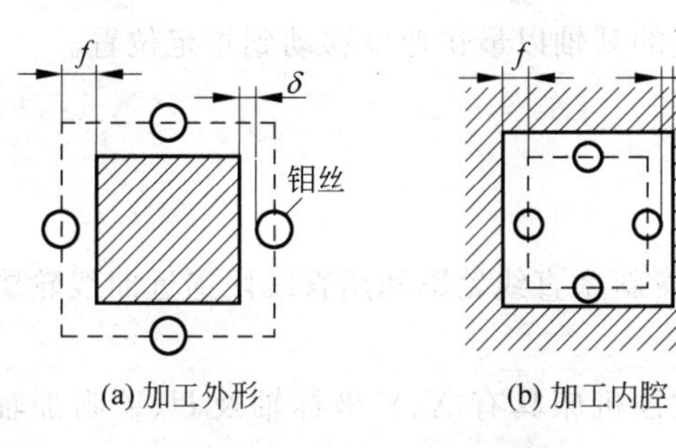

(a) 加工外形　(b) 加工内腔

图 8.23　电极丝间隙补偿

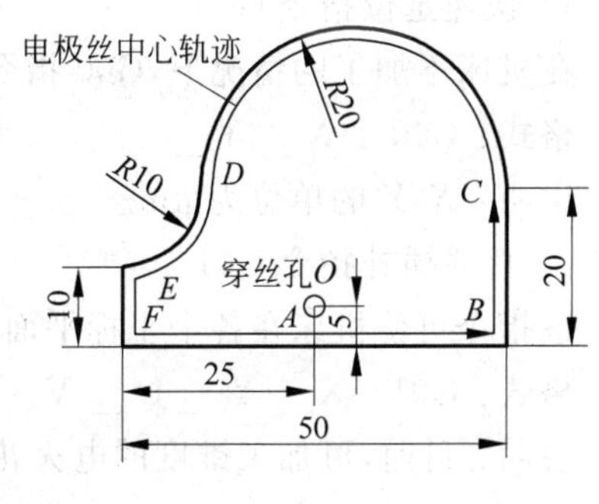

图 8.24　型孔的加工

(单位：mm)

8.5.2 ISO 代码编程

ISO 代码(G 代码)是国际标准化机构制定的用于数控编程和控制的一种标准代码。代码中有准备功能 G 指令和辅助功能 M 指令。

1. ISO 代码格式

表 8.2 为电火花线切割加工中常用的 G 指令和 M 指令代码，它是从切削加工机床的数

控系统中套用过来的，不同工厂的代码，可能有多有少，含义上也可能稍有差异，具体应遵照所使用电火花加工机床说明书中的规定。

表 8.2 电火花线切割加工中常用的 G 指令和 M 指令代码

代码	功能	代码	功能
G00	快速定位	G54	工作坐标系 1
G01	直线插补	G55	工作坐标系 2
G02	顺时针圆弧插补	G56	工作坐标系 3
G03	逆时针圆弧插补	G57	工作坐标系 4
G05	*X* 轴镜像	G58	工作坐标系 5
G06	*Y* 轴镜像	G59	工作坐标系 6
G07	*X*、*Y* 轴交换	G80	有接触感知
G08	*X* 轴镜像，*Y* 轴镜像	G84	微弱放电找正
G09	*X* 轴镜像，*X*、*Y* 轴交换	G90	绝对坐标系
G10	*Y* 轴镜像，*X*、*Y* 轴交换	G91	增量坐标系
G11	*Y* 轴镜像，*X* 轴镜像，*X*、*Y* 轴交换	G92	赋予坐标系
G12	取消镜像	M00	程序暂停
G40	取消间隙补偿	M02	程序结束
G41	左偏间隙补偿 *D* 偏移量	M96	主程序调用文件程序
G42	右偏间隙补偿 *D* 偏移量	M97	主程序调用文件结束
G50	消除锥度	W	下导轮到工作台面高度
G51	锥度左偏 A 角度值	H	工件厚度
G52	锥度右偏 A 角度值	S	工作台面到上导轮高度

1）快速定位指令 G00

在机床不加工的情况下，G00 指令可使指定的某轴以最快速度移动到指定位置。

格式：G00 X__ Y__

说明：*X*、*Y* 的单位为 μm。

2）直线插补指令 G01

该指令可使机床在各个坐标平面内加工任意斜率直线轮廓和用直线段逼近曲线轮廓。

格式：G01 X__ Y__ U__ V__

说明：目前，可加工锥度的电火花线切割数控机床具有 *X*、*Y* 坐标轴及 *U*、*V* 附加轴工作台。

3）圆弧插补指令 G02/G03

G02 为顺时针插补圆弧指令，G03 为逆时针插补圆弧指令。

格式：G02 X__ Y__ I__ J__

G03 X__ Y__ I__ J__

说明：*X*、*Y* 分别表示圆弧终点坐标；*I*、*J* 分别表示圆心相对圆弧起点在 *X*、*Y* 方向的增量尺寸。

4）G90、G91、G92 指令

G90 为绝对坐标系指令，表示该程序中的编程尺寸是按绝对尺寸给定的，即移动指令终点坐标值 *X*、*Y* 都是以工件坐标系原点为基准来计算的。

G91 为增量坐标系指令，表示该程序中的编程尺寸是按增量尺寸给定的，即坐标值均以前一个坐标位置作为起点来计算下一点位置值。

G92 为定起点坐标指令，指令中的坐标值为加工程序的起点的坐标值。

格式：G92 X _ Y _

5) 间隙补偿指令 G41、G42、G40

G41——左偏间隙补偿。沿着电极丝前进的方向看，电极丝在工件的左边。

格式：G41 D _

G42——右偏间隙补偿。沿着电极丝前进的方向看，电极丝在工件的右边。

格式：G42 D _

说明：

(1) D 表示间隙补偿量，其计算方法与前面 3B 代码中介绍的方法相同。

(2) 左偏、右偏必须沿着电极丝前进的方向看，如图 8.25 所示。

G40——取消间隙补偿。G40 指令必须放在退刀线前。

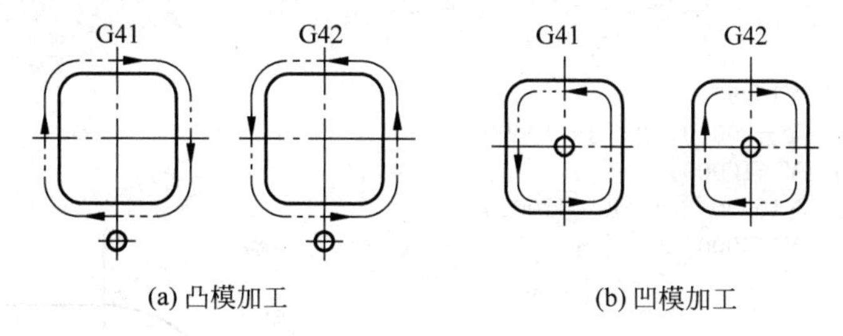

(a) 凸模加工 (b) 凹模加工

图 8.25 间隙补偿指令

6) 锥度加工指令

G51——锥度左偏。沿着电极丝前进的方向看，电极丝向左偏离。

格式：G51 A _

G52——锥度右偏。沿着电极丝前进的方向看，电极丝向右偏离。

格式：G52 A _

说明：A 表示锥度值。

G50——取消锥度加工指令。

注意：G51 和 G52 程序段必须放在进刀线之前；G50 指令必须放在退刀之前；下导轮到工作台的高度 W、工件的高度 H、工作台到上导轮的高度 S 需在使用 G51 和 G52 之前使用。

2. 编程实例

例 1 加工如图 8.26(a) 所示凹模，工件厚度 $H=10$mm，刀口斜度 $A=0.5°$，下导轮中心到工作台面高度 $W=40$mm，工作台面到上导轮中心高度 $S=120$mm。用 $\phi0.13$mm 的电极丝加工，单边放电间隙为 0.01mm，编制加工程序。

建立如图 8.26(b) 所示的坐标系，取 O 点为穿丝点，虚线为加工轨迹。

间隙补偿量 $f = 0.13/2+0.01=0.075$(mm)。

加工程序为

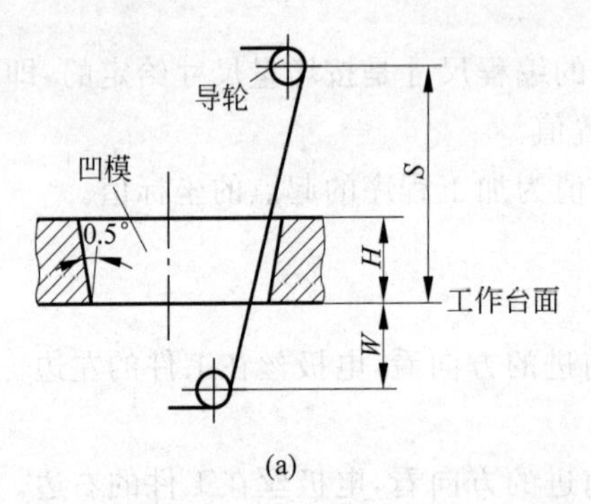

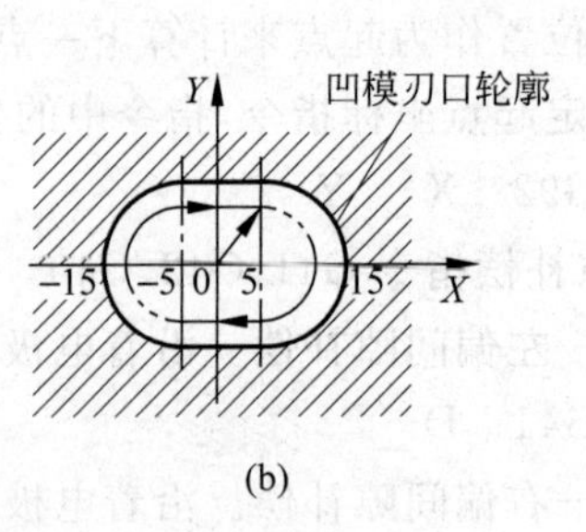

图 8.26 锥度零件加工

(单位：mm)

```
G90   G92   X0   Y0;
W40000;
H10000;
S120000;
G51   A0.5;
G42   D75;
G01   X5000      Y10000;
G02   X5000      Y-10000   I0   J-10000;
G01   X-5000     Y-10000;
G02   X-5000     Y10000         I0   J10000;
G01   X5000      Y100000;
G50;
G40;
G01   X0   Y0;
M02;
```

例 2 如图 8.27 所示凸模，用ϕ0.14mm 电极丝加工，单边放电间隙为 0.01mm，编制加工程序。

取 O 点为穿丝点，加工顺序为：$O\rightarrow A\rightarrow B\rightarrow C\rightarrow D\rightarrow E\rightarrow F\rightarrow G\rightarrow H\rightarrow I\rightarrow J\rightarrow A\rightarrow O$。

间隙补偿量 $f=0.14/2+0.01=0.08$(mm)。

加工程序如下：

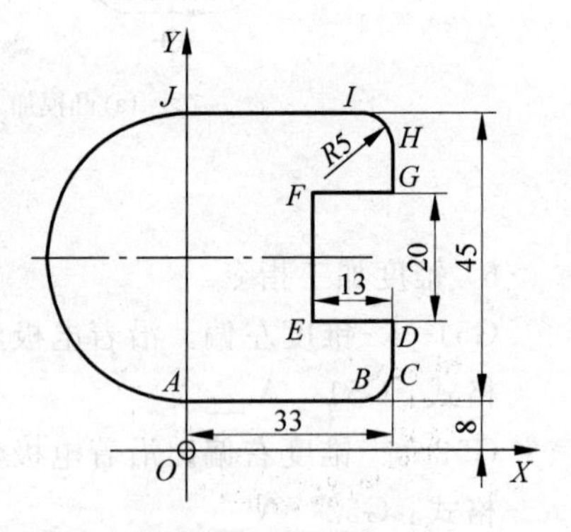

图 8.27 加工工件图

```
G90   G92   X0   Y0;
G42   D80;                                  [右偏间隙补偿]
G01   X0        Y8000;                      [从 O 到 A(0,8)]
G01   X28000    Y8000;                      [从 A 到 B(28,8)]
G03X33000Y13000I0J5000;                     [圆弧从 B 到 C(33,13)]
G01   X33000    Y20500;                     [从 C 到 D(33,20.5)]
G01   X20000    Y20500;                     [从 D 到 E(20,20.5)]
G01   X20000    Y40500;                     [从 E 到 F(20,40.5)]
G01   X33000    Y40500;                     [从 F 到 G(33,40.5)]
G01   X33000    Y48000;                     [从 G 到 H(33,48)]
G03   X28000    Y53000   I-5000   J0;       [圆弧从 H 到 I(28,53)]
G01   X0        Y53000;                     [从 I 到 J(0,53)]
G03   X0   Y8000   I0   J-22500;            [圆弧从 J 到 A(0,8)]
G40;                                        [取消间隙补偿]
G01   X0        Y0;                         [从 A 到 O(0,0)]
M02;                                        [程序结束]
```

8.6 电火花线切割机床操作

不同型号电火花线切割机床的操作方式各有不同，但原理相似，本节以DK7732型线切割机床为例介绍操作过程。

1. 加工步骤

(1) 采用CAXA软件绘制所要加工的二维零件图。

(2) 生成加工所需G代码程序。

(3) 接通机床电源，开机。

(4) 将生成的程序载入到加工的机床中。

(5) 在机床上调用待加工程序，显示加工图形。

(6) 将工件装夹到机床的十字托板上。夹紧力应均匀，不能使工件变形或翘起。

(7) 将十字托板移动到合适的位置，防止托板走到极限位置时工件还未割好。

(8) 根据加工需求设定脉冲电源的电参数。

(9) 穿电极丝。

(10) 校正工件。

(11) 运行程序，进行线切割加工。

2. 操作实例

(1) 使用CAXA线切割软件，绘制所要加工零件的二维图，如图8.28所示。

(2) 在线切割主菜单下，选择轨迹生成选项，根据加工要求设置线切割轨迹生成参数。本例中，切入方式：垂直；轮廓精度：0.001；切割次数：1；支撑宽度：0；锥度角度：0；补偿实现方式：轨迹生成时自动实现补偿；拐角过渡方式：尖角；样条拟合方式：圆弧；如图8.29所示。

(3) 加工参数设置好以后，要检查加工轨迹是否能生成。在所画的二维图形上，单击任意点(一般便于加工都选择图形左下方的某一点)，此时在选取点的左右两方出现两个箭头，如图8.30所示，若选择顺时针方向轨迹则单击左侧的箭头，否则单击右侧箭头。若所绘二维图没有问题，则会生成轨迹，所绘图形变成红色虚线。

(4) 轨迹生成好以后，屏幕下方提示输入穿丝点位置，本例中选择在轨迹生成点正下方4mm的位置设置为穿丝点，然后屏幕下方再次提示输入退出点位置，本例选择回车确认，则退出点与穿丝点重回，此时生成的加工轨迹如图8.31所示。

(5) 在线切割主菜单下选择G代码/HPGL选项，在此菜单下，再选择生成G代码选项，如图8.32所示，此时屏幕提示所要生成的G代码保存位置，设置好保存位置与文件名后，屏幕下方提示拾取加工轨迹，在刚刚生成的绿色加工轨迹上单击，再右击确认后，屏幕上以记事本方式跳出加工程序，如图8.33所示。

(6) 开机。在控制柜的左侧，打开电源。在前面板上按下白色按钮，启动显示器，进入BKDC系统界面，按下回车键，系统进入操作界面。

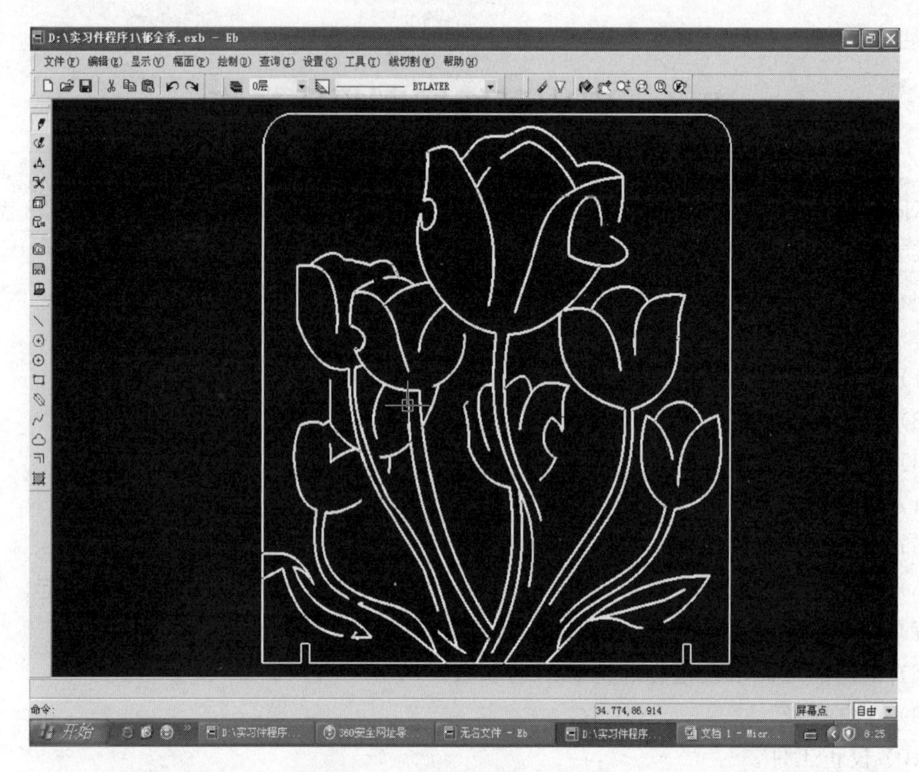

图 8.28　郁金香零件二维图

图 8.29　郁金香线切割轨迹生成参数图

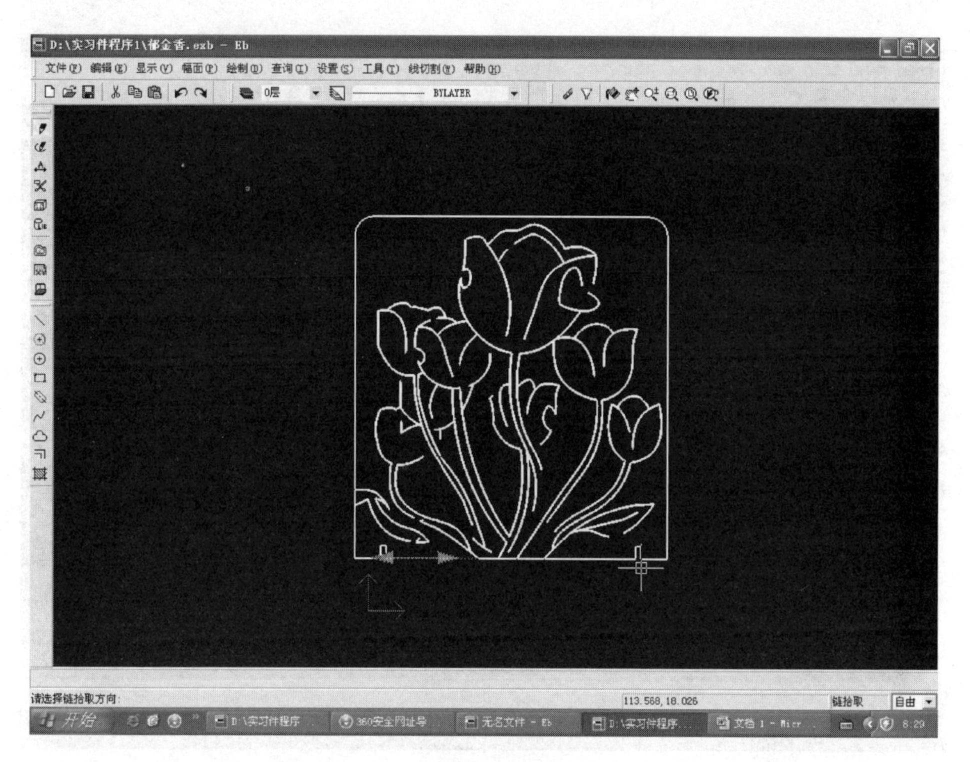

图 8.30　选取郁金香轨迹方向图

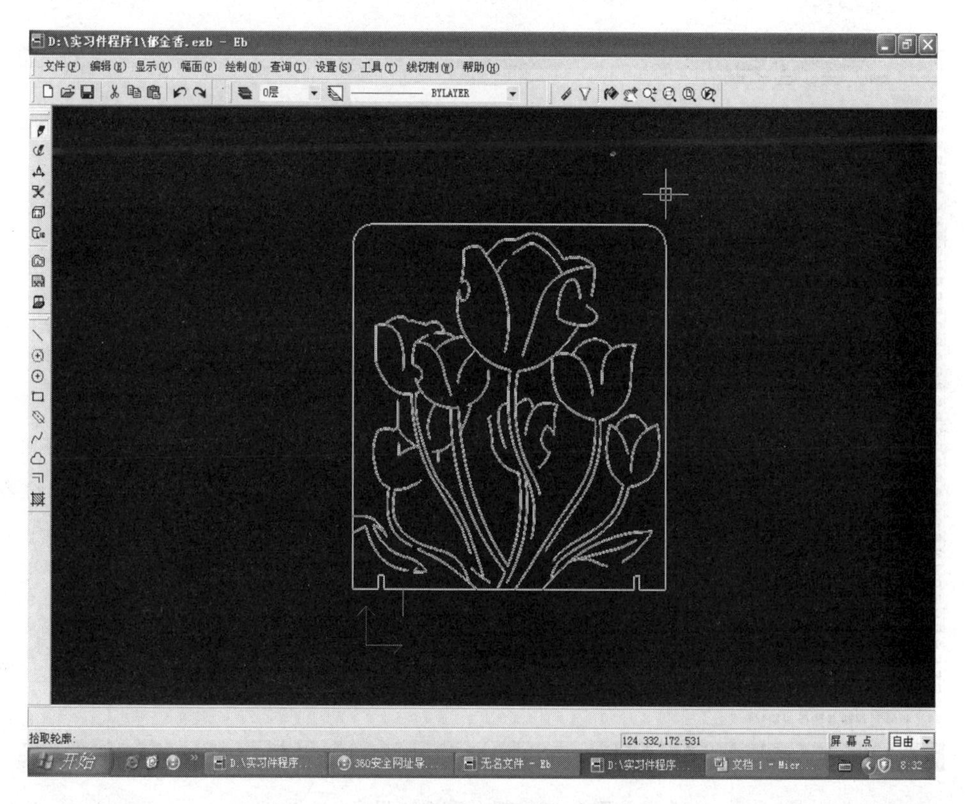

图 8.31　郁金香加工轨迹图

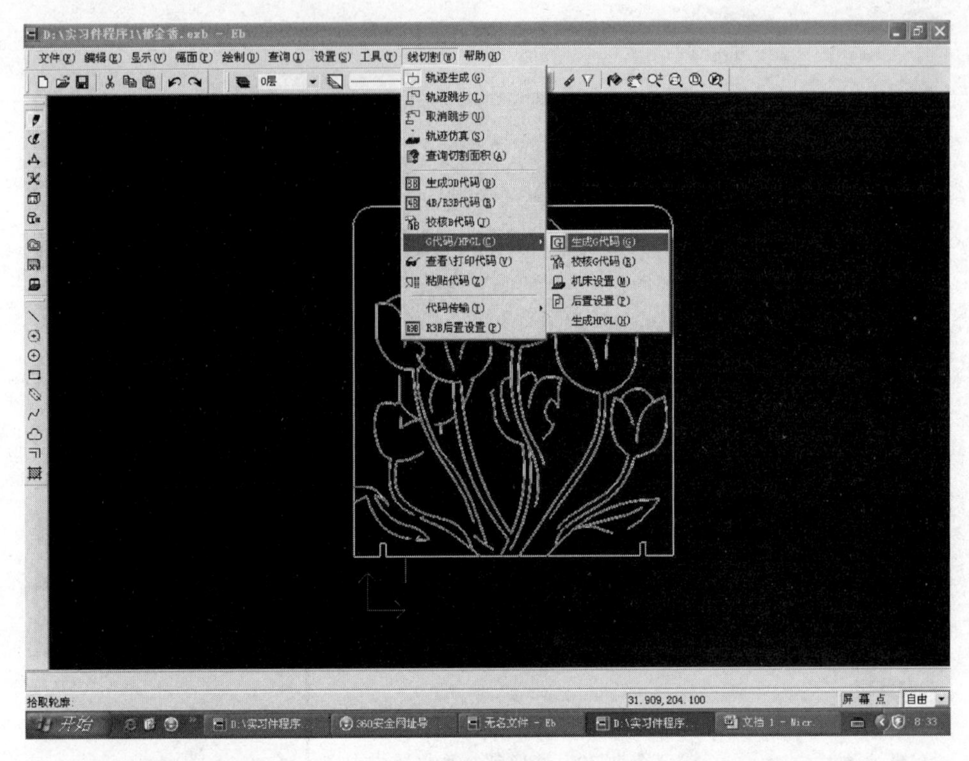

图 8.32　生成 G 代码菜单图

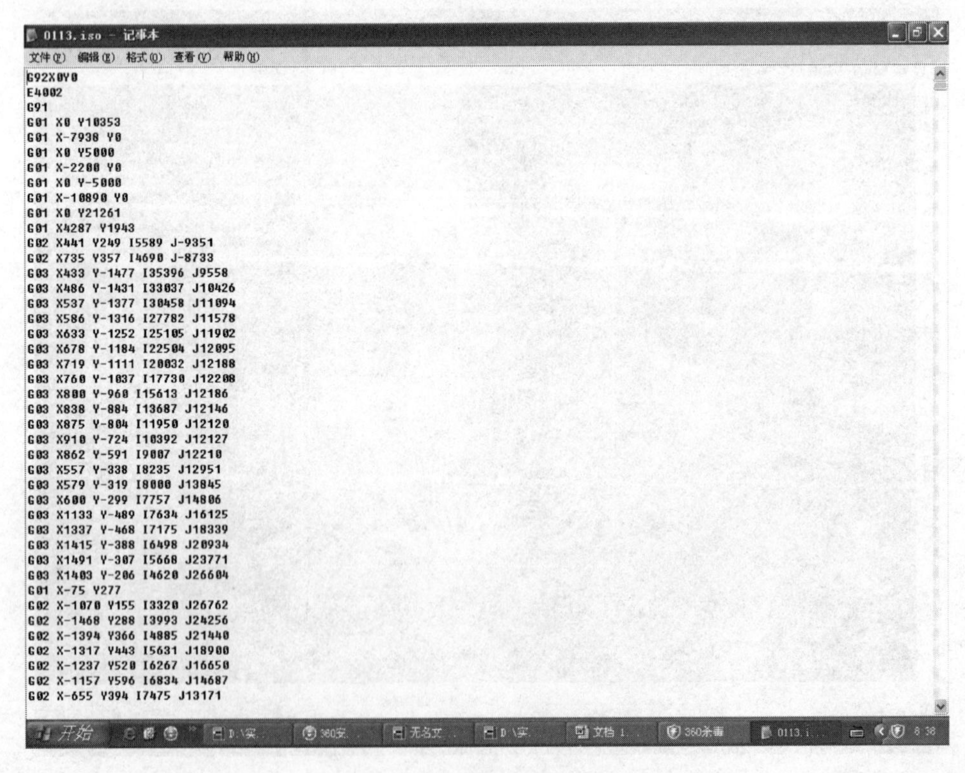


```
G92X0Y0
E4002
G91
G01 X0 Y10353
G01 X-7938 Y0
G01 X0 Y5000
G01 X-2200 Y0
G01 X0 Y-5000
G01 X-10890 Y0
G01 X0 Y21261
G01 X4287 Y1943
G02 X441 Y249 I5589 J-9351
G02 X735 Y357 I4690 J-8733
G03 X433 Y-1477 I35396 J9558
G03 X486 Y-1431 I33037 J10426
G03 X537 Y-1377 I30458 J11094
G03 X586 Y-1316 I27782 J11578
G03 X633 Y-1252 I25105 J11902
G03 X678 Y-1184 I22504 J12095
G03 X719 Y-1111 I20032 J12188
G03 X760 Y-1037 I17730 J12208
G03 X800 Y-960 I15613 J12186
G03 X838 Y-884 I13687 J12146
G03 X875 Y-804 I11950 J12120
G03 X910 Y-724 I10392 J12127
G03 X862 Y-591 I9007 J12210
G03 X557 Y-338 I8235 J12951
G03 X579 Y-319 I8000 J13845
G03 X600 Y-299 I7757 J14806
G03 X1133 Y-489 I7634 J16125
G03 X1337 Y-468 I7175 J18339
G03 X1415 Y-388 I6498 J20934
G03 X1491 Y-307 I5668 J23771
G03 X1403 Y-206 I4620 J26604
G01 X-75 Y277
G02 X-1070 Y155 I3320 J26762
G02 X-1468 Y288 I3993 J24256
G02 X-1394 Y366 I4885 J21440
G02 X-1317 Y443 I5631 J18900
G02 X-1237 Y520 I6267 J16650
G02 X-1157 Y596 I6834 J14687
G02 X-655 Y394 I7475 J13171
```

图 8.33　郁金香加工程序

(7) 插入 U 盘，装载程序：F1 文件→ F1 装入→ 屏幕提示 Select drive，A：is A，L：is LAN，U：is USB，键盘输入 U→进入 U 盘内的文件库 → 选择自己要加工的文件名后 → 回车确认加载程序→屏幕左下方显示：Load File OK，Select menu please → F8 退出 → 回到主界面。

(8) 显示加工图形：F7 运行 → 进入 C 盘，选择要加工的程序名 → 回车确认 → F1 画图 → F5 放大(调整显示要加工图形的大小，与实际加工的零件尺寸无关)。

(9) 调整零件加工位置。按下前面板的红色急停按钮，屏幕显示：Hardware error，press ENTER to continue，此时可通过机床上的 X 轴和 Y 轴手柄来调整零件的起始加工位置，如果不按下急停按钮，机床将自动锁住 X 轴和 Y 轴手柄，将不能调整零件位置。零件加工位置调整好以后，回到前面板按箭头方向旋转红色急停按钮，再按下绿色按钮，取消急停状态。

(10) 设定电参数。本例中，电参数设定为：电流最大：7；脉冲宽度：48；间隔比：7；分组宽：0；分组比：0；速度：8。

(11) 零件加工。退出画图界面，进入运行界面，选择 F7 正向割，机床开始零件加工。

3. 电火花线切割加工的安全技术规程

(1) 用手摇柄操作卷丝筒后，应将摇柄拔出，防止卷丝筒转动时将摇柄甩出伤人。

(2) 加工前应安装好防护罩。

(3) 打开脉冲电源后，不得用手或手持导电工具同时接触脉冲电源的两输出端(床身和工件)，以防触电。

(4) 停机时，应先停脉冲电源，后停工作液，并且要在卷丝筒刚换向后尽快按下停止按钮，防止因卷丝筒惯性造成断丝或传动件碰撞。

(5) 工作结束后，关掉总电源，擦净工作台及夹具。

(6) 机床附近不得放置易燃、易爆物品。

复习思考题

1. 电火花线切割加工的常用电极丝材料有哪些?
2. 电火花线切割加工与电火花成形加工相比有何特点?
3. 电火花线切割加工工件常用的装夹方法有哪些?
4. 如何校正电极丝的垂直度?

现代测量技术

三坐标测量机

9.1 三坐标测量机简介

三坐标测量机是指在空间范围内，能够对几何形状、长度及圆周分度等进行测量的仪器，又称为三坐标测量仪或三坐标量床，是一种运用坐标测量技术进行测量和测绘的工业设备。

三坐标测量机可以测量高精度的几何零件和曲面、复杂形状的机械零部件、检测自由曲面，可选用接触式或非接触式测头进行连续扫描。

1. 三坐标测量机的定义

三坐标测量机是一种可作3个方向移动的探测器，可在3个相互垂直的导轨上移动，此探测器以接触或非接触等方式传送信号，3个轴的位移测量系统经数据处理器或计算机等计算出工件的各点坐标(X、Y、Z)。

2. 三坐标测量机的原理

三坐标测量机是集精密测量技术、光机电一体化技术、计算机技术于一体的高科技测量设备。任何形状都是由空间点组成的，所有的几何测量都可以归结为空间点的测量，因此精确进行空间点坐标的采集，是评定所有几何形状的基础。

三坐标测量就是通过对零件表面点的测量来获取零件形面上的离散点的几何信息，通过计算，得出零件中各几何元素的尺寸和形位公差。

3. 三坐标测量机的功能

(1) 几何元素的测量。

(2) 曲线、曲面扫描，支持点位扫描功能、IGES文件的数据输出、CAD名义数据定义、ASCII文本数据输入、名义曲线扫描、符合公差定义的轮廓分析。

(3) 形位公差的计算，包括直线度、平面度、圆度、圆柱度、垂直度、倾斜度、平行度、位置度、对称度、同心度等。

(4) 支持传统的数据输出报告、图形化检测报告、图形数据附注、数据标签输出等多种输出方式。

4. 三坐标测量机的主要结构形式

按机械结构分为水平臂式、龙门式、桥式等。

(1) 水平臂式：其操作性能好，移动迅速，是大测量范围、低精度坐标测量机的典型形式，如图 9.1(a) 所示。

(2) 龙门式：分为龙门移动式和龙门固定式两种。

前者的特点是龙门可以前后移动，工作台周围完全开放，装卸工件便捷，操作性能好。小型测量机采用这种结构形式容易达到较高精度。

后者的左右立柱是固定的，前后的移动由工作台来实现。其优点是刚性好，移动平稳，精度高，如图 9.1(b) 所示。

(3) 桥式：采用桥框为导向面，Y 轴在 X 方向移动，这种测量机刚性好，精度高，适用于大型测量机，如图 9.1(c) 所示。

(a) 水平臂式

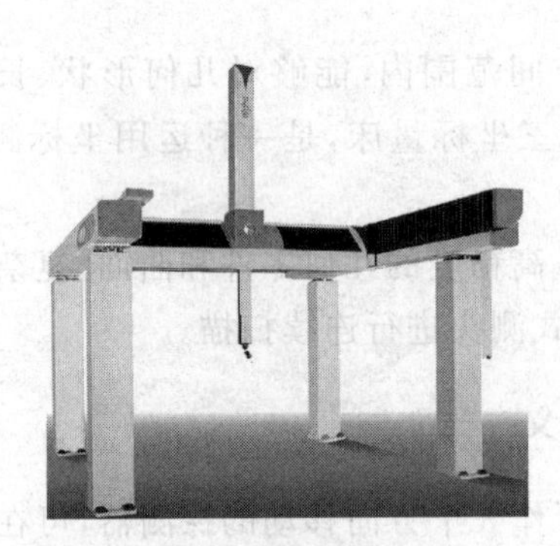

(b) 龙门式

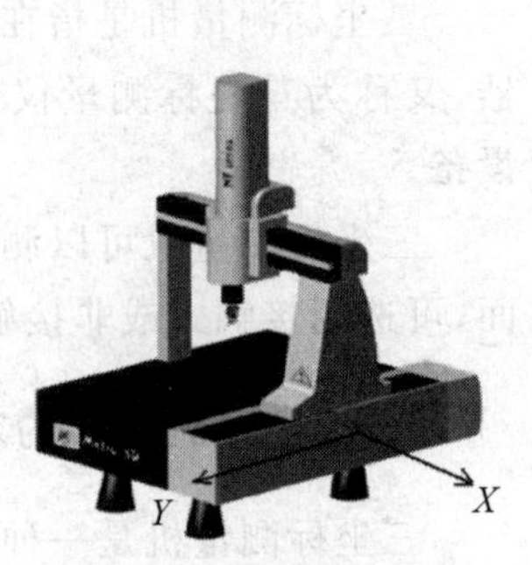

(c) 桥式

图 9.1 三坐标测量机的主要结构形式

5. 三坐标测量机的组成

三坐标测量机利用导轨实现 X、Y、Z 轴 3 个方向的运动，从而测量出被测工件在 X、Y、Z 轴的坐标值，根据这些坐标点的数值拟合成测量元素，通过计算机比较被测量与标准量，将比较结果用数值表示，得出测量数据。

三坐标测量机可分为主机、测头、电气系统三大部分，如图 9.2 所示。

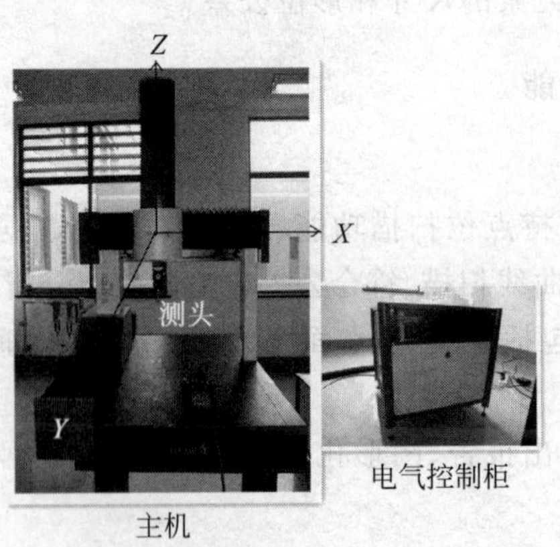

图 9.2 三坐标测量机的组成结构

(1) 主机：包括框架结构、标尺系统、导轨、驱动装置、平衡部件和附件等。

(2) 测头：三坐标测量机触测被测零件的发讯开关，是三坐标测量机的关键部件。

(3) 电气系统：包括电气控制系统、计算机硬件部分、测量机软件和打印绘图装置。

9.2 三坐标测量机的应用实例

9.2.1 三坐标测量机的使用方法

三坐标测量机测量时，首先将被测对象分解为基本几何元素，由测头对每一个坐标点分别进行测量。基本的几何元素包括点、直线、平面、圆、球、圆柱和椭圆。接着在软件中输入元素相互之间的位置关系、定义基准元素，最后计算出工件的形状误差（平面度、直线度、圆度、轮廓度）、位置误差（平行度、垂直度、同心度、同轴度、跳动、倾斜度、对称度）和尺寸误差（位置、距离、夹角）。

三坐标测量的步骤如下：

(1) 分析图纸、装夹工件。

(2) 确定测量方案，选择测头并校正测头。

(3) 进行被测工件的基本几何元素测量，采集数据。

(4) 使用软件建立基准，分析数据，评价结果。

(5) 对结果的检查与分析。

(6) 生成检测报告。

9.2.2 三坐标测量机检测实例

本实例使用美国 AAT 公司（Applied Automation Technologies, Inc.）研发的 CappsDMIS 软件，它是三坐标测量分析软件。

如图 9.3 所示，本实验需要通过三坐标测量机测量出工件的以下尺寸：

(1) 分别测量出圆柱 CR1、CR2、CR3、CR4 的直径。

(2) 分别测量出平面 PL1 与平面 PL2、PL3、PL4 的距离。

(3) 测量出圆柱 CR2 与圆柱 CR3 的同心同轴度，以圆柱 CR2 为基准。

(4) 测量出平面 PL1 与平面 PL2 的平行度，以平面 PL2 为基准。

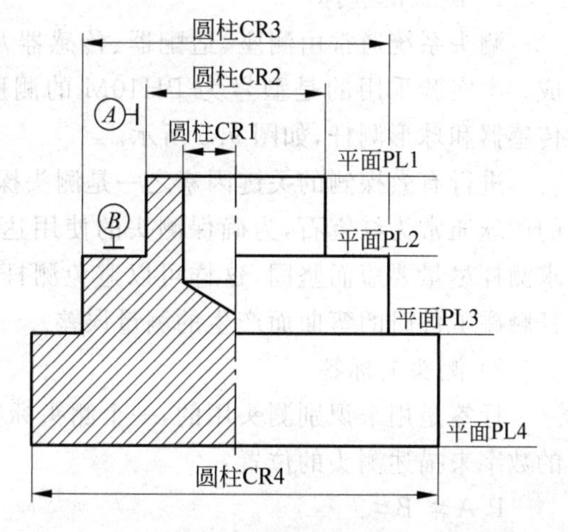

图 9.3 被测工件

1. 启动

打开气压阀，打开控制柜电源，打开计算

机，进入 Windows XP 系统，双击 CappsDMIS 软件快捷图标。

2. 新建文件

打开程式文件夹（Open Prog），创建一个新的程序文件，文件名为“实验 1”，打开，如图 9.4 所示。

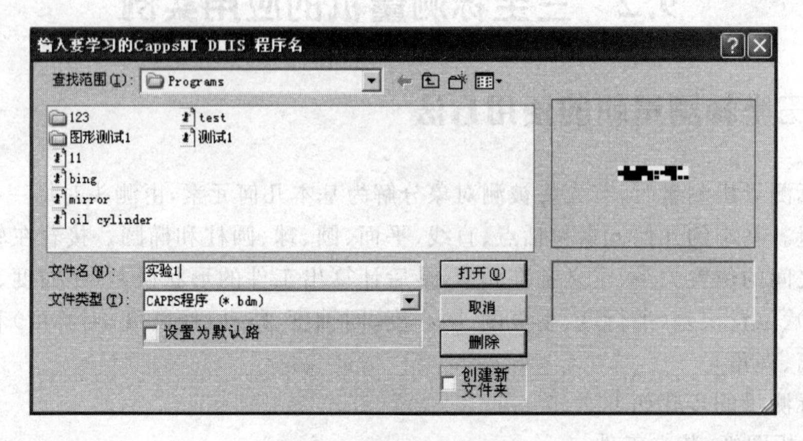

图 9.4　新建文件对话框

3. 机器回零

依次打开菜单：系统→机床→回零→确认自动回零。

4. 图样分析

综合分析图样，工件进行装夹。

5. 选择测头并校正测头

测头是触测被测工件的发讯开关，测头精度的高低决定了三坐标测量机的测量重复性。

1）测头的选择

测头系统通常由测座、适配器、传感器及不同类型的测杆组成。本实验采用的是型号为 PH10M 的测座、型号为 TP200 的传感器和球形测杆，如图 9.5 所示。

进行有效探测的关键因素之一是测头探针的选择，测头顶端的测球通常为红宝石，为确保测头的使用达到最大测量精度，要求测杆尽量要短而坚固，这样可以避免测杆在移动中的摇晃、测杆触碰工件时的弯曲而产生的测量误差。

2）测头的标签

标签是用来识别测头用的，一个测头标签通过使用下面这样的数字来描述测头的位置：

P A# B#

P ＝ 测头

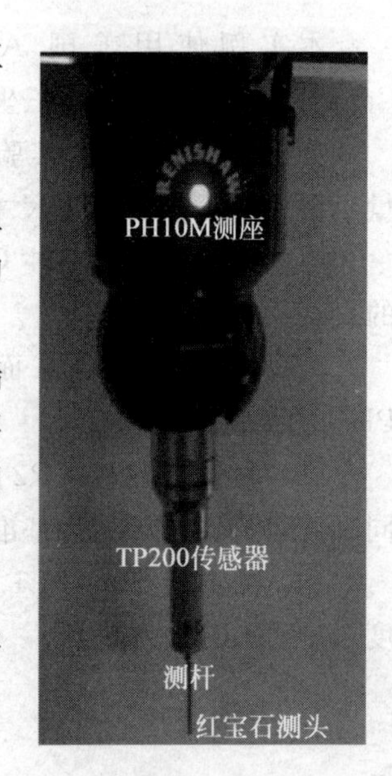

图 9.5　测头

A = 测头的 A 角度（指测头在平面 XZ 方向旋转的角度）

B = 测头的 B 角度（指测头在平面 YZ 方向旋转的角度）

\# = 角度的索引值，索引值的计算是每单位值增加 7.5°

例如：P A 0 B 24 表示测头如下的位置：

$$A=0°(0\times7.5=0)\quad B=180°(24\times7.5=180)$$

3）测头的校正

通常情况下，在开始一个自学习程序或者开始测量一个工件时校正一次测头就可以了。测头的位置或角度变化后，当再一次调用测头时，就需要进行校正。

测头校正的步骤如下：

（1）测量主标准球。

测量前首先要回原点，然后测量主标准球。主标准球只能选择一次并且只能在它的零点位置($A=0°$,$B=0°$)才能用来校正测头，这是各个不同的测头相对于机床坐标系(MCS) $A=0°$,$B=0°$位置之间的关系之所在。一旦软件获得了测头的位置和主标准球在机床坐标系(MCS)中的位置，就可以在测量模式中开始测头的校正。

依次打开菜单：测头→主标准球→确认显示主标准球测量状态→利用摇杆使测头与工件接触测量。主标准球需要测量的点数，如图 9.6 所示，为 5 个点，分别为球的前、后、左、右以及顶部，前后左右 4 个点必须在一个外径上面。测量完成后系统会计算出 PAOBO 的测尖半径和形状误差，确定退出。

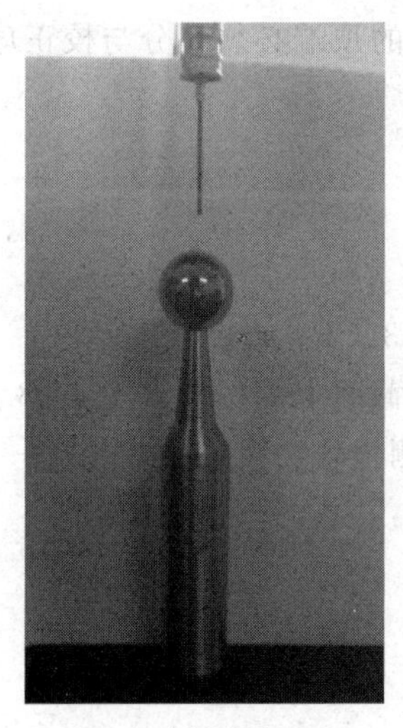

(a) 主标准球

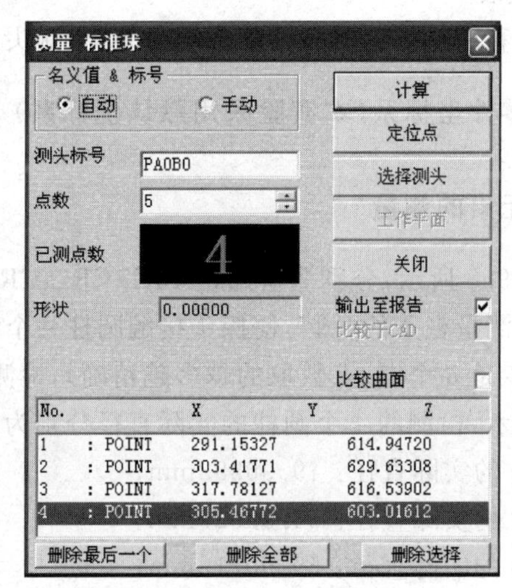

(b) 测量主标准球对话框

图 9.6 测量主标准球

（2）校正测头。

测量好主标准球后，下一步校正测头角度，如图 9.7 所示，可以设定测头角度、测头标号，以及其他一些参数，诸如所需测点数、起始角度、总角度以及测头在主标准球上的接触点位置。

依次打开菜单：测头→校正→改变所需的测头参数→自动校正→取消。

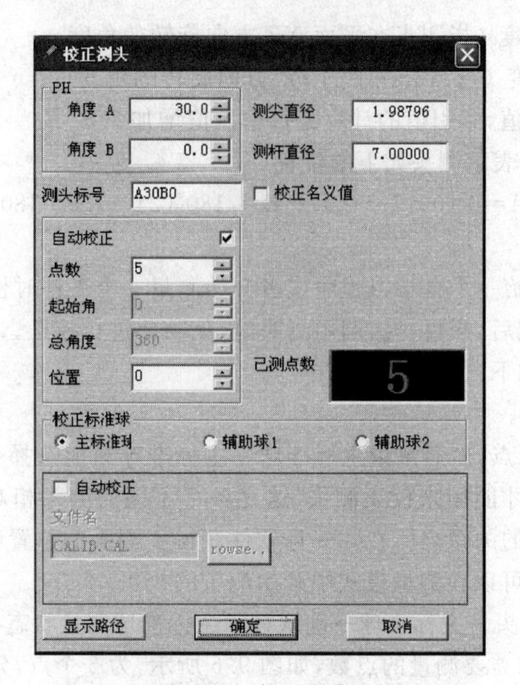

图 9.7 校正测头

4）测头安装

测头通常利用点接触进行工件数据的采集，测头的顶端必须充分与校正球相接触。

6. 建立零件坐标系（本实验采用默认坐标系）

7. 项目元素的测量

(1) 如图 9.8 所示，分别测量圆柱 CR1、CR2、CR3、CR4 的直径。

单击右侧测量栏下的“圆”，使探头接触圆柱一个截面上的任意 3 个点（3 点可以确定一个圆，所以至少是 3 个点，点数取的越多越精确），检测报告会自动生成。

由报告显示，检测的 4 个圆柱的实际直径分别为：

圆柱 CR1 的实际直径：19.96292mm；

圆柱 CR2 的实际直径：34.93520mm；

圆柱 CR3 的实际直径：59.90719mm；

圆柱 CR4 的实际直径：79.07659mm。

(2) 如图 9.9 所示，分别检测平面 PL1 与平面 PL2、PL3、PL4 的距离。

单击右侧测量栏下的“平面”，使探头接触同一平面上的任意 6 个点（确定一个平面需要 3 个点，点数越多，测量结果越精确），检测报告自动生成。

打开距离检测对话框，如图 9.10(a) 所示。选择元素 1＝PL1，选择元素 2＝PL2，即测量平面 PL1 与平面 PL2 之间的距离。

如图 9.10(b) 所示，平面 PL1 和平面 PL2 的距离为 15.03174mm。同理，可以测量平面 PL1 和 PL3，平面 PL1 和 PL4 的距离。

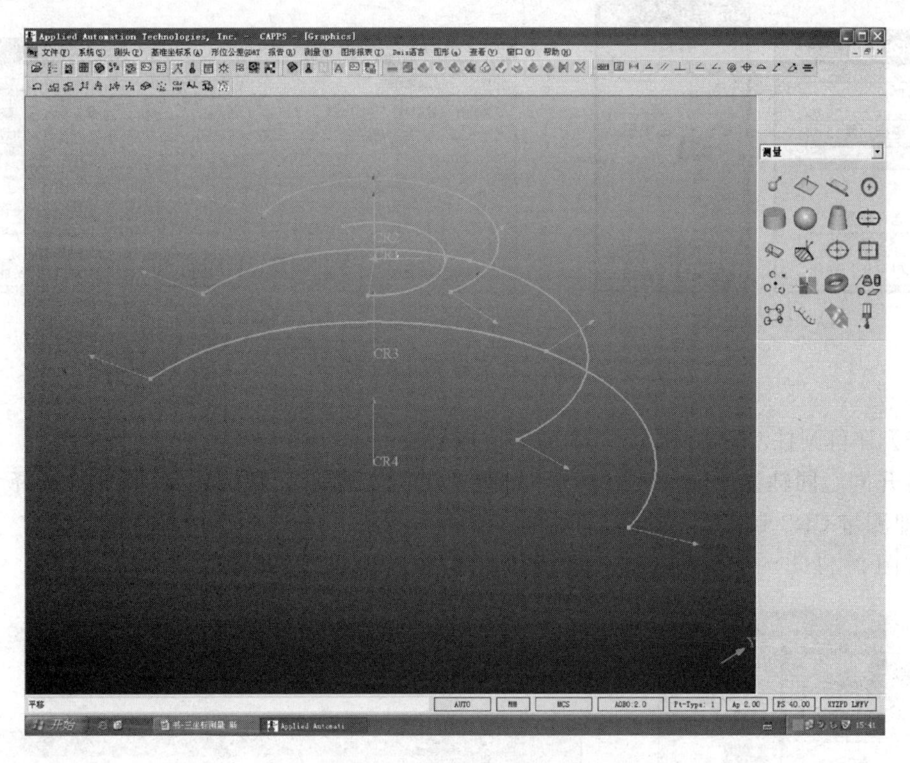

图 9.8　圆柱直径的测量

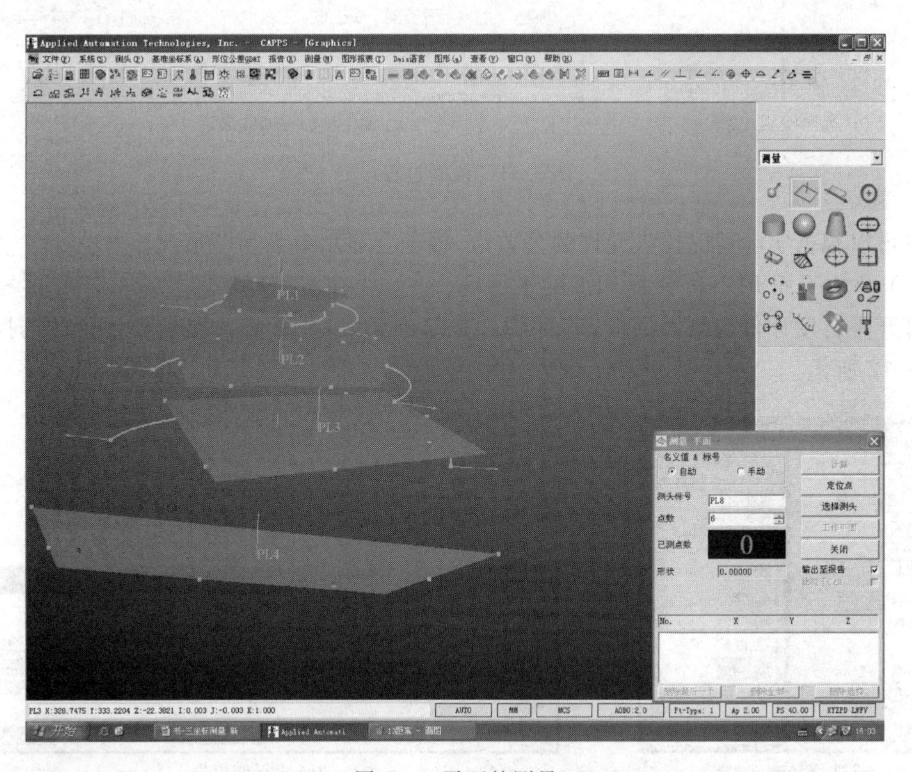

图 9.9　平面的测量

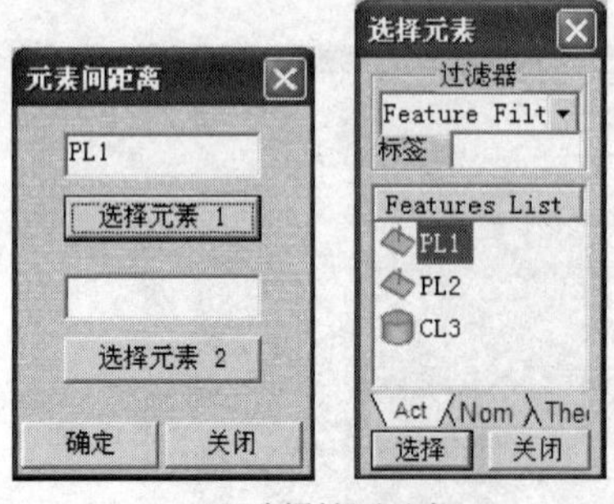

(a) 选择检测元素

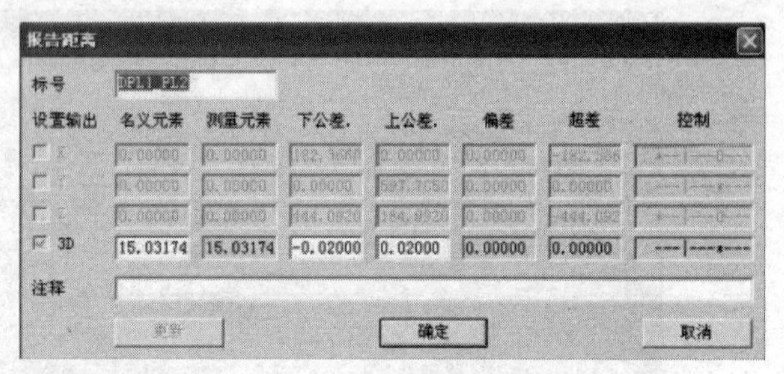

(b) 距离报告

图 9.10　检测过程(一)

(3) 评价圆柱 CR2 和圆柱 CR3 的同心同轴度。

打开同心同轴度评价检测对话框,如图 9.11(a) 所示。基准元素＝CR2,选择元素＝CR3,即测量 CR2 和 CR3 的同心同轴度。

如图 9.11(b) 所示,CR2 与 CR3 的同心同轴度为 0.12191mm。

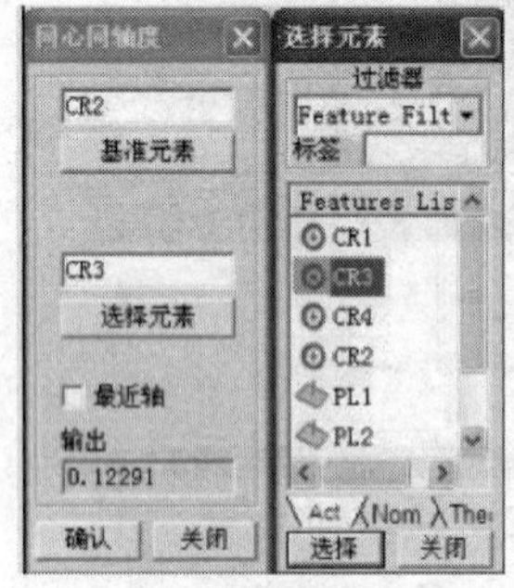

(a) 选择检测元素

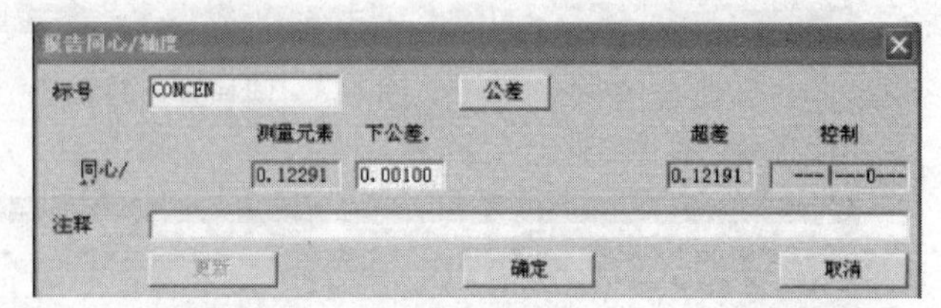

(b) 同心同轴度报告

图 9.11　检测过程(二)

也可以根据实际情况输入允许的公差值,报告会显示有无超差情况。

(4) 评价平面 PL1 和平面 PL2 的平行度。

打开平行度评价检测对话框,平面 PL2 是基准元素,平面 PL2 是所要评价的选择元素,如图 9.12 所示。

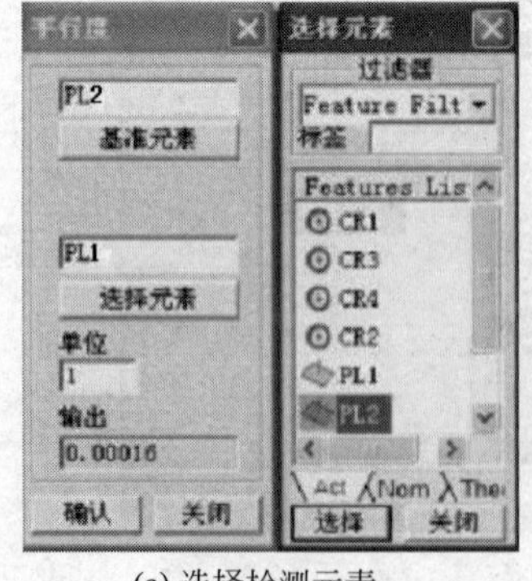

(a) 选择检测元素

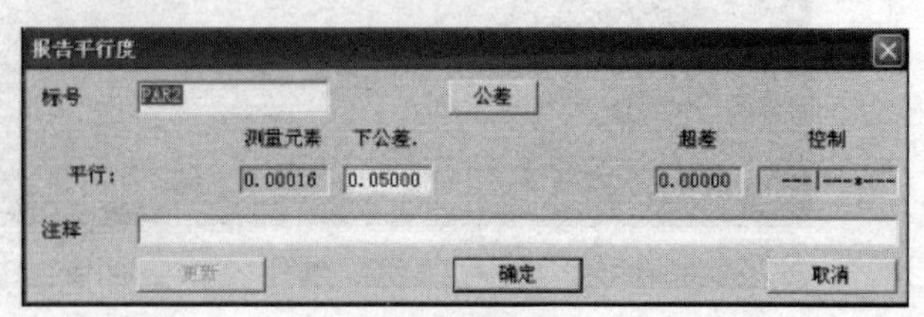

(b) 平行度报告

图 9.12　检测平行度对话框

两平面平行度的检测结果为：0.00016mm。

也可以根据实际情况输入允许的公差值，报告会显示有无超差情况。

8. 生成检测报告

实验报告的形式如图 9.13 所示。

1:	元素:	名义值	测量值	下公差	上公差	偏差	超差	控制	
	平面 PL1								
	X		306.75879						
	Y		533.88634						
	Z		7.58650						
	平面度		0.00362		0.60000				
	IJK	0.004	0.001	1.000	Angles	89.780	89.961	0.223	

2:	元素:	名义值	测量值	下公差	上公差	偏差	超差	控制	
	平面 PL2								
	X		305.76573						
	Y		536.17410						
	Z		-7.44618						
	平面度		0.00341		0.60000				
	IJK	0.004	0.001	1.000	Angles	89.777	89.966	0.225	

3:	元素:	名义值	测量值	下公差	上公差	偏差	超差	控制	
	外圆 圆柱 CL3								
	X		307.03427						
	Y		533.09831						
	Z		4.51395						
	直径		34.94060						
	圆柱度		0.00596		0.05000				
	IJK	-0.005	-0.003	-1.000	Angles	90.291	90.191	179.652	

4:	元素:	名义值	测量值	下公差	上公差	偏差	超差	控制	
	PLANE TO PLANE DIST DPL1 PL2 D								
	Dist		15.03483						

5:	元素:	名义值	测量值	下公差	上公差	偏差	超差	控制	
	// 5 PARALLELISM: PAR2								
	Parl:		0.00010		0.05000				

图 9.13 检测报告

检测报告可进行编辑、保存、打印等操作。如果有 Word 则打开方式会采用 Word，没有 Word 将采用写字板。

9. 退出软件

退出 Windows XP 系统，关闭控制柜电源，然后关闭计算机和气压阀。

复习思考题

1. 三坐标测量机的工作原理是什么？
2. 一般测量主标准球需要测量 5 个点，请问是哪 5 个点？
3. 试在三坐标测量机上完成手机的测量及数据处理。

圆 度 仪

10.1 圆度仪的简介

在机械加工过程中，机床主轴回转不平衡、刀具与主轴的摩擦、金属撕裂、切削元件的径向振动、材料应变以及制造过程中的剩余表面应力，都会带来误差。误差的存在直接影响着零部件的配合精度、旋转精度、摩擦、振动、噪声等，进而增大了机器的故障率，降低其使用寿命。因而，工件的测量技术越来越受到人们的关注，对测量技术也提出了越来越高的要求，圆度仪的使用越来越普遍。

1. 圆度仪的定义

圆度仪是一种利用回转轴法测量工件圆度误差的测量工具，是精密机械加工行业确保工件形位公差质量必备的测量仪器，它可测量多项形位误差，是集机、电、液、气一体化的技术密集的高科技产品，广泛用于汽摩配等工厂车间和计量部门，可测各种规则、不规则的环形工件的圆度、同心度、同轴度、平面度、平行度、垂直度、偏心及跳动量等。

2. 圆度仪的检测原理

圆度仪的检测原理为：将被测工件放置在一个旋转的工作台上，通过传感器的测头与被测工件轮廓接触，在转台转动过程中，传感器测端的径向变化与被测轮廓相同，此变化量由传感器接收，随后送入计算机进行数据处理和分析，最后评定被测工件的圆度误差及其偏心值等。整个检测过程中的核心部分是信号拾取，也就是利用传感器来检测被测工件轮廓的变化并转换成电信号，再将此电信号进行信号处理后送入微机中进行处理。

3. 圆度仪的功能

(1) 可测各种规则、不规则环形工件的圆度、同轴度、同心度、圆柱度、直线度、平行度、平面度、垂直度、跳动、全跳动等误差测量；

(2) 自动计算测量数据；

(3) 多重项目的总分析；

(4) 对资料、测量数据进行重新测算；

(5) 设定段落程序(从测量到分析)；

(6) 内、外径自动连续测量；

(7) 3D 显示旋转；

(8) 实时显示；

(9) 数据检测；
(10) 谐波分析；
(11) 图形分析；
(12) 测量带缺口工件，对多重截面断续的可实现螺旋测量，缩短测量时间；
(13) 文本数据输出等。

4. 圆度仪的结构特点

圆度仪主要由底座、旋转测量台、调心台、电感测头、立柱等组成，如图 10.1 所示。

工件和工作台一起旋转，传感器和测头固定不动。传感器安装在水平臂上，水平臂对工件的相对位置能改变，测量范围大，可测量形状复杂的零件。工作台是由高精度空气轴承支撑的旋转工作台，摩擦力矩极小，稳定性较高。工作台的调整轴有高精确度线性标尺，可在高速运转中进行工件的调整，使工件的加工轴线与工作台回转轴线一致，保证测量精度。

5. 圆度仪的测量动作

测量动作分为旋转测量和平移测量，如图 10.2 所示。

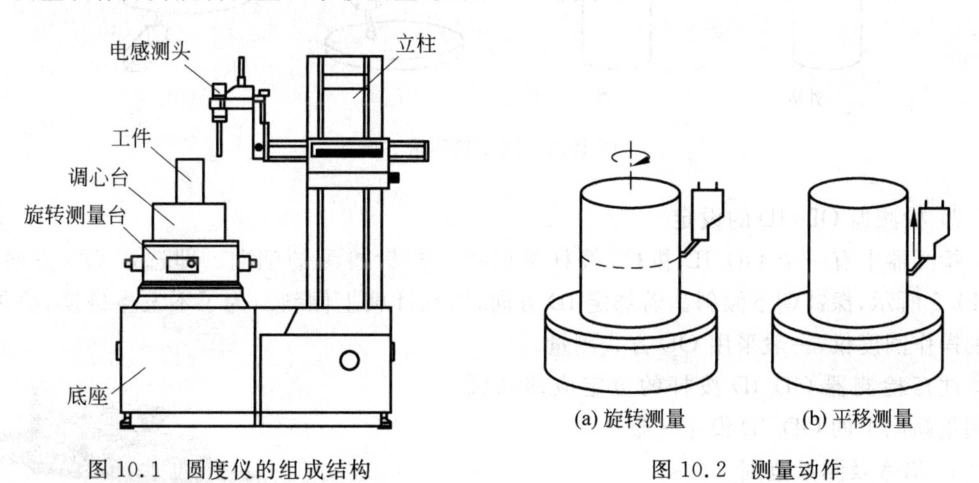

图 10.1 圆度仪的组成结构　　图 10.2 测量动作

(1) 旋转测量：在仪器测头接触工件的状态，使旋转测量台旋转一周，采样一周数据的过程。

(2) 平移测量：在仪器测头接触工件的状态，使 Z 轴滑架向上移动，进行数据采样。此时，旋转测量台保持不动。

10.2 检测器的简介

1. 检测器的组成部分

圆度仪的检测器主要由传感器、探针和探头三部分组成，如图 10.3 所示。

检测器的要求是：灵敏度高，线性范围宽，重现性好，稳定性好，响应速度快，对不同物质的响应有规律性及可预测性。

检测器的检测原理：将被测工件放在旋转测量台上固定，实际测量时工件与旋转测量台一同旋转，当仪器测头与实际被测圆轮廓接触时，被测圆轮廓的半径变化量就可以通过检测器的测头反映出来，此变化量由传感器接收，并转换成电信号输送到电气系统，经放大器、滤波器、运算器输送到微机系统，实现数据的自动处理并显示结果。

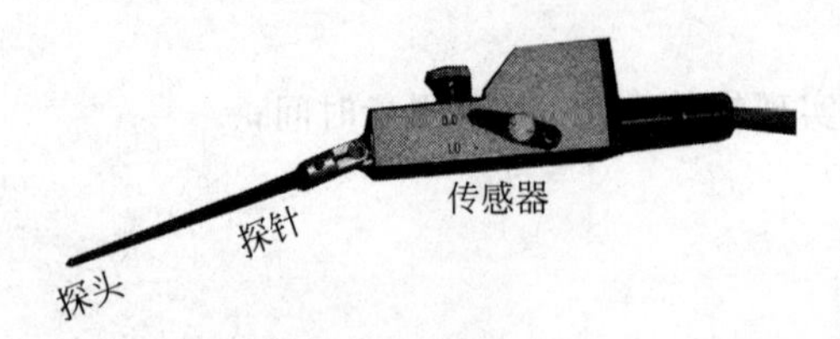

图 10.3 检测器的组成

2. 检测器的特点

1）检测器的测量方向

检测器的测量方向有 4 种，如图 10.4 所示，方向的选择可以在圆度测量画面上设定。

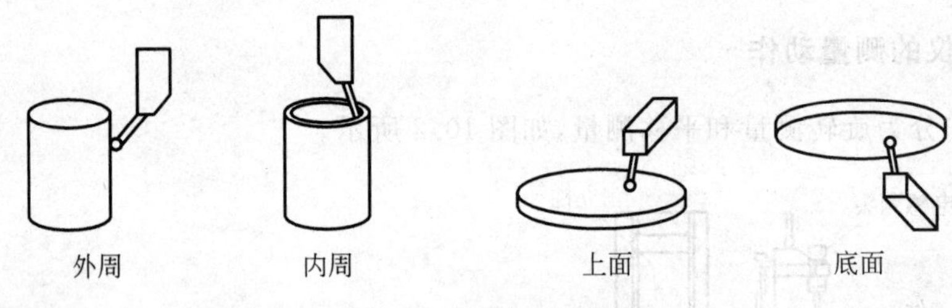

图 10.4 圆度仪测量方向

2）检测器 OD/ID 的设定

检测器上有一个 OD/ID 拨杆，拨杆可以指定探针检测的朝向。即选定 OD 方向，如图 10.5 所示，探针朝下倾斜。若选定 ID 方向，则探针朝上倾斜。为了不发生碰撞，更加安全的操作圆度仪，一般采用 OD 方式测量。

注意检测器 OD/ID 拨杆的设定应该与圆度测量画面上的 OD/ID 设定一致。

3）倍率及测量范围

测量倍率是指物体的成像大小与物体实际大小的比值。

测量范围是指所能测量的最小尺寸与最大尺寸之间的范围。

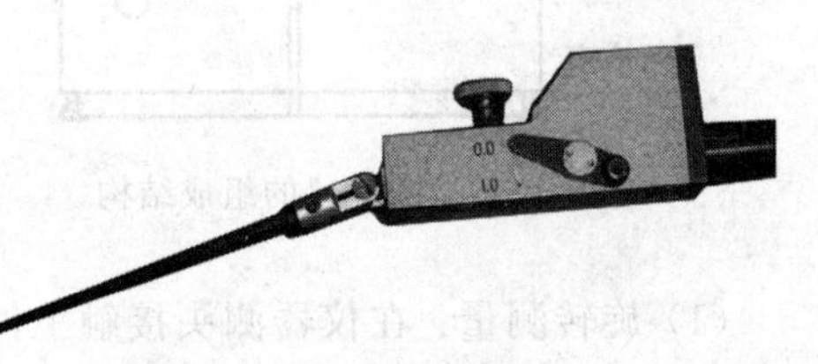

图 10.5 检测器 OD/ID 的设定

分辨率是指屏幕图像的精密度，显示器所能显示的像素大小。

测量倍率与可测量范围及分辨率的关系如表 10.1 所示。

表 10.1 圆度仪测量倍率及范围

测量倍率	分辨率/μm	测量范围/μm	测量倍率	分辨率/μm	测量范围/μm
50	0.1	±800	500	0.01	±320
100	0.04	±800	1K	0.01	±320
200	0.02	±640	2K	0.004	±128

续表

测量倍率	分辨率/μm	测量范围/μm	测量倍率	分辨率/μm	测量范围/μm
5K	0.004	±128	50K	0.001	±32
10K	0.002	±64	100K	0.0004	±12.8
20K	0.002	±64			

4) J/S 操作

J/S 操作是利用马达驱动 R 轴悬臂和 Z 轴滑块移动的。使 J/S 倒下时，R 轴悬臂和 Z 轴滑块沿着如图 10.6 所示的方向移动。

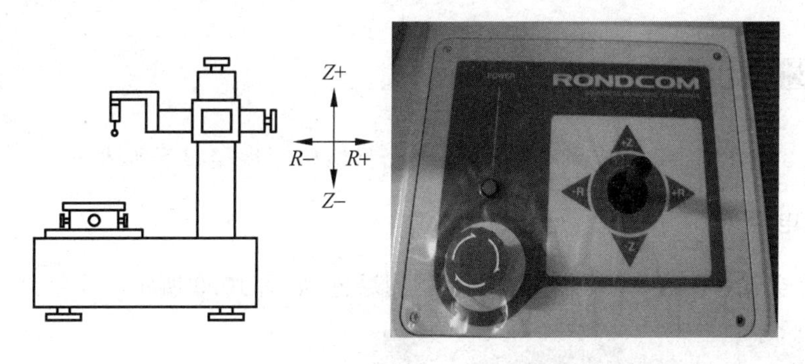

图 10.6　J/S 倒下时的移动方向

J/S 操作注意事项：

(1) 若检测器接触到工件，则自动停止功能开始动作。

(2) J/S 倒下直到检测器的计量表指针指到中央为止。

(3) 若移动到最左边或最右边，有时利用 J/S 可能无法返回，此时可利用微动旋钮移动。

5) 自动停止功能

若检测器接触到工件，则自动停止移动动作，同时自动将此时的位移 DR 调整为 0，该功能称为自动停止功能。

由图 10.7 所示，当自动停止功能启动时，量程表的指针是指在中间的。

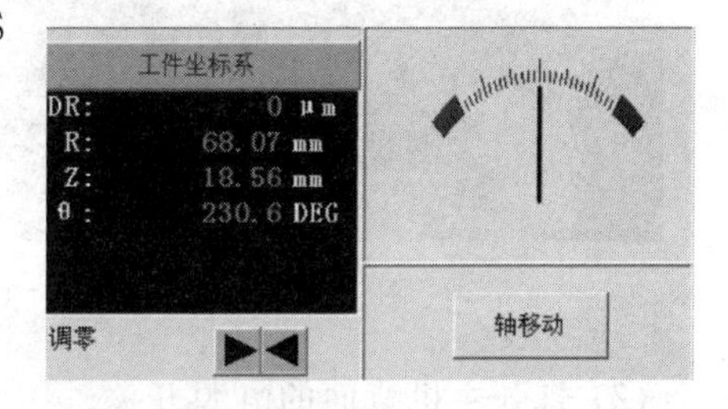

图 10.7　自动停止功能下的量程表状态

10.3　圆度仪的应用实例

10.3.1　圆度仪的使用方法

形位误差测量原来仅限于手工测量，采用近似测量法，检测精度不高。圆度仪采用半径测量法，使形位误差测量的精度大幅提高。

机械加工中常需要测量工件的圆度误差或机床的主轴回转误差。对于一个回转体零件，其横截面轮廓是否为一正圆，需要与一理想圆进行比较才能得出结论。圆度误差的评定过程就是将被测横截面的实际轮廓与理想圆比较的过程。

圆度仪的测量步骤为：

(1) 接通电源；

(2) 系统启动；

(3) 初始化动作；

(4) 水平校正；

(5) 检测器校正；

(6) 对位；

(7) 实际测量。

10.3.2 圆度仪检测实例

如图 10.8 所示，测量指定高度截面的圆度，具体检测步骤如下所述。

1. 接通电源

(1) 打开空气开闭旋塞，使压力表指针指到绿色，如图 10.9 所示。

图 10.8 被测工件

图 10.9 压力表指针

(2) 打开主机背面的电源开关。

(3) 打开计算机电源开关。

(4) 打开打印机电源开关。

关闭的顺序为：(2)、(4)、(3)、(1)。

2. 系统启动

计算机上的 TIMS(TSK Integrated Measuring System)测量软件自动启动，如图 10.10 所示，将显示圆度仪测量画面。

3. 初始化动作(使圆度仪回原点位置)

(1) 按 TIMS 软件上的“执行”键。

(2) Z 轴将自动上升 50mm。上升过程中如果检测出原点位置，动作立即停止。若未能

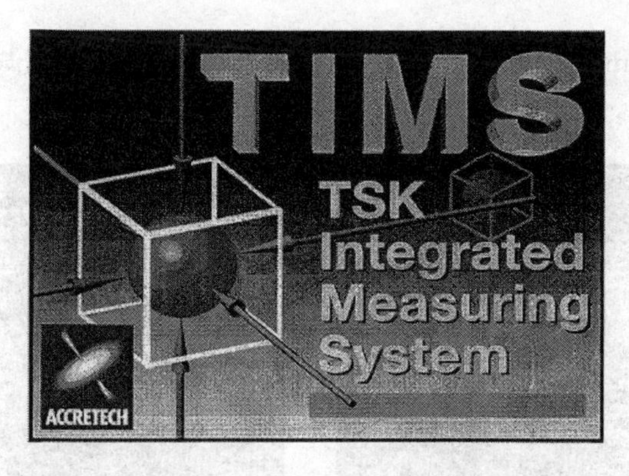

图 10.10 TIMS启动后的画面(圆度测量画面)

检测出,则 Z 轴下降,继续检测原点位置。

(3) 检测出的原点位置,Z 轴的值被设定为 45mm。

(4) 旋转测量台将自动旋转一周,该动作将检测出旋转测量台角度的基准位置。

注意不要让检测器与工件等发生碰撞。

4. 水平校正

水平校正是要确保旋转测量台是水平的,使之后放在旋转测量台上的工件,测量出来的数据更准确。

(1) 使旋转测量台转到 0°位置,然后使检测器与旋转测量台接触。

(2) 将旋转测量台转到 180°位置,然后确认此时检测器计量表指针的偏移量。

(3) 调整倾斜调整旋钮 A,如图 10.11 所示,使检测器计量表从 0°到 180°的指针偏移量变为 1/2,如图 10.12 所示。

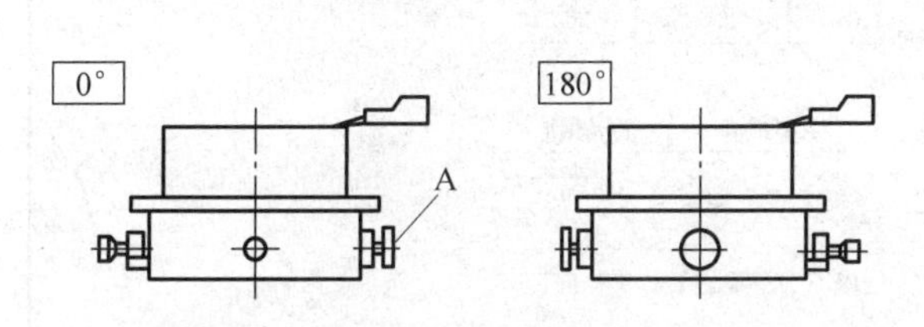

图 10.11 指针接触旋转测量台

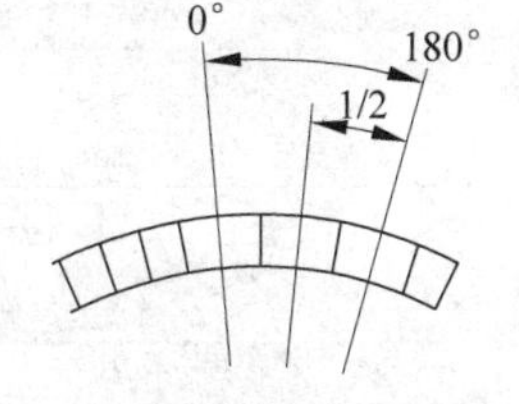

图 10.12 检测器计量表指针显示

(4) 将旋转测量台转到 90°位置,调整旋钮,使检测器计量表指针回到中央位置。

(5) 将旋转测量台转到 270°位置,然后确认此时检测器计量表指针的偏移量。

(6) 调整倾斜调整按钮 A,使检测器计量表从 90°到 270°的指针偏移量变为 1/2。

(7) 逐步调高测量倍率。

(8) 重复(2)~(7) 的操作步骤,直至旋转测量台旋转一周,计量表指针的偏移量接近 0 为止。

5. 检测器校正

1) 校正方法

利用块规进行校正,如图 10.13 所示,有两块已知厚度的块规,分别为 1.49mm 和

1.47mm，其差值为 20μm。利用检测器测量这两块块规，检测数据与标准差值 20μm 相比，可以得知检测器的误差，通过校正，可以使之后的工件测量更精确。

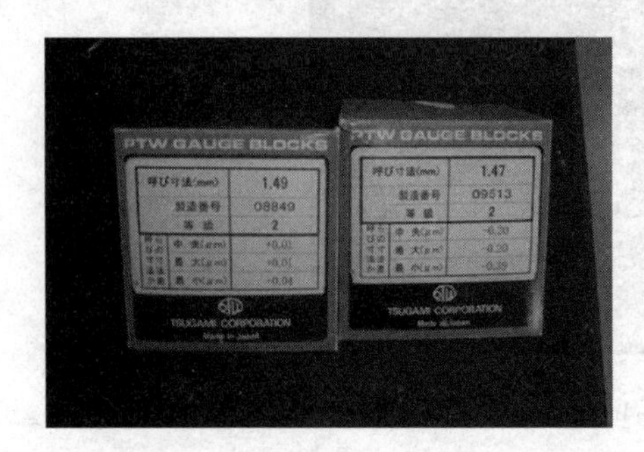

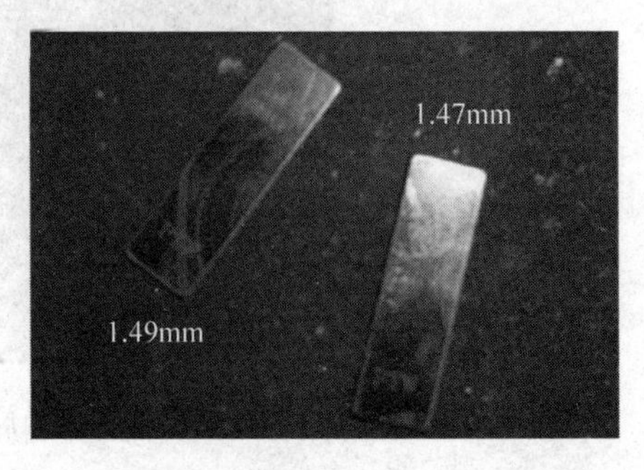

图 10.13　块规

2）操作步骤

（1）将检测器设定为测量上面的测量方向。

（2）按照“×10K”（即 1×10^4）的测量倍率充分校准旋转测量台的水平度，如图 10.14 所示。

（3）如图 10.15 所示，将块规放在测量台面上，使检测器自动停止在薄的块规面上。

（4）单击菜单中的“校正(G)”，然后单击下拉菜单中的“倍率校正(M)”，将显示“检测器校正画面”。

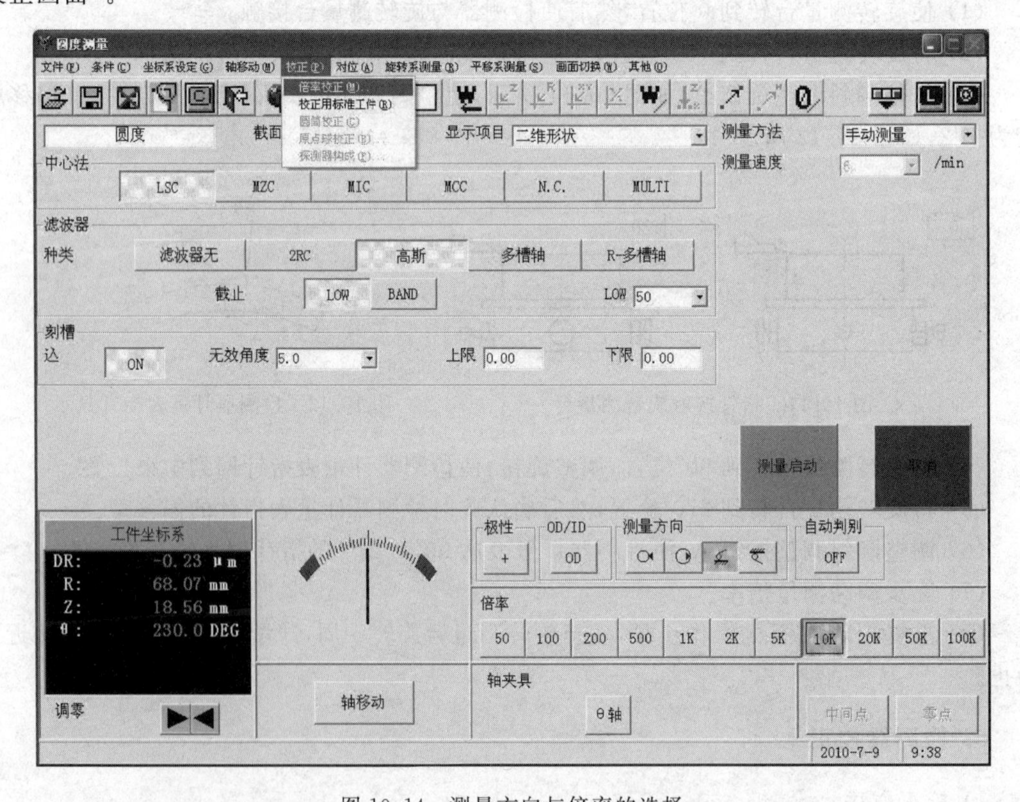

图 10.14　测量方向与倍率的选择

(5) 将基准设定为“20.0”μm(两块块规的厚度差),根据使用的探针(2∶1),将量程设定为“2”。

(6) 按“SET1”。

(7) 转动旋转台,让检测器接触厚的块规面。

(8) 确认在校正画面的DR值已反映位移值后,按“SET2”。

(9) 根据检测器位移与基准值的关系求出系数,系数显示值将发生变化。

(10) 按“设定”按钮,校正画面关闭。

6. 对位

使工件的旋转中心与测量台的旋转中心一致的操作称为对中;使工件旋转轴的倾斜与测量台的旋转轴一致的操作称为倾斜调整。对中和倾斜调整同时进行,统称对位。

(1) 将工件固定在旋转测量台上。

(2) 将倍率设定为“×50”,让检测器与工件接触,然后使工件旋转一周,确认检测器计量表没有超过量程。

(3) 单击菜单中的“对位(A)”,然后单击下拉菜单中的“旋转测量倾斜调整(R)”。

(4) 按“开始”按钮。

(5) 如图10.16所示,在L2高度的位置,让检测器与工件接触,然后“启动”。测量台旋转,开始测量。

图10.15 检测器接触块规

图10.16 Z轴指定高度的测量

(6) 将Z轴移到L1高度的位置,按“启动”继续测量。一般选择从下往上测量,避免检测器与工件发生碰撞,L1和L2的高度位置要选择在被测高度位置的两边。

(7) 测量完,将显示对位调整的画面(Tx,Ty),如图10.17所示。

将旋转测量台对准180°,然后调整Tx旋钮,使Tx的蓝色显示条位于0位置;同样对准270°,调整Ty旋钮,使Ty的蓝色显示条位于0位置。

(8) 按“确定”按钮,显示对位调整画面(Cx,Cy)。

将旋转测量台对准0°,然后调整Cx旋钮,使Cx的蓝色显示条位于0位置;然后对准90°,调整Cy旋钮,使Cy的蓝色显示条位于0位置。

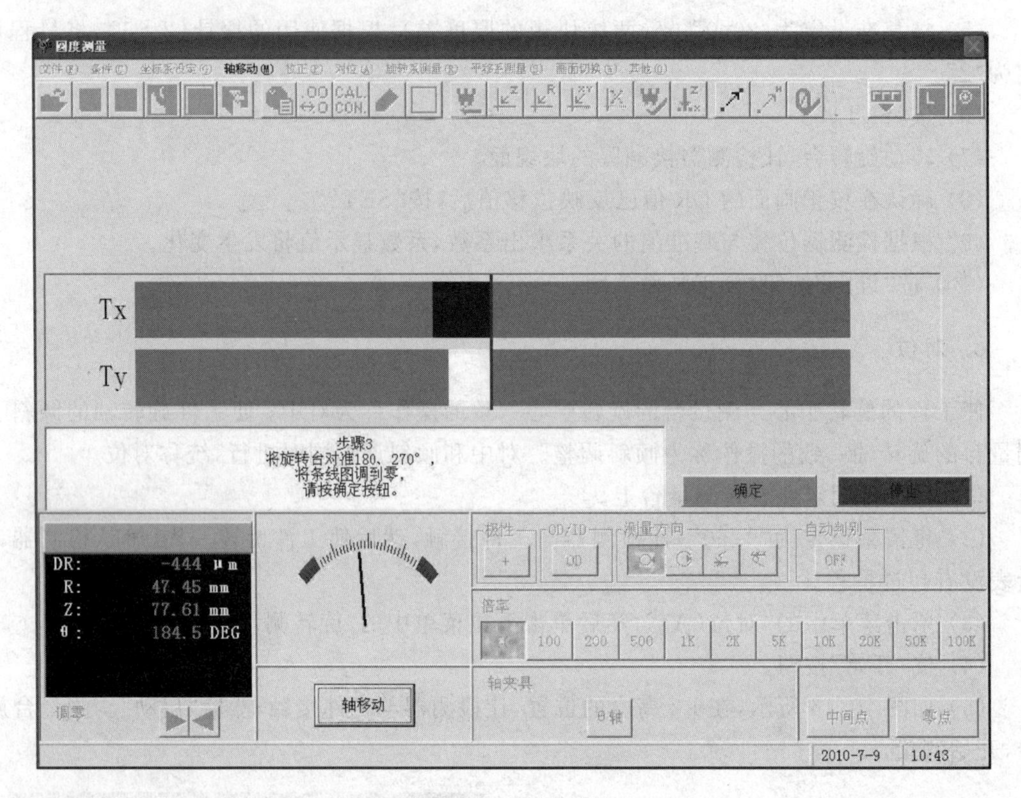

图 10.17 对位调节

(9) 按"确定"按钮。逐步上调测量倍率直至实际测量所使用的倍率,并分别重复上述步骤。

7. 实际测量工件的圆度

(1) 单击菜单中的"旋转测量",在下拉菜单中单击"圆度",将显示测量条件设定画面。

(2) 设定的测量条件包括:

截面数 : 1

显示项目: 二维形状

测量方法: 手动测量

测量速度: 6/min

中心法: LSC

滤波器种类: 高斯滤波器

截止 : LOW

刻槽无效角度: 5.0

上(下)限截止水平: 0.00

(3) 通过J/S操作,使检测器移动到被测工件的指定高度截面位置,相对工件自动停止。

(4) 单击画面上的"测量启动"按钮。

(5) 测量开始,并切换到实时显示画面,如图 10.18 所示。

(6) 测量正常结束后,切换到"圆度分析"画面,并显示测量结束。

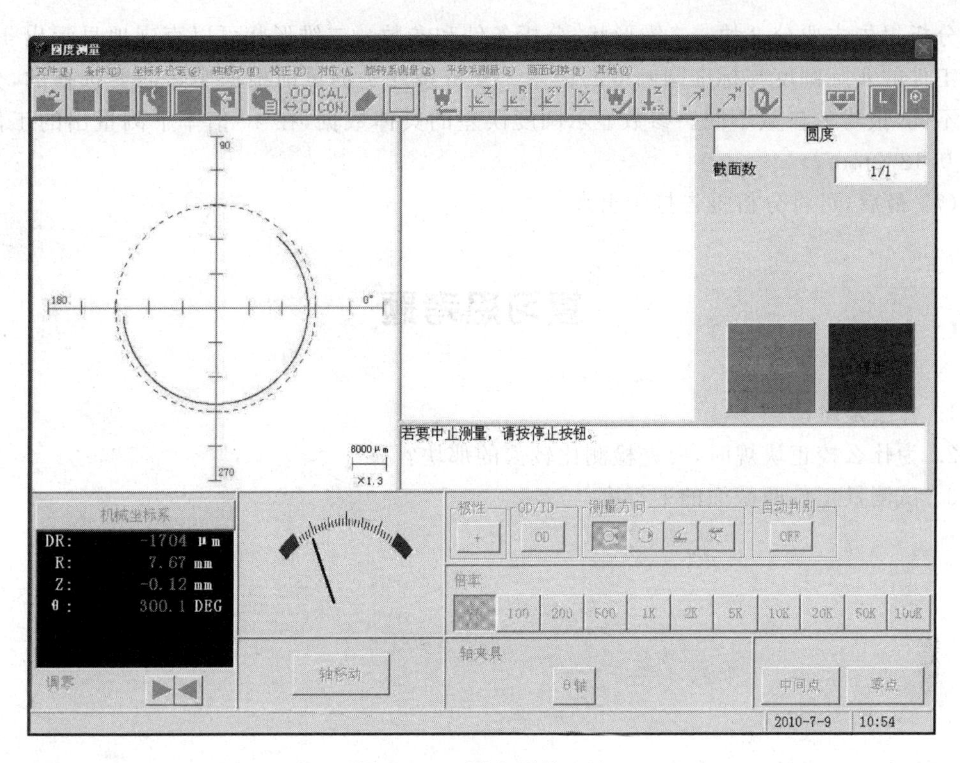

图 10.18　圆度测量显示

可选择不同倍率进行圆度分析，分析结果如图 10.19 所示。

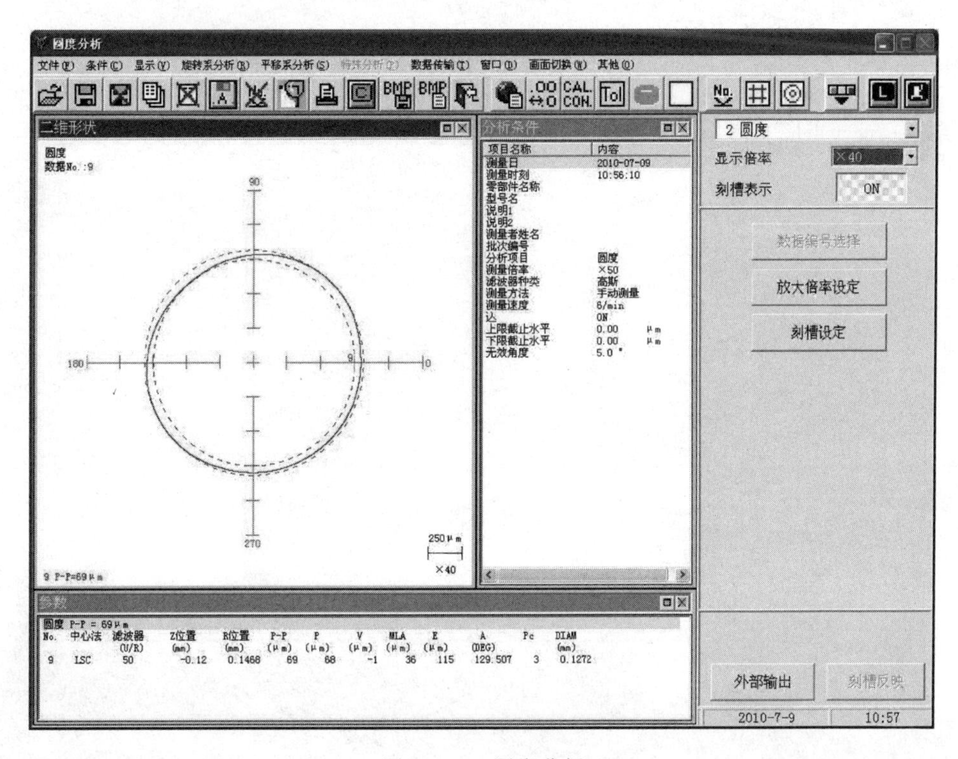

图 10.19　圆度分析

分析报告主要分 3 块：二维形状、分析条件和参数。二维形状可以直观地显示出 40 倍率下工件的实际圆度与标准圆圆度的误差。分析条件是测量前根据实际需要选择的，分析条件不同，报告的参数不同。参数显示圆度误差的具体数据，在 40 倍率下测量出的工件圆度为 0.1272mm。

(7) 最后，可将分析报告打印出来。

复习思考题

1. 什么是跳动?
2. 为什么校正块规时，要先检测比较薄的那块?
3. 试测量工件两截面的平行度。

先进制造技术

快速成形

11.1　快速成形的简介

快速成形(RP)技术是20世纪90年代发展起来的一项先进制造技术，是为制造业企业新产品开发服务的一项关键技术，对促进企业产品创新、缩短新产品开发周期、提高产品竞争力有积极的推动作用。RP技术是在现代CAD/CAM技术、激光技术、计算机数控技术、精密伺服驱动技术以及新材料技术的基础上集成发展起来的。不同种类的快速成形系统因所用成形材料不同，成形原理和系统特点也各有不同，但其基本原理都是一样的，那就是“分层制造，逐层叠加”，类似于数学上的积分过程。形象地讲，快速成形系统就像是一台“立体打印机”。

1. 快速成形技术的定义

快速成形技术(RP)是由CAD模型直接驱动的快速制造任意复杂形状三维物理实体的技术的总称，其原理如图11.1所示。

快速成形技术与传统材料加工技术有本质的区别，具有鲜明的特点。

(1) 数字制造：采用数字化(离散)的材料来构造最终形体；而传统制造形式中，最终成形零件的材料都是模拟(连续)的。

(2) 高度柔性和适应性：快速成形是将复杂的三维实体离散成一系列的二维层片进行加工，简化了加工过程。它不存在三维加工中刀具干涉的问题，理论上可以制造具有任意复杂形状的零件。

(3) 直接CAD模型驱动：设计出CAD模型后，后续工作全部由计算机自动处理。

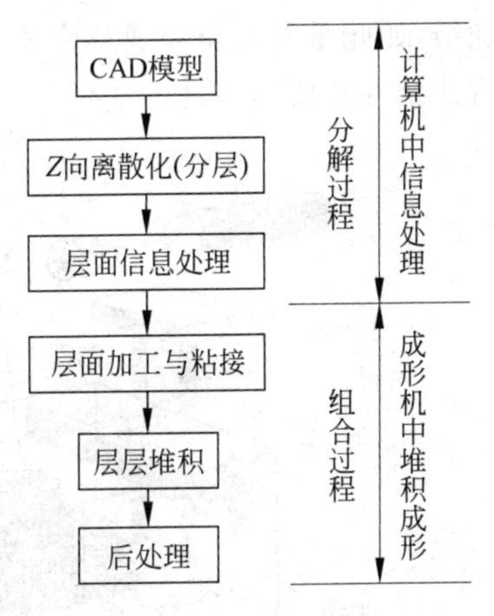

图11.1　快速成形的原理

(4) 快速性：RP是建立在高度技术集成的基础之上，从CAD设计到零件加工完毕要比传统成形方法快得多。

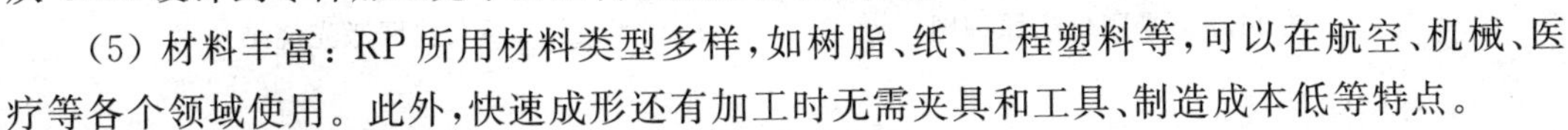
(5) 材料丰富：RP所用材料类型多样，如树脂、纸、工程塑料等，可以在航空、机械、医疗等各个领域使用。此外，快速成形还有加工时无需夹具和工具、制造成本低等特点。

2. 主要的快速成形技术

1) 熔融沉积成形

熔融沉积成形(fused deposition modeling，FDM)采用丝状热塑性材料为原料，丝材在喷头中加热至略高于熔化温度(约比熔点高1℃),喷头在计算机的控制下作XY平面运动,将熔融的材料涂覆在工作台上,冷却后形成工件的一层截面,一层成形后工作台下降一个层厚(通常是0.25～0.50mm),进行下一层熔覆,这样逐层堆积形成三维工件。FDM原理图如图11.2所示。

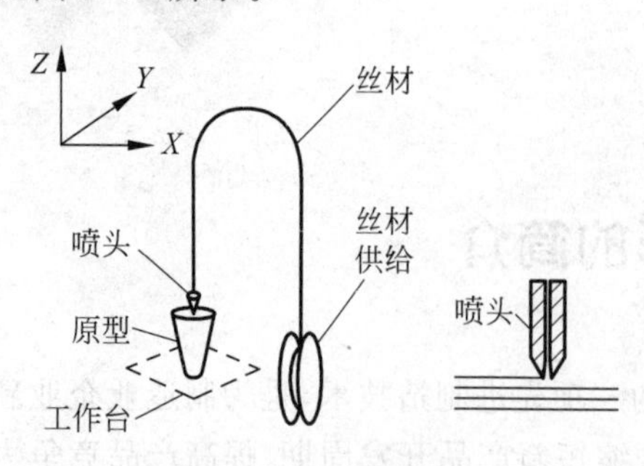

图11.2　FDM原理图

2）光固化法

光固化法(stereo-lithography,SL)是目前最为成熟和广泛应用的一种快速成形制造工艺。如图11.3所示,在液槽中盛满液态光敏树脂,成形过程开始时,可升降的工作台处于液面下一个截面层厚的高度,在计算机的控制下,激光束按照截面轮廓沿液面进行扫描,使被扫描区域的树脂固化,从而得到该截面轮廓的树脂薄片,然后工作台下降一层高度,已成形的层面上又布满一层树脂,刮刀将黏度较大的树脂液面刮平,然后再进行下一层的扫描,新固化的一层牢固地黏在前一层上,如此重复直到整个零件制造完毕。

3）选区激光烧结/熔化技术

选区激光烧结/熔化技术(selective laser sintering,SLS)如图11.4所示,它是一种采用激光将非金属(或普通金属)粉末有选择地烧结成单独物体的工艺。首先在工作平台上均匀铺上一层很薄的粉末,激光束按照零件分层截面轮廓逐点地进行扫描、烧结,使粉末固化,完成一个层面后工作台下降一个层厚,铺粉机构在已烧结的表面再铺上一层粉末进行下一层烧结,如此重复直至完成整个零件的扫描、烧结,去掉多余的粉末,再进行打磨、烘干等处理后便获得需要的零件。

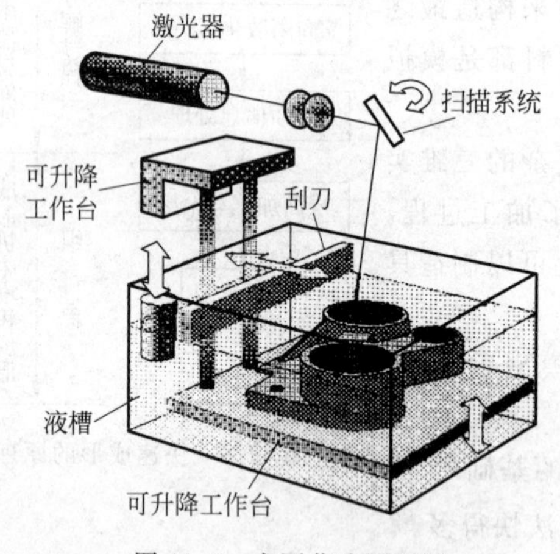

图11.3　光固化法原理图

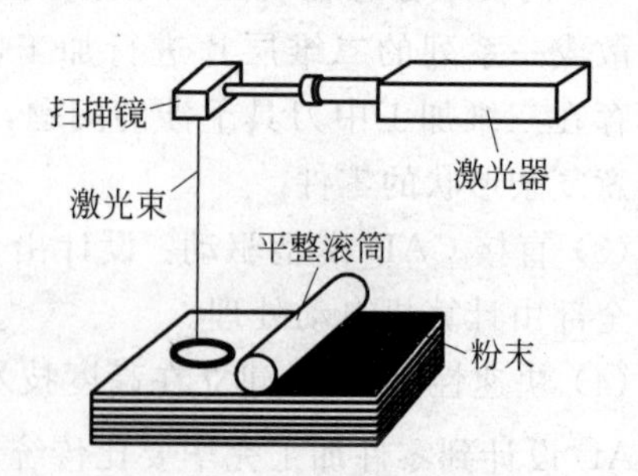

图11.4　选区激光烧结技术

4）分层实体成形

分层实体成形(laminated object manufacture,LOM)如图11.5所示。将单面涂有热溶胶的纸片通过加热辊加热粘接在一起,位于上方的激光切割器按照CAD分层模型所获数据,用激光束将纸切割成所制零件的内外轮廓,然后新的一层纸再叠加在上面,通过热压装置和下面已切割层粘合在一起,激光束再次切割,一层层叠加制造原型。

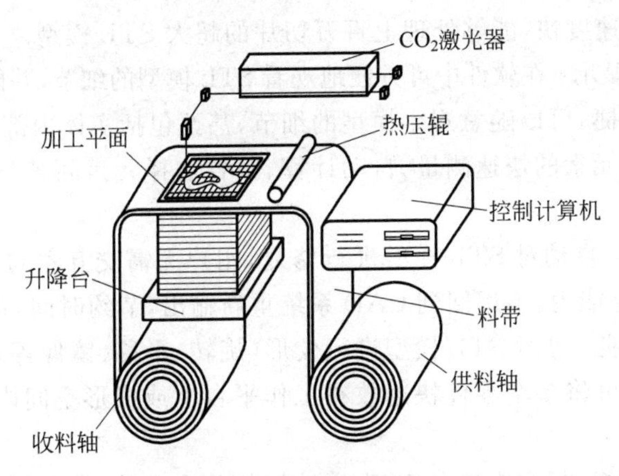

图 11.5 分层实体成形

3. 快速成形技术的应用

由于快速成形技术能够缩短产品开发周期、提高生产效率、改善产品质量、优化产品设计，因此受到了极大的重视，并且获得了广泛应用。

RP 技术最重要的应用就是开发新产品，主要包括以下几方面。

(1) 外形设计。很多产品对外形的美观和新颖性的要求极高，采用 RP 技术可以很快做出原型，供人审查，使得外形设计及检验更直观和快捷。

(2) 检查设计质量。根据几何造型开模，对于复杂模具来说成本太大。如有设计的缺陷，则开模损失大。RP 方法可在开模前真实而准确地制造出零件原型，有些错误能一目了然地显示出来，降低开模风险。

(3) 功能检测。设计者可以利用原型快速进行功能测试来判明是否满足设计要求，从而优化设计。

(4) 手感。通过原型，人们能触摸和感受实体，这对手握电动工具等外形设计极为重要，在人机工程应用方面具有广泛的意义。

(5) 装配干涉检验。原型可以用来做装配，观察工件之间如何配合、有没有干涉等。

(6) 试验分析模型。RP 技术还可以应用在计算分析与试验模型上。

11.2 AuroraFM 软件

AuroraFM 是三维打印/快速成形软件，它输入 STL 模型，进行分层等处理后输出到三维打印/快速成形系统，可以方便快捷地得到模型原型。AuroraFM 软件功能完备，处理三维模型方便、迅捷、准确，使用简单，实现了“一键打印”。

1. 功能简介

概括起来，AuroraFM 软件具有如下功能：

(1) 输入输出：STL 文件，CSM 文件(压缩的 STL 格式，文件容量大小为原文件的 1/10)，

CLI 文件。数据读取速度快，能够处理上百万切片的超大 STL 模型。

(2) 三维模型的显示：在软件中可方便地观看 STL 模型的细节，并能测量、输出。鼠标加键盘的操作，简单，快捷，可以随意观察模型的细节，甚至包括实体内部的孔、洞，流道等。基于点、边、面 3 种基本元素的快速测量，自动计算、报告选择元素间各种几何关系，不需切换测量模式，简单易用。

(3) 校验和修复：自动对 STL 模型进行修复，用户无需交互参与；同时提供手动编辑功能，大大提高了修复能力，不用回到 CAD 系统重新输出，节约时间，提高工作效率。

(4) 成形准备功能：可对 STL 模型进行变形(旋转、平移、镜像等)、分解、合并、切割等几何操作；自动排样可将多个零件快速放在工作平台上或成形空间内，提高快速成形系统的效率。

(5) 自动自撑功能：根据支撑角度、支撑结构等几个参数，自动创建工艺支撑。支撑结构自动选择，智能程度高，无需培训和专业知识。

(6) 直接打印：可将 STL 模型处理后直接传送给三维打印机/快速成形系统，无需在不同软件中切换。处理模型算法效率高，容错，修复能力强，对三维模型上的裂缝、空洞等错误能自动修复。打印的同时对三维打印机/快速成形系统进行状态检测，保证系统正常运行。

2. 显示

在 AuroraFM 中可方便地观看 STL 模型的细节，并能测量、输出。通过鼠标加键盘的操作，可以随意观察模型的细节，甚至包括实体内部的孔、洞、流道等。全部的显示命令都在查看和标准视图两个工具条中，如图 11.6 所示。

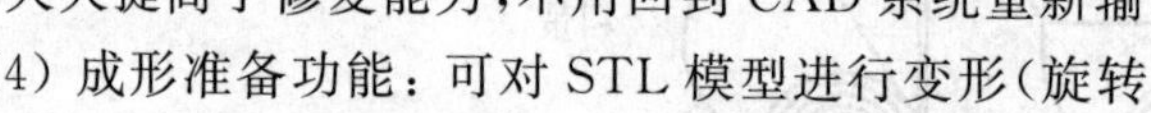

(a) 查看 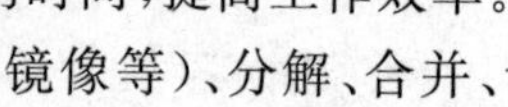　　(b) 标准视图

图 11.6　查看和标准视图工具条

三维图形窗口中有 5 种显示模式供用户选择：线框、透明、渲染、包围盒、层片。

(1) 线框：STL 模型以三角面片显示。

(2) 透明：以透明方式显示模型，此模式下可观察到模型内部结构。

(3) 渲染：以三维渲染显示模型，此模式为软件默认显示模式。

(4) 包围盒：简化模型，以模型的正交包围盒显示模型外观最大尺寸。

(5) 层片：显示模型的二维层片。

通过视图变换，可旋转、放大和缩小模型的任何部位，更详细地了解模型的细节和整体结构，同时有 7 个预定义的标准视图可选择。注意：视图变换命令指示改变模型的视觉位置与大小，不是改变模型的结构大小及空间位置。

鼠标操作：鼠标中键是视图变换快捷键。按下中键，然后配合键盘操作，就可完成各种的视图操作。

旋转：在图形窗口按下鼠标中键，然后在窗口内移动鼠标，就可以实时旋转视图。

平移：按住 Ctrl 键，然后在图形窗口按下鼠标中键，移动鼠标，就可实时平移视图。放大缩小：向前或向后旋转滚轮，即可放大或缩小视图。

剖面视图在观察复杂模型的内部结构时非常有用，可以定义剖面的法向和位置，并观察剖面的前后两部分。

单击按钮后，系统弹出“剪裁面设定”对话框。关闭剖面显示需要再次单击按钮，否则模型将一直以剖面视图显示。

11.3 三维模型操作

三维模型操作包括坐标变换、分层等，下面具体介绍。

1. 坐标变换

坐标变换是对三维模型进行缩放、平移、旋转、镜像等，这些命令将改变模型的空间位置和尺寸。

坐标变换命令在“模型＞变形”菜单中的集合变换对话框内，该命令可以通过在软件的图形窗口内，单击鼠标右键，选择“几何变形”，其界面如图 11.7 所示。

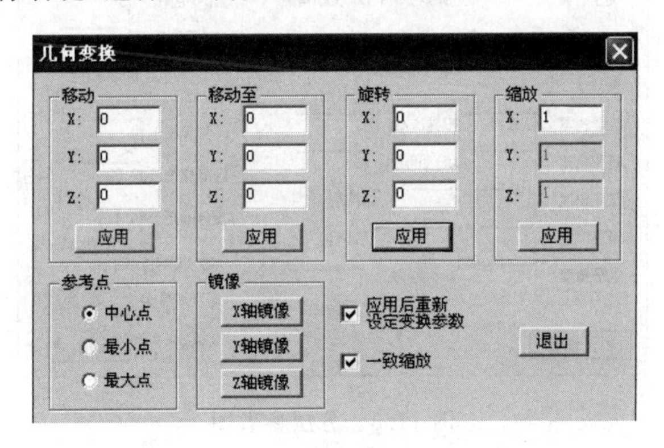

图 11.7 “几何变换”对话框

(1) 移动：常用的坐标变换命令，它将模型从一个位置移动到另一个位置。输入 XYZ 三个方向上的移动距离，输入的坐标值为相对模型当前位置的相对坐标。

(2) 移动至：移动命令的另一种形式，不同于移动命令。它将模型参考点移至所输入的坐标位置，此处为绝对坐标。单击“应用”按钮后，程序执行平移操作。

(3) 快捷操作：用鼠标左键和键盘可以完成实时模型平移，包括 XY 平移和 Z 向平移，以方便用户进行多零件排放。

同时按住鼠标左键和 Ctrl 键(先按下 Ctrl 键)，可以使模型在 XY 平面上移动。

同时按住鼠标的左键和 Shift 键(先按下 Shift 键)，可以使模型在 Z 方向上移动。

(4) 旋转：一个最常用的坐标变换命令，基本上每个模型都需要使用该命令，该命令以参考点为中心点对模型绕 X、Y、Z 轴进行旋转，以便选择合适的面作为加工底面。

同时按住鼠标左键和 Atl 键(先按下 Atl 键)，可以在 X、Y、Z 轴实时旋转的三维模型。

(5) 缩放：以某点为参考点对模型进行比例缩放。如果选中了“一致缩放”，则 X、Y、Z 方向以相同的比例缩放，否则可以对 X、Y、Z 轴分别设定缩放比例，进行不等比例缩放。

(6) 参考点：模型上的参考“原点”，上面的所有操作均为该点为坐标原点进行变换。

(7) 镜像：较少使用的几何变换命令。应用镜像时所选择的轴，为镜像平面的法向轴。

应用后重新设定变换参数：勾选后，使用上面的移动等命令，单击“应用”后，填入的数值自动回复为0，否则保持填入的数值不变。

快速原型工艺一般可以同时成形多个原型，本软件也可以同时处理多个STL模型。系统载入多个STL模型后，可以分别对它们进行处理，也可以一起进行处理。

2. 分层

选择菜单“模型>分层”或单击按钮，启动分层命令，系统会按照设定的参数自动生成一个CLI文件。分层参数如图11.8所示，主要包括3个部分，即分层、路径和支撑。

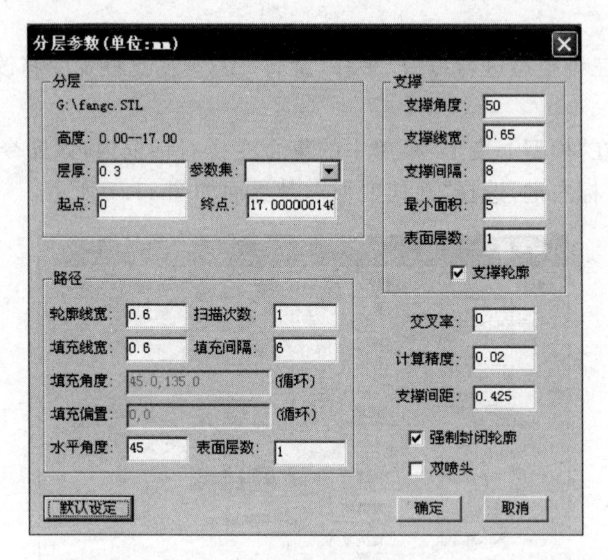

图11.8 分层参数图

1) 分层

(1) 层厚：快速成形系统的单层厚度。

(2) 起点：开始分层的高度，一般为零。

(3) 终点：分层结束的高度，一般为被处理模型的最高点。

(4) 参数集：快速成形系统的参数集合，选择合适的参数集合后，一般不需要再修改参数。

2) 路径

(1) 轮廓线宽：轮廓的扫描线宽度，一般为喷嘴的1.3～1.6倍。

(2) 扫描次数：层片轮廓的扫描次数，一般该值设为1～2次，后一次扫描轮廓沿前一次扫描轮廓向模型内部偏移一个轮廓线宽。

(3) 填充线宽：层片填充线的宽度，与轮廓线宽类似。

(4) 填充间隔：相邻填充线的间隔。参数为1时，内部填充线无间隔，也就是实心的。该参数大于1时，相邻填充线间隔＝$(n-1)\times$填充线宽。

(5) 填充角度和填充偏置：此参数已固化在系统内，不能更改。

(6) 水平角度：设定能够进行孔隙填充的表面的最小角度，即表面与水平面的最小角度。

(7) 表面层数：水平表面的填充厚度，一般为2～4层。

3) 支撑

(1) 支撑角度：需要支撑表面的最大角度，即表面与水平面的角度。当表面与水平面的角度小于该值时，必须添加支撑。角度越大，支撑面积越大；角度越小，支撑越小，如果该角度过小，会造成支撑不稳定、原型表面下塌等问题。

(2)支撑线宽：支撑扫描线的宽度，同轮廓线宽和填充线宽的意义类似。

(3)支撑间隔：距离原型较远的支撑部分，可采用孔隙填充的方式，减少支撑材料的使用，提高造型速度。

(4) 最小面积：需要支撑的表面的最小面积。

(5) 表面层数：靠近模型的支撑部分。此数值越大，支撑越便于剥离。

(6) 支撑轮廓：勾选上时，模型在加工的时候会在支撑的外围加上一圈轮廓，增强支撑强度，同时剥离支撑的难度增加。所以加工大模型时，尽量不要勾选。

4)其他参数

(1) 交叉率：模型轮廓与填充间没有缝隙，则数值为0即可。如果出现间隙，数值适当加大，最大不要超过0.4。

(2) 计算精度：软件按设定的精度来进行分层数据处理，该数值保持默认数值。如果错误比较多，数值改大，可以增强STL模型的修复和容错能力。

(3) 支撑间距：支撑与轮廓表面的距离。该数值过大会影响模型的支撑面支撑效果。

(4) 强制封闭轮廓：勾选此项时，软件在处理有错误的STL模型时，容错性比较高，一般情况下保持默认设置。

(5) 双喷头：勾选此项，生成层片模型数据会以“双喷头”方式加工。

11.4 快速成形的加工实例

1. 快速成形机基本操作

启动AuroraFM软件，载入需要打印的模型(STL文件)。

(1) 通过“自动排放”和“模型变形”命令，将模型放置合适位置。本步骤主要是选择合适的打印/成形方向。选择成形方向有以下几个原则：

① 不同表面的成形质量不同，水平面好于垂直面，上表面好于下表面，垂直面好于斜面。水平面上的立柱、圆孔、精度是最好的，垂直面上的较差。选择面应选择辅助支撑更易于去除的那面。

② 水平方向的强度高于垂直方向的强度。

③ 减少支撑面积，降低支撑高度。

④ 有平面的模型，以平行和垂直于大部分平面的方向摆放。

⑤ 选择重要的表面作为上表面。

⑥ 选择强度高的方向作为水平方向。

⑦ 避免出现投影面积小、高度高的支撑面。

⑧ 如果有较小直径的立柱、内控等特征，尽量选择垂直方向成形。

(2) 设置分层参数，进行分层。

(3) 载入一个或多个 CLI 模型。

(4) 在工作台面上拖动模型到合适的位置。有以下几点需要注意：①多个模型间留出 3～5mm 即可；②多次打印应选择不同的区域；③不要总在固定位置成形，避免机械导向部件加速磨损。

(5) 打开电源。

(6) 初始化(系统将自动测试各电机的状态；X、Y 轴回原点)。

(7) 确定工作台的高度(一般情况是喷头离工作台保持 0.3mm 的高度)。

(8) 开始打印。

2. 操作实例

(1) 打开 AuroraFM 软件。

(2) 单击载入模型，把事先保存好的文件载入，如图 11.9 所示。

(3) 选取最佳接触面为底面。单击，会弹出个对话框，如图 11.10 所示。

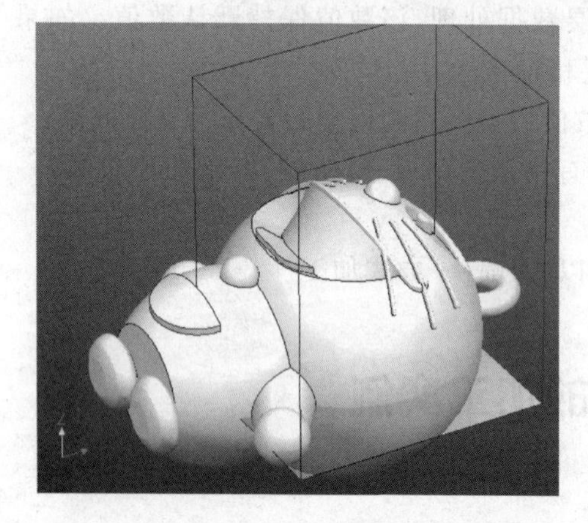

图 11.9 机器猫模型图

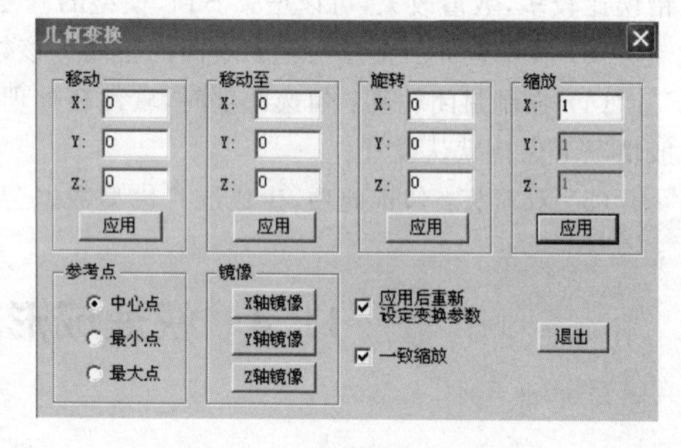

图 11.10 “几何变换”对话框

在旋转中 X 轴输入 90，单击“应用”，模型会绕着 X 轴旋转 90°。由于图像太大，在缩放里的 X 轴输入 0.5，图像会缩小 1 倍，再单击自动排列，得到图 11.11。

(4) 单击模型分层，选择合适的参数，单击“确定”。如图 11.12，11.13 所示。

(5) 添加辅助支撑。单击“工具”里的预设支撑，把辅助支撑放到图形旁边即可，如图 11.14 所示。

(6) 单击“文件”里的“三维打印机”里的“初始化”。初始化完成后单击“文件”里的“三维打印”里的“打印模型”，等待加工完成。

(7) 加工完成后，去除多余的支撑，然后打磨剖光，进行后处理。

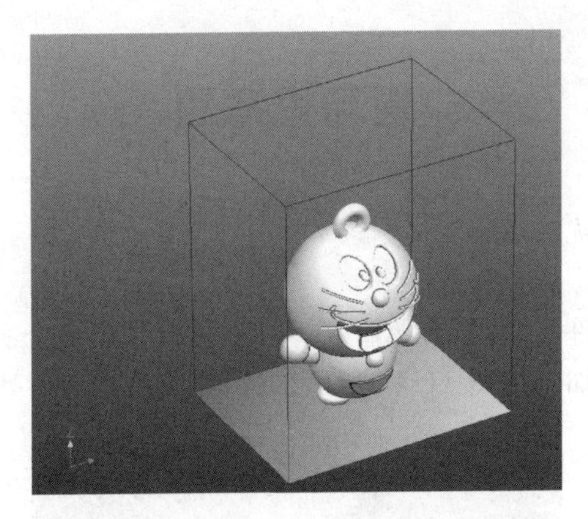

图 11.11　机器猫自动排列后模型

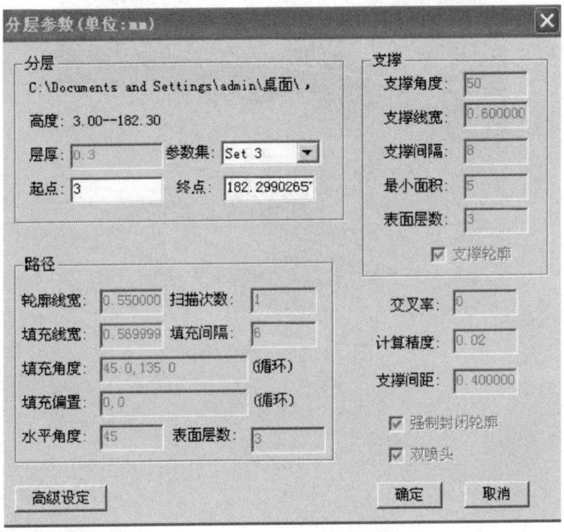

分层参数(单位:mm)

分层
C:\Documents and Settings\admin\桌面\,
高度: 3.00--182.30
层厚: 0.3　参数集: Set 3
起点: 3　终点: 182.2990265

支撑
支撑角度: 50
支撑线宽: 0.600000
支撑间隔: 8
最小面积: 5
表面层数: 3
支撑轮廓

路径
轮廓线宽: 0.550000　扫描次数: 1
填充线宽: 0.569999　填充间隔: 6
填充角度: 45.0,135.0　(循环)
填充偏置: 0,0　(循环)
水平角度: 45　表面层数: 3

交叉率: 0
计算精度: 0.02
支撑间距: 0.400000
强制封闭轮廓
双喷头

高级设定　确定　取消

图 11.12　分层参数图

图 11.13　分层后示意图

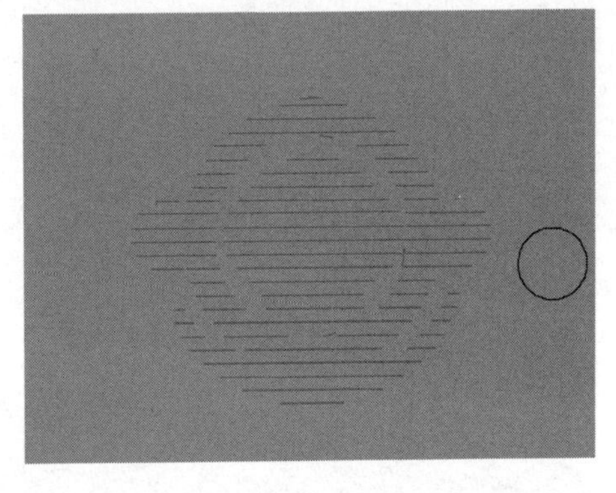

图 11.14　添加辅助支撑后分层示意图

复习思考题

1. 快速成形有什么优缺点？
2. 简述快速成形的操作流程。
3. 自己绘制一个零件图，并结合 AuroraFM 软件制作出一个实体零件。
4. 用快速成形机器加工出图 11.15 所示工件，完成后进行后处理加工。

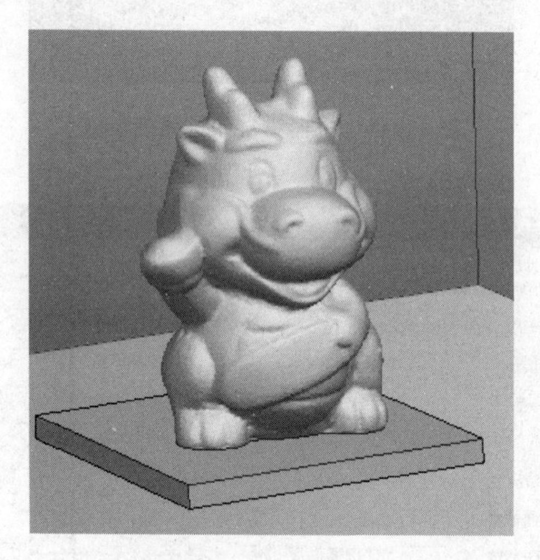

图 11.15　模型图

参 考 文 献

[1] 徐正好，成琼. 制造技术基础实训教程[M]. 北京：机械工业出版社，2008
[2] 陈蔚芳，王宏涛. 机床数控技术及应用[M]. 北京：科学出版社，2005
[3] 李家杰. 数控机床编程与操作实用教程[M]. 南京：东南大学出版社，2005
[4] 沈建峰，金玉峰. 数控编程 200 例[M]. 北京：中国电力出版社，2008
[5] 苏宏志，杨辉. 数控机床与应用[M]. 上海：复旦大学出版社，2010
[6] 李恩林. 数控技术原理及应用[M]. 北京：国防工业出版社，2006
[7] 罗良玲，刘旭波. 数控技术及应用[M]. 北京：清华大学出版社，2005
[8] 李郝林，方键. 机床数控技术[M]. 北京：机械工业出版社，2007
[9] 田萍. 数控机床加工工艺及设备[M]. 北京：电子工业出版社，2005
[10] 范悦，等. CAXA 数控车实例教程(第 2 版)[M]. 北京：北京航空航天大学出版社，2007
[11] 顾京，王振宇. 图解数控机床编程方法与加工实例[M]. 北京：中国电力出版社，2008
[12] 袁锋. 数控车床培训教程[M]. 北京：机械工业出版社，2004
[13] 黄华. 数控车削编程与加工技术[M]. 北京：机械工业出版社，2008
[14] 周旭. 数控机床实用技术[M]. 北京：国防工业出版社，2006
[15] 张锦良，苟维杰. 数控铣床和加工中心操作工入门[M]. 北京：化学工业出版社，2008
[16] 詹华西. 数控加工与编程[M]. 西安：西安电子科技大学出版社，2007
[17] 鄂大辛，成志芳. 特种加工基础实训教程[M]. 北京：北京理工大学出版社，2007
[18] 周湛学，刘玉忠. 数控电火花加工[M]. 北京：化学工业出版社，2007
[19] 周晖. 数控电火花加工工艺与技巧[M]. 北京：化学工业出版社，2009
[20] 伍端阳. 数控电火花加工实用技术[M]. 北京：机械工业出版社，2007
[21] 吴石林，杨昂岳. 数控线切割、电火花加工编程与操作技术[M]. 长沙：湖南科学技术出版社，2008
[22] 贾立新. 电火花加工实训教程[M]. 西安：西安电子科技大学出版社，2007
[23] 董丽华，王东胜，佟锐. 数控电火花加工实用技术[M]. 北京：电子工业出版社，2006
[24] 宋昌才. 数控电火花加工培训教程[M]. 北京：化学工业出版社，2008
[25] 单岩，夏天，赵雅杰. 数控线切割加工[M]. 北京：机械工业出版社，2009
[26] 李明. 三坐标测量机及其应用[J]. 机械工人(冷加工)，2002(1)
[27] 粟祜. 三坐标测量机[M]. 北京：国防工业出版社，1984
[28] 梁荣茗. 三坐标测量机的设计、使用、维修与检定[M]. 北京：中国计量出版社，2001
[29] 殷建，李志远. 电感式传感器在圆度仪中的应用[J]. 机械工程师，2007(5)
[30] 何贡. 计量测试技术手册 M. 北京：中国计量出版社，2002
[31] 李岩，花国梁. 精密测量技术 M. 北京：中国计量出版社，2001
[32] AuroraFM 用户手册. 2010 V2.0 版
[33] 王洪波. 数控机床电气维修技术：SINUMERIK 810D/840D 系统[M]. 北京：电子工业出版社，2007